공학설계 원리와 실제

Design for Electrical and Computer Engineers

Theory, Concept, and Practice

The McGraw·Hill Companies

Design for Electrical and Computer Engineers, 1st Edition.

1 2 3 4 5 6 7 8 9 10 Hantee 20 09

Original: Design for Electrical and Computer Engineers, 1st Edition.
By Ralph M.Ford, Chris S.Coulston.
ISBN 978-0-07-338035-3

This book is exclusively distributed in Hantee Media.

When ordering this title, please use ISBN 978-89-91182-96-7

Printed in Korea

공학설계 원리와 실제

Ralph M. Ford · Chris S. Coulston

| 장준호 · 민경화 · 민승욱 · 박소영 · 유훈 · 임좌상 옮김 |

Design for Electrical and Computer Engineers

Theory, Concept, and Practice

McGraw-Hill Korea

한티미디어

공학설계 원리와 실제

발행일 : 2009년 9월 1일 초판 1쇄
저 자 : Ralph M. Ford · Chris S. Coulston
역 자 : 장준호, 민경하, 민승욱, 박소영, 유훈, 임좌상
발행인 : 김준호
발행처 : 한티미디어
마케팅 : 노호근, 박재인, 최상욱, 김원국, 김택성
편 집 : 김은수, 유채원
관 리 : 김지영, 문지희

등 록 : 제15-571호
주 소 : 서울시 마포구 동교로23길 67 Y빌딩 3층
전 화 : 02)332-7993~4
팩 스 : 02)332-7995
디자인 : 우일미디어
인 쇄 : 이산문화사
가 격 : 17,000원
홈페이지: www.hanteemedia.co.kr

ISBN : 978-89-91182-96-7 (93560)

저자 서문

이 책은 컴퓨터 엔지니어(ECE) 설계 프로젝트에 참여하는 4학년 학부생들과 교수들을 위해 쓰여졌다. 이 책의 목적은 실제적인 적용을 포함한 사운드 아카데믹 기초를 통합한 ECE에서의 설계 과정의 처리를 위해서이다. 이러한 통합은 학생들이 설계 프로젝트를 할 때, 이론적인 지식을 실제로 활용 가능한 시스템으로 구축하기 위해서 필요하기 때문이다. 이 시사적은 통합은 이 책의 부제목에 그대로 반영된다: **이론, 개념과 실제.** 기본적인 이론들은 기능적인 설계 분해, 시스템 행동, 그리고 신뢰성을 위한 설계를 다룬 장(chapter)에서 볼 수 있듯이, 가능한 언제든지 발전되어 왔다. 설계 과정의 많은 측면들이 성공적인 실행과 경험을 일반화한 것을 대표하고, 오랫동안 검증되어 온 개념에 기초하고 있다. 이러한 개념들은 예를 들면, 요구사항 정의 및 개발(needs identification and requirement development)를 다룬 장에서 그 과정이 구체화 되어 있다. 주제와 상관없이, 이러한 자료를 실제적인 문제들과 설계 프로젝트에 적용시키는데 그 목적이 있다. 종합적으로, 이 책은 컴퓨터과학 분야에서 중요하게 빠져있는 그 무엇과 ECE에서 이해하기 쉬운 설계 처리를 제공하는데 유일하다 생각하고 있다. 공학 교육에서 Capstone 설계 프로젝트가 점점 중요해지고 있기 때문에, 우리는 이 책이 중요한 역할을 하길 바란다.

성공적인 설계 프로젝트를 수행하기 위해서 우리는 3가지 중요한 부분이 있다는 것을 알았다. 첫 번째는 설계 프로젝트를 이해하는 것이고, 두 번째는 기술적인 설계 도구(tools)을 적용하는 방법을 이해하는 것이며, 세 번째는 전문적인 기능의 성공적인 적용이다. 이 세 가지를 효율적으로 종합한 설계 팀들이 그렇지 않은 팀들에 비해 훨씬 성공적인 경향이 있다. 이 책은 세 가지 영역들을 지원하도록 세 가지 파트로 구성되어 있다.

첫 번째 파트는 공학설계처리(*engineering design process*)인데, 개념에서부터 성공적인 설계를 만드는데 필요한 아이디어를 단계적으로 구체화 한다. 먼저, 많은 학생들이 설계 과정을 확실하게 인식하게 한다. 완벽한 실패가 아니더라도, 잘 구성된(structured) 설계 과정을 이해하고 따라가지 못한다면 발전 단계에서 문제에 봉착할 수 밖에 없기 때문이다. 설계 과정은 이 책에 전체적으로 연관된 하나의 주제(theme)이다. 그러나, 중요한 부분은 앞 부분 네 개의 장(chapter)에 주로 실려 있다. 제 1장에서는 다른 ECE 적용 영역에서 설계 과정들을 소개한다. 제 2장에서는 프로젝트를 고르고 사용자의 요구에 맞추는 방법을 알려준다. 학생들과 교수진의 설계 경험이 어떻게 구성되어있는지에 따라서 프로젝트 개념을 선택하게 된다. 더욱이, 공학적인 설계에서는 최종 사용자(end user)에 의해 발전된 구조를 이해하는 것이 무엇보다 중요한 사안이므로, 이러한 수요자의 요구를 적절하게 설계 하지 못한다면 실패하게 된다. 제 3장에서는 필수 요건들을 발전시키고 문서화 하는 방법들과 이러한 필수 요건 안의 세부 사항들을 발전 시키는 방법에 대해 설명한다. 이러한 방법들을 설명하기 위해 실제적인 예들을 보여준다. 제 4장에서는 개념의 생성과 평가가 소개된다. 설계의 특징은 문제 해결할 잠재력이 많다는 것이다. 디자이너들은 창의적으로 가능한 해결책을 찾아야 하며, 많은 대안들에서 가장 좋은 해결책을 찾아 적용시킬 수 있어야 한다.

이 책의 두 번째 파트인 설계도구(*design tools*)에서는 ECE 디자이너들이 많이 사용하는 중요한 기술적 도구를 소개한다. 제 5장에서는 많은 ECE문제 영역에서 잘 알려진 기능적인 분해 설계 테크닉과 적용들을 포함한 시스템 공학 개념들을 강조한다. 제 6장에서는 흐름도(flowcharts) 또는 상태도(state diagrams)과 데이터흐름도(data flow diagrams)등과 같은 조직 행동을 묘사하는 방법들을 알려 주고, 통합모델언어(United Modeling Language(UML))를 전반적으로 간략하게 소개한다. 제 7장에서는 테스트 할 때 중요한 사안들을 다루고 발전 주기(development cycle)를 거치는 동안 테스트 시, 다른 관점들에 대해서 알아 본다. 제 8장에서는 설계에서의 신뢰성 이론을 소개하는데, 이러한 신뢰성은 구성요소와 시스템 수준이 모두 고려된 것이다.

이 책의 세 번째 파트는 전문기술(*professional skills*)에 초점을 두었다. 시스템을 설계하고, 구축하고 테스트하는 것은 최상의 팀들에게도 도전적인 과정이며, 좋은 의사소통과 프로젝트 관리 능력을 요구하는 것이다. 제 9장에서는 효과적인 협동을 위한 방법들을 소개한다. 팀을 짤 때 관련된 연구를 대략적으로 살펴 보고, 발견적 학습으로 유도하게 한다. 제 10장에서는 WBC(work breakdown structure), 망흐름도(network diagrams), 혹은 한계경로추정(critical path estimation)과 같은 프로젝트 계획 시 전통적인 요소들에 대해 알아 본다. 또한, 이 분야 종사자들이 설계 프로젝트를 할 때 필요한 요구사항을 갖췄는지 평가하는 방법을 소개한다. 제 11장에서는 시스템 설계와 전문적으로 실행을 할 때, 고려되어야 할 윤리에 대하여 소개한다. IEEE 윤리헌장(Code of Ethics)를 기본으로 사용함으로써 가상 ECE 시나리오를 위한 사례 연구들을 분석하고 검증하였다. 결론을 담은 제 12장에서는 capstone 설계 프로젝트의 한 부분이 구술 발표를 준비하는 학생들을 위한 지침들을 담고 있다.

이 책의 특징들

이 책의 목적은 학생들과 교수진들에게 성공적인 설계 프로젝트를 수행하기 위해 꼭 필요한 단계들을 알려주는 것이다. 몇 가지 특징들은 다음 아래와 같다.

- 각 장들은 특정한 학습 목표 아래에서 내용 습득을 위한 간단한 동기를 부여한다.
- 내용을 적용하는데 필요한 설명을 위해 전반적으로 많은 예시들을 다루고 있다.
- 각 장의 끝에 나오는 각각의 문제들은 각각의 다른 의도를 가지고 있다. 복습 문제들은 각 장에서의 내용 이해를 설명하는 것이다. 적용 문제들은 각 장에서 배운 내용에 기초한 문제 해결을 요구한다. 설계 문제들은 직접적으로 설계 프로젝트에 적용 가능하며, 주로 프로젝트 응용과 연관되어 있다.
- 거의 모든 장들은 내용이 어떻게 설계 프로젝트에 적용되는지 묘사하는 프로젝트 응용을 포함하고 있다.
- 몇 개의 장들은 책 내용을 설계 프로젝트에 적용하는데 필요한 저자의 지침들을 담고 있다.
- 학생들이 업무에 적응하기 위한 체크리스트를 담고 있다.
- 설계 할 때 꼭 알아야 할 전문 용어들이 사용된다. 설계 전문 용어를 정의한

용어들을 사용하였다. 책에서 **이탤릭체로 진하게** 표시하여 전문 용어를 설명하였다. (Appendix A)

- 모든 장에서 요약과 심화 참고서를 포함하였다. 심화 독서 부분의 목적은 소개된 내용을 더 자세히 공부하고자 하는 사람들을 위해서이다.
- 이 책은 프로그램들이 ABET 인증 기준에 맞추어 설명되도록 구성되어 있다. 설계 프로젝트를 할 때 고려되어야 할 제약과 기준을 소개하는 법을 예시로 보여 준다. 더욱이, 협동, 윤리의식, 구술 발표 능력등과 같이 많은 전문적인 능력들이 ABET 의 교육산출물(educational outcomes)에 직접적으로 연관된다. 제 3장에서 소개된 필수 발전 방법들은 학생들이 엔지니어가 아닌 사람들과 팀이 되어 의사 소통하며 일을 할 때 상당히 도움이 되는 수단이다.
- 교사를 위한 매뉴얼은 *www.mhhe.com/fordcoulston*에 소개되어 있다. 여기에는 해결책뿐 아니라 내용을 가르치고 학생 설계 팀을 관리하는 법도 소개되어 있다. 대부분의 교수진들에게 익숙한 공학적 과학에 근거한 과정을 가르치는 것과 달리 설계를 가르치는 일이 특히 힘들기 때문에 이러한 지침들이 매우 중요하다 하겠다. 교사들이 파워포인트 발표를 할 때는 McGraw Hill *www.mhhe.com/fordcoulston* 사이트가 유용하다.
- 학생들과 교사들에 의한 경쟁력 있는 사례 연구들이 전자 형식으로 있어 다운 로드가 가능하며 *www.mhhe.com/fordcoulston*에서도 찾을 수 있다. 이 책에서 나온 과정들을 사용함으로써, 이러한 프로젝트들이 발전되어 왔다.

이 책을 사용하는 법

Capstone 설계를 가르치는데 흔히 사용되는 모델들이 있는데, 이 책은 다양한 필요에 따라 융통성을 가지고 있다. 특히, 제 3장 전문기술에서부터는 전 과정에 걸쳐서 적당히 끼어 넣을 수 있다. Capstone 설계 과정을 가르치는 데 있어 이 책에서 추천하는 세 가지 모델들은 다음과 같다.

- **모델 I.** 이 모델은 2학기 과정이 연결되어 있다. 1학기에서는 학생들은 설계 원리를 배우고 capstone 프로젝트를 시작한다. 이것은 우리가 따라가는 모델이다. 1학기에서 이 책의 전반적인 내용을 다룬다. 다룰 순서는 주로 1-3장, 9

장, 4-6장, 10-11장 그리고 7-8장이다. 제 9장 팀과 팀워크(teams and teamwork)은 프로젝트를 정하고 팀이 짜이면 바로 다루게 된다. 10장과 11장은 5장과 6장에서 나온 시스템 설계 테크닉을 배운 후에 다룬다. 학생들은 설계의 좀 더 기술적인 측면들을 공부한 후에 프로젝트 계획을 짜고 자신들의 설계 속에서 윤리 문제들을 소개한다. 학생들이 교수진들에게 첫 구술 발표를 하기 전에 12장을 읽도록 한다. 이 과정은 평가와 시스템 신뢰성 원칙(7장과 8장)에 의해서 결론을 맺는다. 각 장 끝에 나오는 문제들을 풀고 학기 내내 퀴즈를 풀도록 한다. 1학기 끝에서는 설계 팀들은 필수적인 발전 단계, 높은 수준 혹은 건축적인 설계와 발전된 프로젝트 계획을 끝내게 된다. 2학기에서는 학생들은 교수진들의 조언에 따라 그들이 만든 설계를 수행하고 평가하게 된다.

- **모델 II.** 두 학기가 연결되어 있다는 것은 모델 1과 비슷하지만 1학기에서 이수 학점이 낮다는 점(주로 1학점)과 세미나 형태라는 것이 틀리다. 이 모델에서는 각 장들이 프로젝트를 보조하기 위해 채택된다는 것이다. 학생들이 어떤 프로젝트 선택하느냐에 따라 기능적인 설계가 나타나므로 1장에서 5장이 핵심적으로 다뤄지게 된다. 그리고 협동, 프로젝트 관리, 윤리 문제를 위해 9-11장이 다뤄지게 된다. 다른 장들은 교사의 판단에 따라 다뤄지게 된다. 각 장의 마지막에 나오는 문제들은 제한적으로 사용될 수 있지만, 프로젝트 적용 부분과 예시 문제들은 프로젝트를 통해서 학생들에게 효율적으로 지도하는데 사용될 수 있다.
- **모델 III.** 이 모델은 한 학기로 구성되어 있다. 이 책은 학생들이 설계 과정을 배우기 위해서 사용된다. 설계의 기초, 협동 그리고 프로젝트 관리를 위해 1장-5장, 9-10장이 다뤄지게 된다. 프로젝트 적용 부분들과 문제들은 프로젝트 팀을 위한 지침들로 사용될 수 있다.

감사

이 책을 쓰면서 힘도 많이 들었지만 많은 분들의 도움이 있었기에 가능했다. 먼저, 지지해주고 인내해 준 가족들에게 감사한다. 저자가 연구하고 책을 쓰느라 집에 늦게

들어갔지만 잘 참아줬다. 교정 작업을 해 준 멜라니 포드에게 감사한다. 펜실베니아 주 베런드 공학 스쿨 학과장을 지낸 밥 시모뉴는 이 책을 내는데 있어 많은 도움을 주셨고, 이 책을 읽고 논평을 해주셨다. 유독, 우리 학교가 설계 문화가 강해 이 책이 나올 수 있었던 것 같다; 우리 교수진 동료들은 이러한 문화를 발전시켜 나가야 할 사명을 가지고 있었다. 다른 과정과 프로젝트에서 공동 작업했던 조나 굿리치, 빌 래셔와 랍 웨스바하도 우리와 함께 하였다. 특히, 프로젝트 선택, 필수적 발전, 비용 평가와 협동과 관련된 부분에서 우리 생각에 많은 영향을 주었다. 우리는 이러한 작업이 번성할 수 있었던 것에는 펜실베니아 주 베렌드 학교에 있는 엄청난 협동적인 환경이 있었음을 잘 알고 있다. 우리 학생들은 교수진들이 수업과 프로젝트를 할 때, 다른 내용들을 가지고 실험을 할 수 있게 해주었다. 학생들의 작업 예들이 이 책에 담겨 있으며, 학생들에게 특히 감사한다. 11장에서는 존 월버그가 제시한 디스크 드라이브 진단 사례 연구들은 수업 토론을 할 때, 아주 유용했다. 존은 MIT에 재학 중일 때 사례 연구를 발전시켰다. 앤 맥로니가 첫 번째 판의 교정본을 내준 것에 감사한다. McGraw-Hill에 있는 모든 분들이 도와주셨고 이 책이 출판되는데 많은 노력을 해주었다.

마지막으로 많은 아이디어와 리뷰를 해준 외부 감수자(reviewer)들에게 감사의 말을 전하고 싶다. 이 책을 읽은 독자들이 도움을 받고, 설계를 만드는 하나의 동기가 되길 바란다. 이 책에 대한 논평은 언제든지 받고 싶다. 이 메일로 연락 부탁 드린다.

Ralph M.Ford, rmf7@psu.edu
Chris S.Coulston, csc104@psu.edu

역자 서문

본 교재는 공학인증과정을 수행하는 학생들에게 공학적 개발과 설계에 있어서 합리적인 절차를 소개하는 공학설계 입문서로 활용하기 위해서 번역되었다. 특히, 학부 1학년 학생들이 전공과정에 입문하기 전 공학적인 개발과 설계에 대한 기본적인 절차를 이해하고 프로젝트 팀을 구성하고 프로젝트 개발을 이끌어 나갈 수 있는 경험을 갖기 위해 선택되었으며, 특히 컴퓨터 및 전기 전자 계열 학생들에게 가장 합당한 교재로 판단되어 번역하게 되었다. 본 교재는 상명대학교에서 원서로 교과과정을 운영하면서 원서가 4학년 전공자들에 대한 내용으로 설명된 부분에 대해서 1학년 학생들의 고충을 확인하였고 또한 한 학기 동안 1학년 학부 학생들이 접근할 수 있는 개발 프로젝트를 수행하면서 얻은 경험을 바탕으로 번역이 되었다. 특히 원서의 부록은 제거하고 학생들이 한 학기 동안 수행한 개발 프로젝트 예시를 소개하고 그에 대한 결과 산출물을 소개하는 부분으로 대치하였다.

본 교재는 기본적으로 4학년을 대상으로 한 교재임으로 저학년 학부생이 전공적인 용어나 기술언어에 대해서 매우 어려움을 느낄 수 있다. 그럼에도 불구하고 본 교재는 컴퓨터 및 전기 전자 계열의 공학적인 설계 기법을 소개하는 가장 적합한 교재라고 할 수 있다. 따라서 교재를 운용함에 있어서 가급적이면 저학년 학부생들이 공학적인 흥미를 잃지 않는 범위에서 교재를 운영하면 상당히 좋은 공학설계 입문서로서 가치를 갖는다고 할 수 있다.

마지막으로 본 교재가 번역되기까지 도와주신 많은 분들에게 감사의 글을 전하고 특히 한티미디어 사장님과 본 교재가 번역이 마무리되게 도와주신 전진원 선생님께 감사를 드린다.

역자 일동.

차례

I부 – 공학설계 프로세스

Ⅱ부 – 설계 도구

Ⅲ부 – 전문가 기술

부록

PART I

공학설계 프로세스

Chapter 01

공학설계 프로세스

엔지니어(*engineer* 명사): (1) 기계의 설계, 생산, 사용에 능숙한 사람 (2) 혁신적이며 체계적으로 과학적 지식 및 기술을 적용해서 사람의 요구를 만족시키기 위한 장치, 시스템 또는 프로세스 등을 생산하는 사람 — American College Dictionary

잠시 시간을 내서 위에서 제시된 두 개의 정의를 읽고 문장 중에서 중요한 의미를 갖는 요소들을 분석해보자. 만약 당신이 공학 계열의 학생이거나 또는 이미 현업에 종사하고 있는 공학자라면, 위의 정의가 적용된다고 생각하는가? 첫 번째 정의에서는 사용되는 설계 및 생산이라는 단어에 주목해보자. 사람들은 자기자신을 설계자로 생각하는 경향이 있다. 왜 그럴까? 그 이유는 아마도 생산이라는 용어와 혁신이라는 개념을 함께 사용하기 때문일 것이다. 혁신과 창의력을 적용해서 무언가 새로운 것을 생산하는 것은 보람 있는 작업이다.

공학자가 된다는 것은 곧 창의적인 설계자가 될 수 있다는 점에서 큰 의의를 갖는다. 여기서의 설계는 공학설계를 의미하며, 세상에서 일반적으로 인식되는 설계 또는 디자인이라는 작업과는 일치하지 않는다. 인테리어 디자인이나 패션 디자인 또는 웹페이지 디자인 등과 같은 창의력과 결합된 여러 가지 형태의 설계와 공학설계와의 차이는 무엇일까? 그 대답은 두 번째 정의의 "체계적으로 과학적 지식 및 기술을 적용하는…"이라는 구절에서 알 수 있다. 공학 계열의 학생으로서 많은 수학, 과학 및 기초 기술을 배워왔지만 창의적이며 혁신적인 설계에 대해서는 별로 배울 기회가 없었을 것이다.

앞의 정의에는 '혁신적'과 '체계적'이라는 다소 모순적인 용어가 포함되어 있다. 만약 과학적 원리나 프로세스를 적용하는 확고하고 체계적인 방식이 이미 존재한다면, 그러한 방식에서는 창의적이나 혁신적이라는 용어가 필요한 여지가 거의 없는 것처럼 보인다. 사실은 그 두 개념은 서로 모순적이기는 하지만, 훌륭한 공학자는 이 두 개념을 효과적으로 활용한다. 위의 정의에 따르면 공학설계는 사람의 요구를 만족시켜야 한다는 점도 지적되고 있는데, 이는 어떤 시스템을 설계할 때 사용자의 요구사항과 기술을 윤리적으로 적용하는 것을 결정하는 것이 반드시 필요하다는 점을 의미한다.

이 책은 전기 및 컴퓨터 공학자가 효과적인 설계자가 되는 것을 돕고 직업적인 숙련을 더 잘 이해하도록 하며 설계 프로젝트를 수행하기 위한 지침을 제시하는 것을 목표로 한다. 이 장에서는 설계가 실현되는 프로세스와 성공적인 공학자의 특징을 소개하고 이 책에 대한 개괄을 안내한다.

▶▶ 학습 목표

1. 공학설계의 의미를 이해하게 된다.
2. 공학설계 프로세서의 각 단계를 이해하게 된다.
3. 성공적인 공학자의 속성을 잘 알게 된다.
4. 이 책의 목적을 이해하게 된다.

1.1 공학설계 프로세스

ABET(Accreditation Board of Engineering and Technology: 미국 공학기술인증위원회)는 공학설계를 다음과 같이 정의한다.

> 공학설계는 요구사항을 만족시키기 위한 시스템이나 구성요소 또는 프로세스를 깊게 생각하여 만드는 과정이다. 그것은 분명하게 표현된 목표를 만족시키도록 노력, 시간, 비용 등의 자원을 사용하기 위해서 기초과학, 수학 및 공학 기술을 적용하는 의사결정 과정이다. 목표와 전략의 수립 및 합성, 분석, 생성, 테스트 및 평가는 설계 프로세스의 중요한 요소들이다.

이 정의에 따르면 공학설계 과정의 각 단계들이 여러 번 반복되며, 각 단계에서 도달 가능한 목표들은 필요에 따라서는 갱신됨을 의미한다. 현실의 문제들은 복잡하며, 그 해답들이 여러 개 존재할 수 있다. 따라서 설계의 목표는 해답들 중의 하나를 찾는 것에 국한되지 않고, 주어진 제약 조건과 이용 가능한 자원을 활용해서 최선의 해답을 찾는 것이다. 이 작업을 수행하기 위해서는 건전한 판단과 의사결정 기술이 요구되며, 해답을 찾는 과정에서 인내력 있게 계속적으로 프로세스를 평가할 수 있어야 한다. 또한 이 정의에서는 기준의 수립, 합성, 생성, 테스트 등과 같은 설계 프로세스의 중요한 공통적인 요소를 명확하게 제시되고 있다.

'설계 프로세스'는 개념으로부터 아이디어를 가져와 최종 시스템을 구현하기 위해서 필요한 여러 단계들을 포함하는 문제 해결 방법론이며, 그 목표는 주어진 제약조건 내에서 고객의 요구를 최대한 만족하도록 시스템을 개발하는 것이다. 이는 저녁을 준비하는 것과 같은 일상의 의사결정 과정과 비슷하다. 예를 들어 한 시간 뒤에 시작하는 영화를 보러 가야 하는데 지금 배가 고파 저녁을 먹을 필요가 있다고 가정해보자. 제약조건은 시간과 돈, 음식, 취향, 그리고 당신이 건강에 신경을 쓰는 사람이라면 영양가이다. 머리를 쥐어짜서 생각해보면 집에서 저녁을 만들어 먹을지, 식당으로 갈지 아니면 극장에서 먹을 무엇인가를 사가지고 갈지 등의 선택이 있다는 것을 알게 된다. 이러한 선택을 기본으로 최선이라고 생각하는 해답을 선택하게 된다. 이것은 해결할 문제와 제약조건 그리고 여러 개의 해답을 고려해야 하는 설계의 여러 단계들과 기본적으로 비슷하다.

'제품 구현 프로세스'로 알려진 관련된 용어가 있다. 이 제품 구현 프로세스는 기업가 정신, 시장조사, 재정 계획, 제품 가격 결정, 시장 전략 등과 같은 면들을 포함한다는 점에서 설계보다 더 넓은 의미를 갖는다. 많은 기술들에는 그 기술만의 독특한 설계 과정이 존재하는데, 이 설계 과정들은 오랜 시간을 통해서 발전되었으며 현장의 실무자들에 의해서 가치가 있다고 판정된 것들이다.

예를 들어 집적회로의 설계와 임베디드 시스템, 그리고 소프트웨어 시스템에 적용되는 방법론은 서로 다르지만 요구사항 분석, 기술적 설계, 시스템 테스트 등과 같은 일정한 공통점이 존재한다. 설계 프로세스는 계속적으로 발전한다. 그중에서 대표적인 것은 소프트웨어 설계 분야의 설계 프로세스인데, 그 이유는 소프트웨어가 계속적으로 변화하기 때문이며, 또 큰 규모의 소프트웨어 프로젝트를 수행하는 것이 매우 어렵기 때문이다.

Cross는 설계 프로세스를 규범적인 프로세스와 서술적인 프로세스의 두 가지 종류로 명시했다. 그 이름이 의미하듯이 **'규범적 설계 프로세스'** 에서는 시스템을 구현하기 위한 정확한 프로세스 또는 체계적인 방법론이 규정되어 있다. 규범적 설계 프로세스는 그 특징이 알고리즘과 유사하며 종종 논리적인 순서도(flow chart)로 표현된다. 규범적인 프로세스의 예는 문제와 요구사항이 결정되어야 하는 설계 프로세스의 첫 단계를 기술하는 [그림 1-1]에서 제시된다. 이 그림에는 요구사항이 문제에서 제기된 결핍 요소를 만족시키는지를 결정하는 결정 블록(decision block)이 포함된다. '서술적 설계 프로세스'는 덜 정규적이며 정확한 순서를 덜 강조하면서 설계를 구현하는 데에 관련된 전형적인 활동을 포함한다. 그러나 규범적과 서술적의 차이는 항상 명확한 것은 아니다. Cross는 설계 프로세스가 종종 상식으로 간주되어 무시되기 때문에 성공적인 결과물을 만드는 데 실패하는 경우가 있다는 점을 강조한다. Cross는 설계 프로세스를 강조해야 하는 두 가지 이유를 제시했다. (1) 설계 프로세스는 더 좋고 더 혁신적인 해를 얻을 수 있도록 생각의 프로세스를 정규화하여 좋은 실천이 뒤따르도록 한다. (2) 팀의 모든 구성원들이 설계 프로세스에서 구성원들이 어느 단계에 참가하고 있는지를 이해하도록 하여 구성원들을 동기화되도록 한다.

설계 문제에서 폭넓게 적용되는 서술적 프로세스는 [그림 1-2]에 제시되어 있다. 이상적인 상황의 프로세스는 문제를 파악함으로써 시작하며, 시계 방향으로 진행되어 연구와 요구사항 분석 단계를 거쳐 시스템이나 장비가 만들어져서 서비스(유지보수 단계)로 이행될 때까지 수행된다. 이와 같이 각 단계를 순차적으로 방문하는 시나리오는 현실적으로는 이루어지기 어려운데, 그 이유는 서술적 프로세스에서는 설

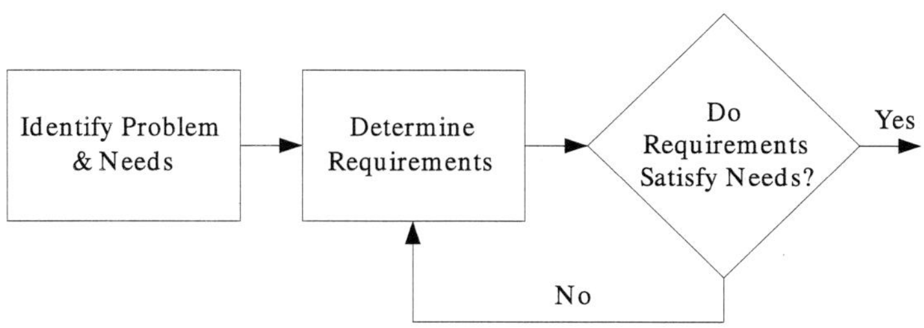

그림 1-1 문제정의와 요구사항 선택을 위한 규범적 설계 프로세스.

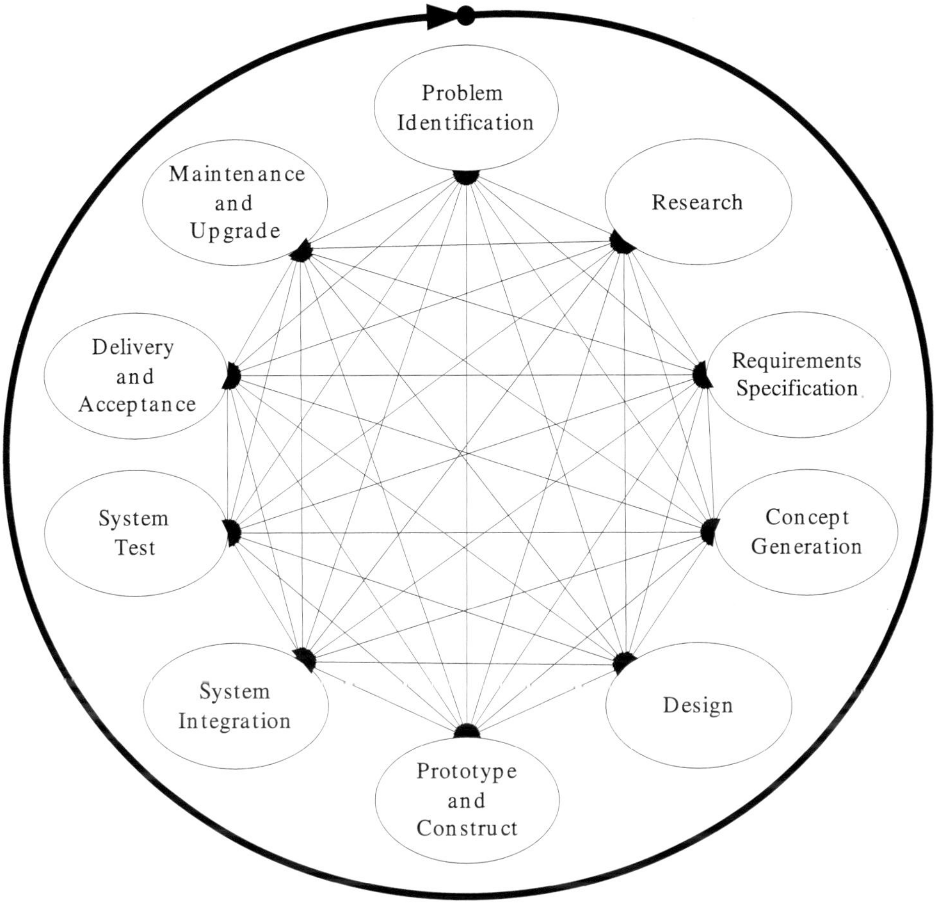

그림 1-2 설계 프로세스의 서술적 개요.

계의 반복적 특징이 반영되어 있지 않기 때문이다. 여기서 설계의 반복적 특징이란 설계 내용이 프로세스의 각 단계를 거치면서 변경될 수 있다는 점을 의미한다. 결과적으로 서술적 프로세스에는 설계 프로세스의 모든 단계들 간의 이동을 허용하는 연결선이 추가된다. 물론 어떤 단계들 간의 이동은 근거가 없으며 많은 비용이 들기도 한다. 예를 들어, 문제 파악 단계에서 시스템 통합 단계로 개념 설계의 단계를 거치지 않고 이동하는 것은 불가능하다. 공학자가 문제 파악, 연구, 요구사항 분석, 개념 생

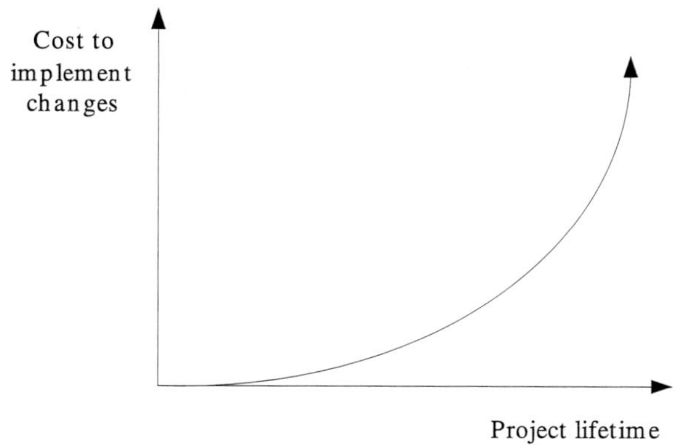

그림 1-3 설계 수정사항에 대한 가격은 프로젝트 기간이 증가할수록 기하급수적으로 증가한다.

성 등과 같은 프로세스에서 가까운 단계들 사이를 전환하는 것이 더 현실적이다. 이것은 서술적 프로세스 모델에서 유사성이 떨어지는 단계들 사이를 이동할 수 없다는 것을 의미하지 않는다. 예를 들어, 사용자의 요구사항은 설계 단계에서 변할 수 있으며, 이는 요구사항에 대한 재평가 및 요구사항 분석의 수정, 시스템의 재설계 등의 비용과 시간을 상당히 요구하는 절차들을 필수적으로 요구한다. 여러 연구에 따르면 오류를 수정하거나 변화를 만드는 데에 요구되는 비용은 [그림 1-3]에서 제시된 바와 같이 프로젝트의 기간이 증가함에 따라 기하급수적으로 증가한다.

1.1.1 설계 프로세스의 구성요소들

이 책에서는 유지 보수 단계를 제외한 [그림 1-2]의 설계 프로세스의 거의 모든 단계를 다루고 있다. 첫 번째 단계인 **'문제 파악'** 단계의 목표는 문제와 사용자의 요구사항을 명확하게 파악하는 것이다. 이것은 무엇인가 새로운 생각을 가지고 있는 누군가로부터 당신에게 문제를 들고 오는 고객에서까지 다양한 방식으로 일어난다. 어떠한 경우에서건, 생산품, 장치, 시스템 등을 위한 진정한 요구사항을 결정하는 것이 중요하다. 요구사항을 잘못 파악하면 모든 프로세스를 잘못 분석하게 되며, 이는 많은 비용이 드는 재설계 또는 최악의 경우에는 프로젝트를 포기하게 되는 결과로 이어진다.

'연구 단계' 에서는 설계팀이 기초 공학 및 과학 원리와 관련된 기술들, 현존하는 다른 해결책들에 대한 연구를 수행한다. 목표는 문제에 대한 전문가가 되어서 기존에 존재하는 해결책을 다시 사용할 수 있도록 함으로써 비용과 시간을 절약하고, 필요에 따라서는 새롭고 혁신적인 해결책을 개발할 수 있는 위치에 올라서는 것이다.

'요구사항 분석 단계' 에서는 고객에 의해서 받아들여질 만한 성공적인 시스템이 되기 위해서 시스템이 어떤 기능을 수행해야 하는지가 명확하게 표현된다. 어떻게 해결책이 구현될 것인가에 반해서 시스템이 무엇을 해야 하는가에 대해서 초점을 맞추는 것은 중요하다. 이 과정에서의 어려운 점은 공학자들은 해결책에 초점을 맞추며 프로세스의 초기 단계에서 구현을 제안하는 경향이 있다는 점이다. 공학자들이 이러한 경향을 보이는 이유는 공학교육이 문제를 구체화하기보다는 문제를 해결하는 방법에 초점을 맞추고 있기 때문이다. 프로젝트 전체를 인도하는 임무 기술서의 역할을 하는 요구사항을 적절하게 개발하면, 해결책을 개발하는 단계에서는 창의성과 혁신을 위한 융통성을 발휘할 수 있는 여지가 있다.

'개념 생성 단계' 에서는 문제를 해결할 수 있는 다양한 해결책들이 개발된다. 설계의 특징은 결과가 정해져 있지 않다는 점이며, 이는 한 문제에 대해서 여러 해결책이 존재할 수 있다는 것을 의미한다. 따라서 설계의 목표는 여러 해결책 중에서 주어진 제약 조건을 지키면서 요구 조건을 최대한 만족시키는 것을 개발한다는 것이다. 이 단계에서는 폭넓은 창의성이 강조되지만, 개발되는 해결책들은 엄격하게 평가되어야 한다.

'설계 단계' 에서, 설계팀은 기술적인 해결책을 반복적으로 개발하는 과정을 통해서 시스템의 상세 설계를 작성한다. 이 단계가 끝나면, 모든 중요한 시스템과 하부시스템을 파악할 수 있으며, 이 파악된 시스템들은 사용할 기술이 적용된 적절한 모델을 이용해서 표현된다.

'프로토타입 개발 단계' 에서는 시스템의 여러 구성요소들이 만들어지며 테스트된다. 프로토타입을 만드는 단계의 목적은 시스템의 몇 가지 부분을 모델링해서 최종 구현 단계에서 적용될 기능을 보여주는 것이다. 많은 프로토타입들은 폐기되거나 시스템이 발전됨에 따라 변경된다. 이 단계는 기본적으로 원칙을 실험하여 입증하며 이해를 향상시키는 것을 목적으로 한다. 프로토타입은 프로세스의 어디에서나 사용될 수 있다. 때때로 개념 생성 단계 이후에 프로토타입을 고객에게 제시해야 할 필요가 있으며, 프로토타입은 설계 아이디어를 테스트하기 위해서 설계 단계에서 사용될 수 있고, 또는 최종 시스템이 시험되고 개발될 때에도 사용될 수 있다.

'시스템 통합 단계' 에서는 모든 하부시스템들은 통합되어 완전하게 작동하는 시스템이 탄생한다. 이 단계에서는 많은 다른 설계의 결과물들이 서로 상호작용을 해야 하고, 또 모든 팀이 밀접하게 공동 작업을 해야 하기 때문에 매우 어렵고 시간이 많이 든다. 설계 단계에서 서브시스템의 기능과 상호 작용에 대해서 명확하게 의견을 교환한다면, 시스템 통합 단계에서는 큰 도움이 된다. 시스템 통합은 전 시스템이 요구사항을 만족시키는지를 테스트받는 **'테스트 단계'** 와 밀접하게 연관되어 있다.

최종적으로 시스템은 고객에게 전달되어 서로 동의된 단계에 따라서 테스트된다. 시스템이 서비스될 때에도 개발은 끝난 것이 아니며, 다음 단계인 **'유지 보수 단계'** 에 들어가는데, 이 단계에서는 시스템이 유지 보수되며, 새로운 기능을 갖추도록 업그레이드되거나 또는 설계에서의 문제가 수정된다. 설계 프로세스를 이해하고 이를 따라 하게 되면 성공적인 시스템을 개발할 수 있는 가능성이 높아진다. 이 과정은 가변적이며, 시스템을 구현하기 위해서 설계자가 서로 다른 단계들 사이를 전이해야 할 때도 있다. 설계는 반복적인 과정이다. 당신은 모든 단계에서 필요한 모든 것을 완전히 이해하지 못할 수도 있으며, 시스템이 개발됨에 따라 서로 다른 단계를 다시 수행해야 할 필요성이 있다. 이것은 첫 시도에서 가능한 최고의 설계를 개발하도록 시도하지 않아도 된다는 뜻이 아니라 유동성과 시스템을 변경하기 위한 의도가 필요하다는 것을 현실적으로 인정하라는 뜻이다.

1.1.2 구체적인 기술을 이용하는 설계 프로세스

서로 다른 응용 분야에서는 그 분야에 맞게 특별한 구체적인 기술을 이용하는 설계 프로세스를 개발해왔다. 그러한 예의 하나로 VLSI(Very Large Scale IC) 설계 분야가 있다. 매우 전형적인 VLSI 설계 프로세스는 [그림 1-4]에 제시되어 있는데, 이 모델에서 시스템 사양은 시스템 구조를 개발하기 위해서 사용된다. 시스템 구조는 집적회로를 구성하는 주요한 기능을 수행하는 유닛들로 이루어져 있다. 다음 단계에서 각 기능적 유닛들은 논리회로 수준에서 설계되는데, 이는 다음 단계에서 회로 수준에서 설계되며, 최종적으로는 회로의 부품들이 실리콘 칩 위에 놓이게 된다. 이 과정은 설계를 위한 분할-정복적인 방법론에 훌륭한 예제이다. 분할-정복 방법에서는 복잡한 시스템이 더 낮은 수준의 추상화로 분할되며, 이 각각의 추상화들은 설계의 목적을 만족시킬 때까지 계속 분할된다.

다음에는 [그림 1-5]에서 제시된 임베디드 컴퓨터시스템을 위한 설계 프로세스를 살펴보자. 임베디드 시스템이란 하드웨어와 소프트웨어가 결합되어 더 큰 시스템

그림 1-4 집적회로(VLSI) 설계를 위한 프로세스[Welor].

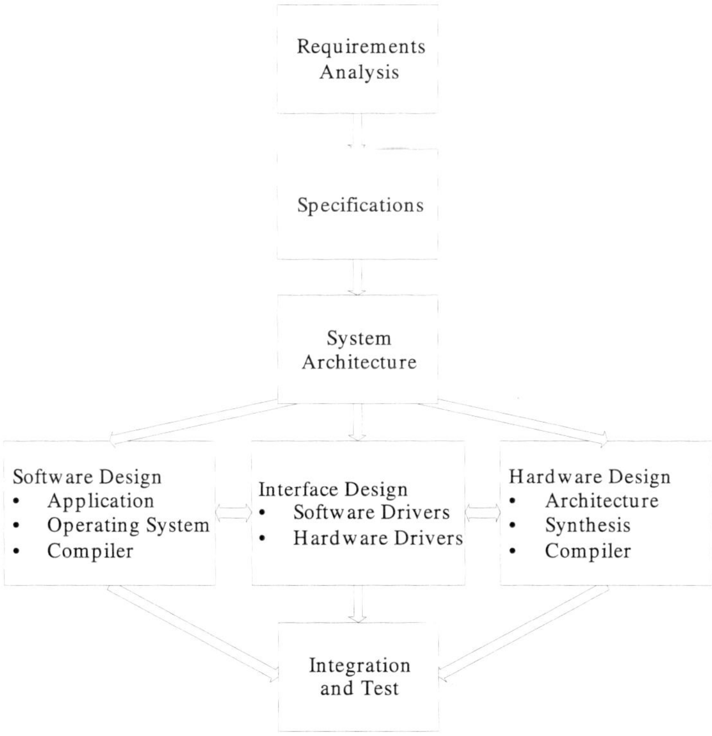

그림 1-5 임베디드 시스템 설계 프로세스[Ern97].

에 포함된 형태의 시스템으로 특정한 응용에 적합한 연산을 수행한다. 이러한 임베디드 시스템은 자동차, DVD 플레이어, 디지털카메라 등에서 사용된다. 성능에 대한 이슈는 임베디드 시스템이 사용되는 적용 분야에서는 중요한 문제이며, 설계자들은 최적의 성능을 얻기 위해서 소프트웨어와 하드웨어 사이의 작업을 분할할 필요가 발생한다. 이러한 설계 프로세스는 규범적 프로세스라고 할 수 있는데, 그 이유는 요구사항 수집, 사양 구체화, 구조 설계 등의 단계들로 분할될 수 있기 때문이다. 이 프로세스는 소프트웨어와 하드웨어 설계 블록은 분할하여 진행하지만, 인터페이스 설계를 통해 두 가지를 결합하는 임베디드 시스템의 독특한 성질을 잘 보여준다.

소프트웨어 공학 분야는 새로운 설계 프로세스 모델의 개발이 오늘날까지도 매우 활발한 분야 중의 하나이다. 그 이유는 소프트웨어가 복잡하다는 속성과 함께 컴퓨터 공학자들이 효과적으로 고품질의 소프트웨어 시스템을 개발하지 못한다는 것이다. 여기에는 많은 어려움이 있다. 소프트웨어 프로그램의 순수한 크기는 수백만 줄을 훨씬 넘는 경우가 많은데, 그 대부분은 서로 다른 소프트웨어 개발자에 의해서 개발된다는 점이다. 이 수백만 줄의 프로그램 중에서 하나의 작은 실수라도 전 시스템이 작동하지 못하는 결과를 야기할 수 있다. 또 다른 어려움은 소프트웨어를 업그레이드하거나, 재사용하기 위한 설계에 있다. 수백만 줄의 프로그램이 완성된 이후에 요구사항이 변경되거나 중요한 구조 또는 객체가 업그레이드되어야 한다면 어떻게 될까?

[그림 1-6]에서 보여주는 **폭포수 모델**은 최초로 제안되었으며, 가장 널리 알려진 소프트웨어 설계 프로세스 중의 하나이다. 이것은 규범적 모델로 사용자의 요구사항이 분석되는 첫 번째 단계로부터 사양 개발, 설계, 테스트 및 유지 보수에 이르는 단계를 차례로 거치면서 소프트웨어가 개발됨을 보여준다. 이는 잘 정의된 적당한 규모의 소프트웨어 응용프로그램의 개발에서는 성공적으로 적용되지만 각 단계 사이를 자유롭게 이동할 수 없다는 단점 때문에 복잡한 소프트웨어의 설계에서는 실패하는 경우가 많다. 더 융통성이 있고 서술적인 소프트웨어 설계 프로세스는 나선 모델(spiral model)인데, 이것은 주기적인 모델로 필요에 따라서는 각 단계들이 다시 진행된다.

극단적인 프로그래밍(*extreme programming*) 기법은 더 최신이고 아직 논쟁의 여지가 있는 소프트웨어 설계 프로세스인데, 비교적 작은 수의 소프트웨어 개발자로 구성된 팀이 빠르게 엄격한 규정에 따라 소프트웨어를 개발하도록 한다. 나선형 모델과 극단적 프로그래밍은 이 장의 마지막에 나오는 문제에서 더 자세히 검증된다.

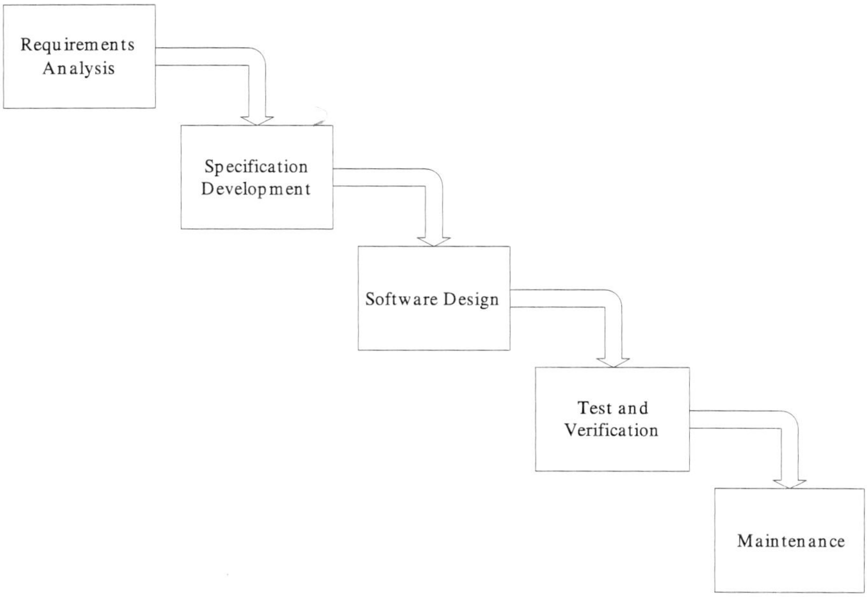

그림 1-6 폭포수(waterfall) 소프트웨어 개발 프로세스.

|1.2| 세계적인 수준의 공학자

효과적으로 설계를 할 수 있는 능력이 공학자에게 매우 중요한 이유는 이 능력이 뛰어난 기술적 능력과 설계 프로세스에 대한 이해를 요구하기 때문이다. 그러나 이 능력 자체만으로는 뛰어난 공학자가 되기에는 부족하다. 펜실베이니아 주립대학의 〈공학교육 발전을 위한 레오나드센터〉는 많은 기업들의 자문을 받아서 '세계적인 공학자'에 대한 정의를 개발했다. [표 1-1]에서 보는 바와 같이 성공적인 공학자의 특성을 보여주는 이 설명은 여섯 개의 주요한 구성요소를 포함하고 있다. (1) 세상의 인식, (2) 확고한 기초, (3) 기술적 폭넓음, (4) 효과적인 단체 활동, (5) 다재다능, (6) 고객지향적이다. 대부분의 프로젝트가 팀 단위로 수행되기 때문에 이 설명은, 공학자는 단체활동에서 효과적이어야 함을 주장하고 있다. 그뿐 아니라 많은 프로젝트는 다중의 기술적인 원칙을 요구하며 마케팅, 재정, 인사, 기술 지원, 서비스 등과 같은 다양한 조직들을 가지고 있는 다기능적 조직체에서 수행된다. 이 원칙은 또한 공학자는 다재다능해

표 1-1 세계적 수준의 엔지니어. (Copyright the Leonhard Center for the Advancement of Engineering Education, The Pennsylvania State University. Reprinted by permission.)

I. Aware of the World
- Sensitive to cultural differences, environmental concerns, and ethical principles.
- Alert to market opportunities (both high and low tech).
- Cognizant of competitive talents, work ethic, and motivation.

II. Solidly Grounded
- Thoroughly trained in the fundamentals of a selected engineering discipline.
- Has a historical perspective and remains aware of advances in science that can impact engineering.
- Realizes that knowledge doubles at breakneck speed and is prepared to continue learning throughout a career.

III. Technically Broad
- Understands that real-life problems are multidisciplinary.
- Thinks broadly, seeing an issue in a rich context of various alternatives, probabilities, etc., rather than as a narrow quest to find a single answer.
- Is conversant in several disciplines.
- Is trained in systems modeling and the identification of critical elements. Understands the need to design experiments to verify or extend analysis, as well as meet specification requirements.
- Is psychologically prepared to embrace any field necessary to solve the problem at hand.

IV. Effective in Group Operations
- Cooperative in an organization of individuals working toward a common creative goal that is often multidisciplinary and multifunctional in nature.
- Effective in written and oral communication.
- Willing to seek and use expert advice.
- Cognizant of the value of time and the need to make efficient use of the time in all phases of an endeavor.
- Understanding and respectful of the many facets of business operation—general management, marketing, finance, law, human resources, manufacturing, service, and especially quality.

V. Versatile
- Innovative in the development of products and services.
- Sees engineering as applicable to problem solving in general.
- Considers applying engineering beyond the typical employment focus of engineering graduates in the manufacturing industries, to the much broader economy (financial services, health care, transportation, etc.) where engineering skills could make a dramatic improvement in the productivity of those segments of the economy, which employ 80 percent of the U.S. population.

VI. Customer Oriented
- Realizes that finding and satisfying customers is the only guarantee of business success.
- Understands that products and services must excel in the test of cost-effectiveness in the global marketplace.

야 하며, 혁신적이고 윤리적인 원칙을 이해하고 있으며, 고객지향적이어야 한다고 주장하는데, 이러한 주장들은 이 책 전체에서 강조되는 중요한 주제들이다.

1.3 이 책의 개관

복잡한 기술의 집적체인 디지털카메라, 휴대폰, 스페이스 셔틀 등과 같은 복잡한 시스템들을 생각해보자. 디지털카메라는 내장된 전자시스템, 광학, 기계공학적 렌즈 결합체와 카메라의 구성요소들의 합성체이다. 내장된 전자시스템은 영상 센서, 디지털 디스플레이, 디지털 인터페이스 회로, 플래시 메모리 저장 장치, 시스템을 제어하는 소프트웨어와 사용자 인터페이스 등을 포함한다. 그러한 시스템의 구성요소를 통합하고 적절한 시간 내에 많은 양의 영상 데이터를 기록하고 전송하도록 하는 작업은 매우 크다. 핸드폰은 크기는 작아지지만, 매우 많은 기능을 갖추어야 하는 기술을 나타내는 복잡한 시스템의 좋은 예이다. 핸드폰은 디지털 데이터 통신, 안테나, 신용정보 전송에 대한 암호화, 사용자 인터페이스 디스플레이, 인터넷 접속 등과 같은 기능들을 처리한다.

이와는 반대되는 규모의 예제로는 스페이스 셔틀과 같은 큰 규모의 우주 및 군사 시스템이 있다. 비록 두 번의 셔틀 사고가 있었지만 스페이스 셔틀의 안전과 신뢰도에 대한 요구사항은 믿을 수 없을 만큼 높다. 그러한 시스템의 구현에는 서로 다른 기관에 속한 다양한 학문 분야의 매우 많은 사람들이 참여한다. 즉, 이러한 세 가지의 기술은 다양한 학문 분야를 포함하는 큰 규모의 팀에 의해서 개발된다. 이러한 개발에서 활용되는 프로세스와 실천은 이 책에서 다루고자 하는 기초 지식의 응용을 나타낸다. 비록 이 설계 강의의 마지막에 완전한 스페이스 셔틀을 만들지는 못하지만, 다소 복잡한 시스템을 설계하고 통합하도록 하는 설계의 원칙들을 적용할 수 있을 것으로 기대된다.

이 책의 목적은 컴퓨터 및 전기 공학자들에게 설계의 원칙을 적용하는 것을 가르치는 것이며 학생들이 직업을 갖기 위한 준비를 돕는 것이다. 대부분의 공학교육은 수학, 과학, 공학 및 문제 해결 기법에 할애되어 있다. 이러한 것들은 중요한 주제이며 기술적으로 수준 높은 컴퓨터 및 전기공학 분야에 입문하기 위해서는 필수적이다. 그러나 훌륭한 컴퓨터 및 전기공학 분야의 공학자가 되기 위해서는 이러한 주제들 이외에 시스템 설계의 이해, 혁신, 윤리적인 원칙, 팀워크, 강력한 의사소통 기술 등 다른 요소가 필요하다는 것은 명백한 사실이다.

이 책은 세 부분으로 구성되어 있다. 1부는 공학설계 프로세스를 다루며, 2부는 설계도구를, 3부는 직업적 기술을 다룬다. [그림 1-7]에서 보는 것과 같이 이 세 요소들은 서로 분리되어 있지만 프로젝트를 우수하게 수행하는 것—사용자의 요구를 만족시키고 윤리적인 방식으로 제약조건을 만족시키며 모든 관련자들이 명확하게 의사소통을 하는—과 관련되어 있다. 이 책의 각 장들은 독자가 필요에 따라서 여러 장 사이를 이동할 수 있도록 최대한 분리되어 있다.

1부는 설계 프로세스의 각 단계들에서의 경험을 이해하고 얻는 것을 강조한다. 독자는 프로젝트를 파악하고 연구하며 시스템의 사양을 개발하고 창의적인 개념을 생성하며 여러 해결책들을 비판적으로 평가하는 여러 단계들로 인도된다. 2부는 기능적 분해, 시스템 특성, 신뢰도 및 테스트의 기술 등을 포함하는 설계에서 자주 이용되는 주제들을 설명한다. 3부는 직업적 기술들로 팀원의 원칙, 프로젝트 계획, 설계

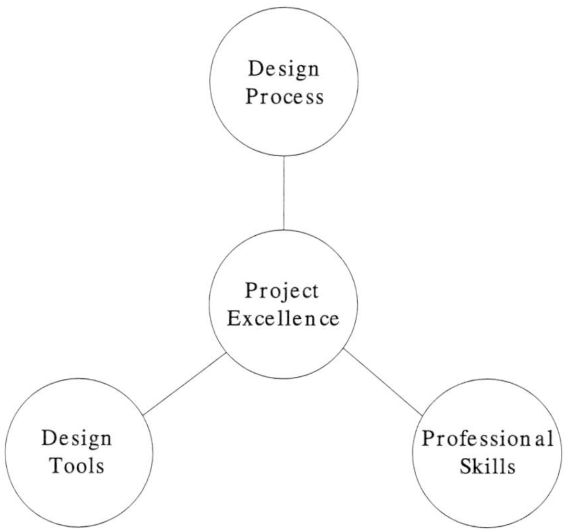

그림 1-7 본 저서의 지침 철학. 공학과 설계 프로젝트의 성공적 성취를 위해서 설계 프로세스, 강력한 기술 설계 도구, 전문적 기술의 이해가 요구된다.

에서의 윤리, 구두 의사소통 기술 등을 다룬다.

이 장을 끝내고 설계로 가는 여정을 시작하기 전에 하고 싶은 얘기가 있다. 설계로 가는 여정은 재미있지만 매우 어려우며 때로는 좌절을 겪기도 한다. 그렇지만 궁극적으로는 많은 것을 배우는 여행이 된다. 공학자들이 일하는 시스템은 계속적으로 복잡해지며 본질적으로 여러 전문 분야에 관련되어 있다. 이 책에 제시된 예제들은 아날로그 전자공학과, 디지털 전자공학, 전기시스템 이론 및 소프트웨어 시스템 등의 여러 분야에서 발췌되었다. 이 네 분야들은 대부분의 전기 및 컴퓨터 공학자에 대한 교육에서 공통적으로 적용되는 중요한 문제 영역을 구성한다. 끝으로 설계의 중요성에 대해서 하버드 경영대학원의 Robert Hayes가 한 다음의 문구를 명심하라.

> "15년 전, 회사들은 가격으로 경쟁했고, 오늘날은 품질을 가지고 경쟁하지만, 미래에는 설계를 가지고 경쟁할 것이다."

이 문장이 의미하는 것은 세상이 점점 더 지식에 기반한 사회로 이동한다는 점이다. 또 그러한 지식 기반 사회에서 개인과 회사들이 지적 역량과 새롭고 혁신적인 상품을 생산할 수 있는 능력을 가지고 경쟁해야 한다는 점이다. 이것은 설계에 대한 모든 것이다. 이는 가격과 품질이 중요하지 않다는 것이 아니다. 실제로 그들은 중요하며, 설계에서의 품질과 신뢰성은 이 책에서도 다루고 있는 내용이다. 품질과 가격이 주어진다면, 성공적인 상품은 그 설계에 따라 결정된다. 이는 상품의 개발 및 성공에 있어서 설계는 점점 더 큰 역할을 수행함을 의미한다. Hayes가 예언한 미래는 바로 지금이다. 설계는 흔히 볼 수 있는 상품과 정말 독특하며 수익성이 높은 상품을 구분한다.

|1.4| 요약

공학설계는 설계팀이 창의력과 기술적인 지식을 이용해서 제약조건 내에서 사용자의 필요성을 가장 잘 만족시키는 해결책을 개발하는 반복적인 프로세스이다. 모든 상황과 기술에 적용될 수 있는 설계 프로세스는 존재하지 않지만 기술에 관계없이 공유되는 많은 공통점이 존재한다. 설계가 성공적인 성과를 얻기 위해서는 설계도구, 직업적인 기술, 설계를 완수하기에 필요한 프로세스에 대한 명백한 이해가 요구된다.

이 책의 목적은 이러한 분야에서 숙달되도록 해 효과적인 공학자가 되며, 설계 프로젝트에서 우수한 성과를 얻도록 하는 것이다.

1.5 학습문제

1.1 규범적 설계와 서술적 설계의 차이를 설명하고, 각각의 예를 인용하시오.

1.2 설계 프로세스에서의 문제 인식, 조사, 요구사항 분석 단계들 사이의 관계를 설명하시오.

1.3 설계 프로세스에서의 개념 생성 및 설계 단계의 관계를 설명하시오.

1.4 설계 프로세스에서의 문제 인식, 조사, 요구사항 분석, 개념 생성 및 설계 단계들에 대한 규범적 설계 프로세스를 만드시오. 결과는 결정 블록으로 구성된 플로우차트로 제시되어야 하며, 필요한 경우에는 반복이 허용된다.

1.5 VLSI와 내장형 시스템 설계 프로세스 사이의 중요한 차이를 설명하시오.

1.6 도서관이나 인터넷을 이용해서 나선형 소프트웨어 설계 프로세스에 대한 조사를 수행하시오. 그리고 참조한 모든 문헌을 제시하시오.
a) 나선형 소프트웨어 설계 프로세스의 중요한 요소를 제시하시오.
b) 폭포수 모델에 대해서 장점 및 단점을 설명하시오.

1.7 도서관이나 인터넷을 이용해서 극단적 프로그래밍 설계 프로세스에 대한 조사를 수행하시오. 그리고 참조한 모든 문헌을 제시하시오.
a) 극단적 프로그래밍 기법의 중요한 요소를 제시하시오.
b) 이 소프트웨어 개발 모델의 장점과 단점은 무엇인지 설명하시오.

1.8 [**프로젝트 응용**] 프로젝트와 팀 선택을 준비하는 과정에서 당신이 추구하고 싶은 다섯 개의 선호하는 기술 또는 공학적 주제를 포함하는 개인적인 목록을 작성하시오. 또한 당신이 프로젝트 팀에 가져오게 될 장점과 단점을 나열하시오.

Chapter 02

프로젝트 선택 및 필요성 인식

"모든 문제에는 쉽고 단순하지만 잘못된 해결책이 존재한다." —H. L. Mencken

오랫동안 회사들은 회계, 공학, 재정, 생산 또는 마케팅 등과 같은 기능적인 측면에 따라서 자원을 배정해왔다. 그러나 종종 중요한 가치를 갖는 프로젝트를 조직하고 그 프로젝트의 필요성을 만족시키도록 자원을 배치하는 것이 훨씬 더 효과적인 경우가 많았다. 이는 전통적인 부서와 이를 통한 운영은 점점 덜 강조되고 있으며, 이에 반해서 프로젝트의 역할이 증가하고 있음을 의미한다. 캡스톤 설계 프로젝트는 프로젝트를 관리하고 실행하는 과정에서의 경험을 얻는 매우 큰 기회를 제공한다. 가장 먼저 결정해야 하며, 또한 가장 중요한 결정 중의 하나는 추진할 프로젝트를 결정하는 것이다.

이 장의 목적은 프로젝트 선택 단계에서 실용적인 지침을 제공하는 것이다. 이 장에서는 설계와 공학 프로젝트를 설명하고, 설계의 원칙을 실행해보기를 원하는 공학 전공 학생들에 의해서 프로젝트가 어떻게 선택되어야 하는지에 대해서도 다룬다. 또한 사용자의 필요성을 어떻게 파악하는지에 대한 방법을 설명하고, 기초 연구를 수행하는 지침을 제공한다. 이 모든 정보들은 필요성과 프로젝트의 목표, 그리고 기술에 대한 조사를 명확하게 인식하는 문제에 대한 설명을 통해서 제시된다.

▶▶ 학습 목표

1. 전기 및 컴퓨터 공학자가 추진할 수 있는 프로젝트의 유형에 대해 이해한다.
2. 프로젝트 선택을 위한 지침을 이해하고 적용할 수 있다.
3. 사용자의 필요성을 결정하고, 문서화하며 순위를 정하는 방법을 알게 된다.
4. 기초 조사를 수행하기 위해서 이용 가능한 자원을 인식한다.
5. 프로젝트에 대한 개념을 선택하고 프로젝트에 대한 설명을 완수한다.

2.1 공학설계 프로젝트

이 절에서는 설계의 분류와 실제 공학자들에 의해서 착수된 프로젝트의 종류 및 학생 수준에서 수행되는 프로젝트에 대해서 설명한다. 실제로 이 절에서 제시하는 프로젝트의 범주는 모든 프로젝트를 포함하지는 못하지만, 많은 프로젝트들은 이 범주들의 조합으로 표현할 수 있다. 설계 프로젝트의 목표는 주어진 필요성을 만족하는 새로운 **산출물**(시스템, 구성요소, 또는 프로세스 등)을 창조하는 것이다. Cross에 따르면 다양한 설계들은 '창의적 설계', '변형 설계', '일상 설계' 라는 세 개의 범주로 분류된다.

창의적 설계는 새롭고 혁신적인 산출물을 생성하는 설계를 의미한다. 창의적 설계의 예는 Palm 사의 Pilot PDA이다. PDA에 대한 개념은 오랫동안 존재해왔지만, 애플의 Newton에서 보듯이 그 기술을 개발하려는 초기의 시도는 실패였다. 이것은 사용자를 당황하게 하는 낮은 인식률의 필기체 인식 기술 때문에 발생한 결과이다. 그러나 Palm 사는 Graffiti라는 단순화된 필기체 언어를 개발하는 창의적인 아이디어를 제시했으며, 이는 기존의 필기체 인식 기술이 필요하지 않음을 의미한다. Palm Pilot은 창의적 설계의 훌륭한 예제이다. 그것은 단순하며(네 가지의 기본 기능을 수행한다), 주머니의 크기에 꼭 맞고, 사용하기 편리하다. 이 혁신을 통해서 커다란 휴대용 컴퓨터(handheld computing) 산업이 탄생하였다.

변형 설계는 기존의 설계에 대한 변형이며, 기존 시스템의 성능을 향상하거나 새로운 특징을 추가하는 것을 목적으로 한다. 많은 공학 프로젝트들은 이 범주에 속한다. 예를 들어 정확성이나 시스템의 산출물을 향상시키는 것을 목표로 하는 프로젝트들은 변형 설계에 속한다.

일상 설계는 이론이나 그 이론에 대한 응용이 잘 개발되어 있는 장치의 설계를 나타낸다. 예를 들어 교류 전력공급기, 아날로그 및 디지털 필터, 계산기나 비교측정기 등과 같은 기초 디지털 부품 등이다. 일상 설계는 종종 더 복잡한 창의적 설계나 변형 설계의 구성요소로 사용된다.

다양한 형태의 프로젝트가 위의 세 가지 범주의 프로젝트에 속한다. '**시스템 공학**' 및 '**시스템 통합 프로젝트**'는 많은 하위시스템을 더 큰 시스템으로 합성됨을 나타낸다. 이 프로젝트들은 창의적이나 또는 변형 설계일 수 있지만 이러한 프로젝트들의 대부분에서는 프로젝트들의 규모가 크며 많은 사람들이 참여하고 많은 기술들이 필요하기 때문에 어려움이 발생한다. 따라서 프로젝트를 성공시키기 위해서는 좋은 설계 과정이 요구된다. 공학자들은 종종 '**시스템 테스트**'에 참여하는데, 그 목적은 시스템이 기술된 요구사항과 사용자의 필요사항을 만족시킨다는 것을 확인하는 것이다.

'**실험적 설계 프로젝트**'의 목적은 시스템의 특성을 결정하기 위한 실험 절차 및 기구를 실계하는 것이다. 예를 들어, 공학사 팀은 나양한 운영소선에서 시스템을 테스트할 수 있다. 이 장의 후반부에 제시되는 [예제 2.3]은 그러한 프로젝트로, 그 목적은 군사적인 환경에서 gigabit급 성능의 이더넷 기술의 실현 가능성을 테스트하는 일련의 실험들을 설계하는 것이다. 이 실험은 온도나 진동 등과 같은 환경적인 요소의 영향을 조사하며, 이 자료를 이더넷 보드의 운영 가능한 수명을 측정하는 데 사용된다. 이 프로젝트를 완수할 즈음에 팀은 그 기술의 적용 가능한 운영 범위 등과 같은 내용을 추천하게 된다.

'**분석 프로젝트**'의 목적은 현존하는 시스템을 향상시키거나 개선하기 위하여 시스템의 몇 가지 측면을 분석하는 것이다. 예를 들어 현장에서 실패한 시스템이나 프로세스의 실패 원인은 밝혀지지 않을 수 있다. 이러한 상황에서 실패의 효과 및 분석 기술 등과 같은 도구들은 프로세스 실패의 원인을 파악하는 데에 적용된다. '**기술 평가 프로젝트**'에서는 주어진 상황에서 어떤 기술이 사용될 수 있는지의 여부를 결정하기 위해서 기술들이 평가된다. 이것은 그 기술이 현존하는 시스템을 향상시킬 수 있는지를 결정하거나 또는 운영 성능을 특징화할 수 있는지를 결정하기 위해 사용된다.

'연구 프로젝트' 의 목적은 새로운 기술을 발견하거나 창조하기 위한 목표를 가지고 연구나 실험을 수행하는 것이다. 이러한 프로젝트와 다른 형태의 프로젝트들의 근본적인 차이는 최종적인 결과물을 알 수 없다는 것이다. 대부분의 공학 연구는 '응용 프로젝트' 의 범주에 속한다. 이는 기초 연구를 통해서 개발된 기술이나 이론에 근거하여 새로운 기술이나 시스템을 창조하는 것을 의미한다. '기초 연구' 는 특정한 응용 예를 생각하지 않고 새로운 과학적 원리를 발견하는 것을 강조한다. 기초 연구는 매우 중요하지만 반드시 설계 프로젝트의 일부는 아니다.

2.2 프로젝트 아이디어의 원천

누구든지 처한 상황에 따라서 자신의 프로젝트를 발견하고 선택할 기회를 가질 수 있다. 다음의 리스트는 프로젝트 아이디어를 찾을 수 있는 몇몇 원천들이다.

- 산업체에서 후원하는 프로젝트: 인턴십을 통해서 회사를 위해 일한다면 많은 회사들은 기꺼이 프로젝트를 후원할 것이다.
- 국경없는 공학자 모임: 이 조직은 개발도상국의 삶의 질을 향상하기 위한 학생 프로젝트를 후원한다.
- *www.FreeRandD.com*: 기업체와 학생팀이 프로젝트에 대해 협동하는 기회를 제공한다. 기업체가 학생들이 일할 캡스톤 프로젝트에 대한 아이디어를 제시하며, 학생들은 이력서와 프로젝트에 대한 관심을 제시한다.
- 대학 및 지역사회: 학교에서는 여러 학생팀들이 다른 학과에 대해서 아이디어를 문의함으로써 고급의 프로젝트를 파악할 수 있다. 학생팀은 아이디어를 얻기 위해 박물관, 연구소 등과 같은 지역사회에 접근하는 것에도 성공하고 있다.
- 브레인스토밍: 동료들과 모여서 프로젝트 아이디어에 대한 브레인스토밍을 실시하라. 훌륭한 브레인스토밍 과정에서 얼마나 많은 프로젝트 아이디어를 개발할 수 있는지 놀랄 것이다. 프로젝트 아이디어만 생각하지 말고 해결책이 필요한 문제를 파악하는 것도 고민하라.

|2.3| 프로젝트의 실현 가능성과 선택 기준

이 장에서는 프로젝트의 실현 가능성을 검사할 때 고려해야 할 질문들을 제시한다. George H. Heilmeier(TI 사의 CTO, Defence Advanced Research Projects Agency의 사장, Bellcore 사의 CEO 등을 역임한 전기공학자)는 새로운 프로젝트를 시작할 때 적용할 질문들을 만들었다. Heilmeier는 모든 프로젝트가 기관의 목표와 일치하여야 한다고 주장하며 이 주장을 다음의 질문들을 통해 강조했다.

- 무엇을 하려고 하는가? 전문용어를 절대 사용하지 말고 목표를 분명하게 하라.
- 지금 프로젝트가 어떻게 수행될 수 있는가? 그리고 현재 기술의 한계는 무엇인가?
- 접근 방법에서의 새로운 점은 무엇인가? 그리고 왜 그러한 접근 방법이 성공할 것이라고 생각하는가?
- 위기와 보상은 무엇인가?
- 비용은 얼마인가? 얼마나 오랫동안 수행될 것인가?
- 성공을 위해 체크해야 할 중간 및 최종 시험은 무엇인가?

Heilmcicr는 프로젝트의 성공적인 완수를 위해서는 이 질문들에 대해 대답할 수 있어야 하며, 프로젝트 관리 프로세스의 원칙을 지켜야 한다고 주장한다.

두 번째로 소개하는 조직적 프로젝트 관리 관점에 따르면 프로젝트 선택을 위한 다음의 기준이 존재한다.

- **프로젝트는 기관의 업무 및 목표와 부합되어야 한다.** 기관들이 이 기준에 맞지 않은 프로젝트에 성과 없이 자원을 소비하는 상황이 발생하곤 한다. 프로젝트에 관련된 위험성은 항상 존재하며 어떤 프로젝트가 이 기준을 얼마나 잘 만족시키는지는 판단하기 힘들 때가 있다. 어떤 조직에 새로 온 공학자가 임무와 목표에 관련된 프로젝트의 중요성을 판단하는 것은 어려운 일이지만, 만약 당신이 이와 같은 상황에 처한다면 거리낌 없이 질문을 던져야 한다. 초보자는 많은 경험을 갖거나 프로젝트에 밀접하게 참여하는 사람들이 못 본 척하는 기본적인 질문들을 하곤 한다.
- **보상이 있어야 한다.** 프로젝트가 수익이 나는지를 평가하기 위해서 경제적인 분석이 수행되어야 한다. 마케팅 및 재정분석을 요구하는 이 작업의 대부분은 이 교재

의 범위 밖의 내용이지만, 10장에서는 이 질문에 대답할 수 있는 프로젝트 비용 분석의 기본을 다룬다.

- 선택 기준이 있어야 한다. 서로 경쟁하는 프로젝트들에 대한 공정한 선택 기준이 적용되어야 한다. 이 절의 마지막에 나오는 [예제 2.1]에서는 프로젝트 선택에서 기준을 적용하는 예를 보여준다.
- 프로젝트의 목적은 구체적이고 측정가능하며 할당할 수 있어야 하고 현실적이며 시간에 관련되어 있어야 한다. 3장은 구체적이고 측정가능한 프로젝트 요구사항을 결정하는 방법을 설명한다. 할당할 수 있고 현실적이며 시간에 관련된 모든 것들은 10장에서 다루는 프로젝트 관리 측면에 속한다. 목적은 주어진 시간표 내에 현실적으로 완수될 수 있으며 개인이나 그룹에게 할당될 수 있는 임무를 개발하는 것이다.

다음의 예는 AHP(분석적 계층 프로세스)라고 알려진 방법을 이용해서 프로젝트 선택 모델을 적용하는 방법을 보여준다.

예제 2.1 캡스톤 설계를 위한 프로젝트 선택 모델

당신이 캡스톤 설계팀의 일원이며, 여러 프로젝트 아이디어들 중에서 자신의 프로젝트를 선택할 기회를 가지고 있다고 가정해보자. AHP를 이용한 의사결정의 단계들은 결정을 이끌고, 기준의 상대적 가중치를 결정한다. 여러 대안들에 대해서 가중치의 점수를 계산할 기준을 이용해서 대안을 평가하며 결정을 심사할 기준을 선택하는 것이다.

1단계: 선택 기준을 결정하라

기준을 선택하기 위해서 팀은 팀 멤버들의 흥미를 유발하는 다음의 기준을 결정하기 위해 브레인스토밍을 한다고 가정하자.

A. 팀의 기술에의 부합성
B. 기술적인 복잡도
C. 창조성
D. 시장의 잠재력
E. 산업체의 후원

2단계: 기준 가중치를 결정하라

팀이 가중치를 결정하기 위해서 서로 비교하는 방법을 적용한다고 가정하자. 그렇게 하기 위해서는 다음의 상대적 중요성을 표현하는 척도를 이용해서 체계적으로 각 기준을 나머지 기준들에게 비교한다.

1 = 동등함, 3 = 적당함, 5 = 강함, 7 = 매우 강함, 9 = 가장 강함

서로 비교하는 방법의 결과는 다음과 같다.

Criteria	A	B	C	D	E	Weight
A	1	5	5	3	3	0.52
B	1/5	1	3	1/3	1/3	0.12
C	1/5	1/3	1	1	3	0.09
D	1/3	3	1	1	5	0.18
E	1/3	3	1/3	1/5	1	0.09

팀이 프로젝트 선택에서 중요한 것이 무엇인지를 파악하는 이 단계는 중요한 단계이며 가끔 간과되기도 한다. 이 예에서는 기준 A(팀의 기술에의 부합성)에 대한 일치가 가장 중요한 것으로 판정되며, 시장의 잠재력이 그 뒤를 잇고 있다.

3단계: 기준에 관한 대안을 파악하고 평가하라

팀이 다음의 세 가지 프로젝트 아이디어를 고려하고 있다고 가정하자. 첫 번째는 IEEE가 후원하는 로봇 경쟁이며, 두 번째는 기업체에서 후원하는 새로운 테스트 프로토콜을 설계하는 프로젝트이며, 세 번째는 사람들이 잃어버린 물건을 찾도록 도와주는 장치이다. 팀은 각 프로젝트를 평가하는 과정을 거치게 된다. 이 평가는 다음 단계에서의 의사 행렬에서 반영된다.

4단계: 대안들에 대한 점수를 계산하라

다음의 의사 행렬이 만들어지며 각 대안들에 대한 점수가 결정된다.

Selection Criteria	Weights	Alternatives		
		Project 1	Project 2	Project 3
A (Match to skills)	0.52	0.40	0.20	0.40
B (Technical Complexity)	0.12	0.40	0.30	0.30
C (Creativity)	0.09	0.45	0.20	0.35
D (Market potential)	0.18	0.05	0.35	0.60
E (Industry sponsorship)	0.09	0.00	1.0	0.00
Score		**0.31**	**0.31**	**0.38**

5단계: 결정을 평가하라

프로젝트 3(물건 찾는 도구)이 팀 멤버들에 의해 결정된 가중치에 근거해서 세 가지 선택 중에서 가장 높은 점수를 받았다. 이것은 팀의 기술에 잘 일치되며, 또한 훌륭한 시장의 잠재력을 가진 문제를 풀고자 하는 욕구에도 부합된다. 나머지 두 프로젝트들은 동점을 받았다.

2.4 필요사항 파악

종종 소비자나 고객 또는 상관으로부터 풀어야 할 문제가 제시되며, 그 문제의 해결책에 대한 필요성 또는 요구사항을 결정해야 한다. 즉 〈고객의 목소리〉를 결정해야 하는 것이다. 이것은 단순한 문장처럼 보인다—소비자에게 무엇을 원하는지를 물어보라.

예를 들어 고객이 다음과 같은 요구사항을 가지고 왔다고 가정해보자. "학교 앞의 교통에 정체가 심하다. 나는 학교 앞의 교차로에 북쪽 출구를 위한 새로운 차로를 설계하기를 원한다." 따라서 당신은 이 새로운 차로를 설계하고 그것을 교차로에 추가한다. 그러나 당신은 3개월 뒤에 교통 정체가 조금 줄어들었지만 여전히 심각한 문제로 남아 있음을 알게 되었다. 무엇이 잘못된 것인가? 분명히 당신은 요구된 것을 행했지만 문제는 풀리지 않았다. 이는 잘못된 문제를 풀었음을 의미한다. 실제 문제는 입구의 교통 흐름을 개선하는 것이다. 이 경우에 고객은 문제와 해결책을 한 문장에 함께 제시하였다. 만약 조심스럽게 실현 가능성에 대한 연구를 수행했고 새로운 차선을 추가하는 것이 문제를 경감시킨다는 것을 알게 된다면 해결에 도움이 된다. 그러나 이것은 이 경우에는 맞지 않았다. 이 가상의 상황은 가장 선행되어야 하는 연구를 소홀히 했거나 현재 상황이 바뀌기 때문에 현실에서 자주 발생한다. 요점은 정확한 문제를 파악해야 하며, 해결책을 찾아야 한다는 것이다.

만약 고객이 교통 흐름을 개선해달라고 부탁했다면 상황은 훨씬 좋았을 것이다. 왜냐하면 이는 상황을 분석하고 다른 선택을 개발할 수 있는 기회를 제공하기 때문이다. 이 상황에서 요구되는 몇몇 질문들은 다음과 같다. 추가적인 교통량은 얼마나 되는가? 이는 언제 발생하는가? 교통량은 어디에서 오는가? 교차로에서 참을 만한 대기 시간은 얼마나 되는가? 몇몇 새로운 차선이 필요할 수 있거나 또는 교통신호의 순서가 잘못되었거나 혹은 더 적은 비용으로 교통의 흐름을 향상시키는 새로운 입구가 필요할 수도 있다.

이 교훈은, 고객은 종종 문제와 함께 해결책을 들고 온다는 것이다. 그러한 경우에는 **'설계 공간'** 이라고 불리는 문제에 대한 모든 가능한 해결책은 불필요하게 제한된다는 것이다. 가정에 적절하게 도전하여 문제의 근원을 얻기 위한 질문을 할 준비를 하라. 문제를 명확하게 하는 질문을 하고 요구사항을 분석하여 해결책이 아닌 문제에 집중하라는 것이다.

연구자들과 실천자들은 유도하는 필요성의 문제를 검증해왔으며 그것은 좋은 공학 요구사항 명세를 개발하는 데 중요한 요소이다. Ulrich와 Eppinger는 다음의 다섯 단계를 이용해서 '고객의 목소리' 를 얻기 위한 프로세스를 제안하였다. (1) 사용자로부터 가공되지 않은 자료를 수집하라, (2) 가공되지 않은 데이터를 필요성의 측면에서 해석하라, (3) 필요성을 계층적 구조로 표현하라, (4) 필요성의 상대중요성을 결정하라, (5) 성과와 프로세스를 평가하라. 각 단계들에 대한 설명은 다음의 절에서 제시된다.

1단계: 사용자로부터 가공되지 않은 데이터를 수집하라

이 과정은 종종 상관이나 중요한 사용자 또는 고객 회사로부터 온 사람들과의 인터뷰를 통해서 수행된다([그림 2-1] 참조). 새로운 제품이 개발되고 있는 도중에 포커스그룹(테스트할 상품에 대해서 토의하는 소비자그룹)을 고용할 때도 있다. 인터뷰와 포커스그룹은 사용자와 대화할 기회를 제공한다는 점에서 바람직하며 그 대화를

그림 2-1 소비자와의 의사소통의 어려움. (Dilbert © Scott Adams / Dist. By United Feature Syndicate, Inc.)

통해서 새로운 아이디어나 개념 또는 필요성이 드러나기도 한다. 또 다른 선택은 직접 관찰이다. 이것은 설계팀이 사용 중인 시스템을 검사하여 그것을 개선하는 개념을 개발하는 것이다.

새로운 상품과 시스템을 설계하는 혁신적이고 성공적인 기업인 IDEO 사는 혁신적인 상품을 성공적으로 개발하기 위한 기술로 직접 관찰을 중요하게 활용한다. 예를 들어, IDEO는 고객으로부터 병원의 수술실에서 사용하는 기구 혈관 형성술을 위한 새로운 의료도구를 개발해달라는 요구를 받았다. 고객이 제시한 중요한 요구사항은 수술 중에 기술자의 다른 손이 자유로워야 하기 때문에 그 도구를 한 손으로 조작할 수 있어야 한다는 점이었다. IDEO의 디자인팀은 직접 관찰을 통해 비록 현재 시스템이 한 손으로 사용할 수 있도록 설계되었지만 비실용적이며 기술자들은 실제로 두 손을 다 사용한다는 점을 발견하였다. 그래서 한 손으로 작동하는 펌프보다 더 잘 작동할 뿐 아니라 조용하고, 판독성이 좋으며 더 정확한 두 손 펌프를 개발하였다. 이는 사용자가 문제 기술의 일부분으로 해답을 제시하는 경우에 대한 또 다른 예이다.

Ulrich와 Eppinger는 인터뷰 도중에 다음의 질문을 할 것을 권한다.

- 언제, 그리고 왜 이러한 형태의 제품을 사용하는가?
- 그 제품을 사용하는 전형적인 과정을 우리에게 보여달라.
- 현재 사용하는 제품이 마음에 드는 이유는?

- 현재 사용하는 제품이 마음에 들지 않는 이유는?
- 이 제품을 구입할 때 고려한 사항들은 무엇인가?
- 이 제품에 대해서 어떤 점을 향상시키고 싶은가?

2단계: 가공되지 않은 자료를 필요성의 측면에서 해석하라

이 단계에서는 가공되지 않은 데이터가 고객의 필요성으로 변환한다. 필요성은 시스템이 반드시 수행해야 하는 기능의 관점에서 표현되어야 하며, 그 기능을 어떻게 구현할 것인지에 대한 고려를 배제해야 한다. 사용자의 필요성을 기술한 문장을 〈**시장 요구사항**〉 또는 〈**시장 명세서**〉라고 부른다. 예를 들어, "시스템이 고품질 오디오를 가져야 한다"는 것은 성능을 고려한 사용자로부터의 필요성, 즉 시장 요구사항이다. 하지만 이 시장 요구사항은 어떻게 이를 구현할 것인지에 대해서는 전혀 언급이 없다. 시장 요구사항은 사용자의 용어로 필요성을 기술하는 짧은 문장들로 구성된다. 이 문장들은 수치적인 목표를 가지고 있지 않으며 시스템에 대한 상태를 기술한다. 또 다른 시장 요구사항의 예는 "시스템은 사용하기 쉬워야 한다"와 "시스템은 달리는 사람이 떨어뜨려도 이상이 없어야 한다" 등이다.

3단계: 필요성을 체계적 구조로 표현하라

시장 요구사항은 가장 일반적인 단계로부터 가장 구체적인 단계까지 필요성을 계층적인 구조로 표현해야 하며, 문제에 따라서는 그 계층적 구조가 상세화될 수 있다. 시장 요구사항은 중요성이 아닌 기능적 유사성에 의해서 조직적으로 표현된다. 이 계층적 구조는 **목표트리**(***objective tree***)라고 불린다. 조깅하는 사람들이 들고 다니는 오디오장치에 대한 목표트리의 예는 [그림 2-2]에서 제시되어 있다. 세 가지의 높은 수준의 목표는 고품질 오디오, 이동성, 사용의 편의성이다. 이 각각은 이들을 지원하는 특징들로 분할된다. 예를 들어, 이동성은 무게가 가벼울 것, 작을 것, 인간공학을 고려할 것, 다양한 환경에서의 작동할 수 있을 것 등으로 분할된다.

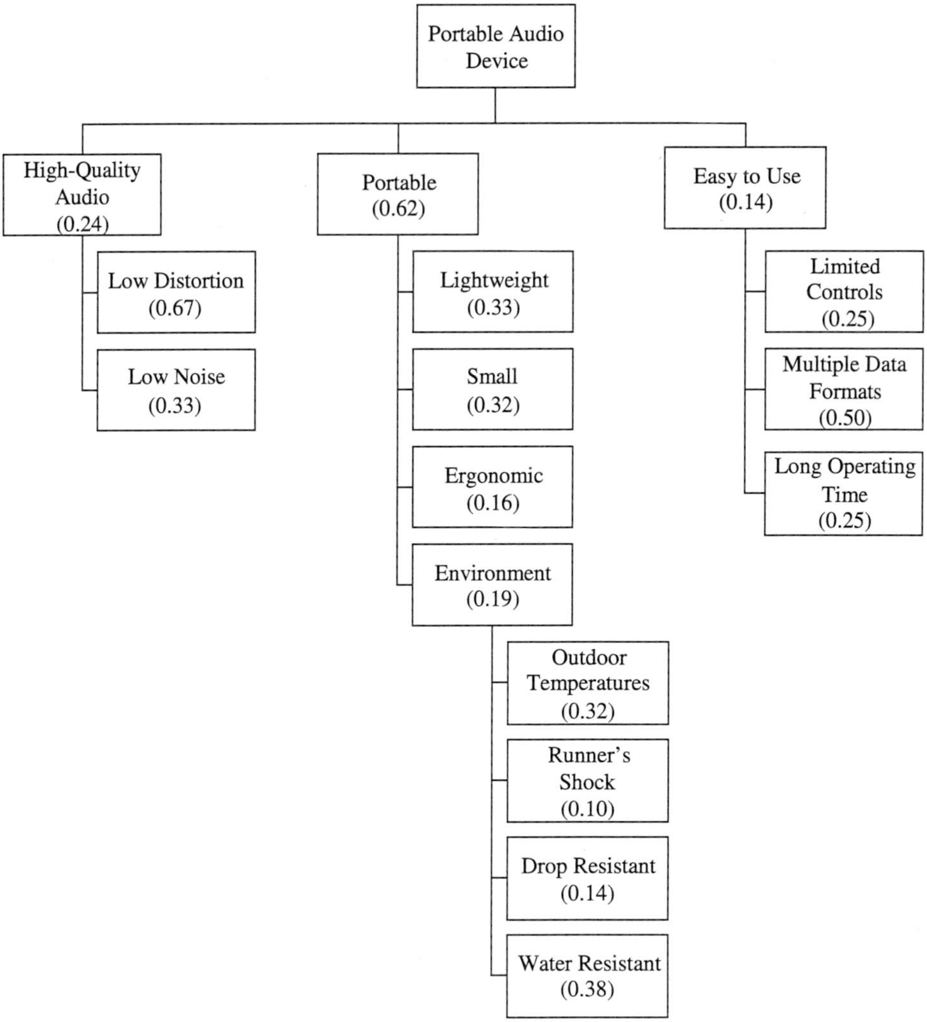

그림 2-2 달리는 사람이 사용할 수 있는 휴대형 오디오 장비를 위한 목표트리. 가중치는 프로세스의 스텝 4에서 결정한 것과 같이 각 단계에서의 요구사항의 상대적 중요도를 반영한다.

4단계: 필요성의 상대중요성을 결정하라

필요성에 대한 상대중요성은 사용자의 필요성에 따라서 결정된다. [예제 2.1]에서 볼 수 있듯이 쌍별 비교는 상대중요성과 필요성의 가중치를 결정하는 데 사용하는 훌륭한 기술이다. 쌍별 비교에서 각 필요성은 체계적으로 계층적 구조의 같은 높이에 있

표 2-1 휴대형 오디오 장비의 최고수준 요구 사항을 순위 매기기 위한 쌍별 비교 매트릭스. 목표트리의 모든 단계에 대해서 비교가 수행된다.

	High-Quality Audio	Portable	Easy-to-Use	Weight
High-Quality Audio	1	1/3	2	**0.24**
Portable	3	1	4	**0.62**
Easy-to-Use	1/2	1/4	1	**0.14**

는 다른 모든 필요성들과 비교된다. 이 문제에 대한 쌍별 비교의 예는 [표 2-1]에 나타난다. 이 표에서는 각 필요성에 대한 가중치를 계산한 결과도 제시된다. 이 결과에 따르면 이동성이 가장 중요한 필요성이며, 오디오의 품질과 사용의 편이성이 그 뒤를 따른다. 이 가중치는 [그림 2-2]의 목표트리에서 반영된다. 이 계층적 구조의 각 아래 단계의 필요성들에 대한 비교는 [그림 2-2]에 제시된다. 다음에 나오는 장에서 사용되는 순위는 설계의 여러 대안들을 비교할 때 사용된다.

5단계: 성과물과 프로세스를 평가하라

설계 프로세스와 그 모든 하위 프로세스들은 좋은 결정을 내리기 위한 도구이다. 필요성을 파악하기 위한 기술도 같은 목적으로 사용된다. 결과는 평가를 받아야 한다. 목표는 가정에 도전하고 문제를 완전히 파악하며 합리적인 판단을 내리는 것이다. 이 프로세스의 세 가지 성과물은 필요성을 파악하는 시장 요구사항과 필요성의 구조적인 표현을 제시하는 목표트리, 그리고 필요성의 상대중요성의 순위이다. 이 프로세스는 학생들의 설계 프로젝트에 적용하는 것보다 회사에서 지원하는 프로젝트에서 일할 때에 적용하는 것이 좋다. 예를 들어, 시스템의 잠재적인 사용자인 친구나 동료에게 질문을 할 수 있으며, 포커스그룹, 즉 테스트할 상품에 대해서 토의하는 소비자 그룹이 조직되고 설문조사가 수행될 수 있다. 인터넷의 BBS와 토론모임이 필요한 정보를 수집하기 위해서 사용될 수 있다.

2.5 연구조사

프로젝트의 개념을 정의하는 동안에 철저한 연구조사를 수행하는 것은 매우 중요하다. 철저한 연구조사를 하지 않으면 기존의 부품, 지식, 기술 등을 완전히 이용하지 못할 뿐 아니라 이미 존재하는 제품을 다시 만들기 위해서 비용과 시간을 낭비하는 결과를 가져올 수 있다. 연구 단계에서는 비교 대상의 시스템 및 기술들을 명확하게 파악하게 되며, 이러한 작업을 기초로 프로젝트의 개념은 세분화되고, 또 어떤 경우에는 포기하게 된다. 이 연구조사의 특징 및 전략은 프로젝트의 성격에 따라서 좌우된다. 일반적으로 이 단계의 목적은 현존하는 과학적 원리를 더욱 이해하는 것이고 특정 분야의 최신 기술과 친숙하게 되는 것이다. 이 단계에서는 다음과 같은 질문에 답을 할 수 있어야 한다.

- 프로젝트 개념 아래에 깔려 있는 기본적인 이론은 무엇인가?
- 현재 이와 유사한 프로젝트는 어떻게 수행되고 있나?
- 현재의 디자인 및 기술의 한계는 무엇인가?
- 당신의 개념과 기존의 기술과의 비슷한 점 및 다른 점은 무엇인가?
- 당신의 설계 과정과 관련이 있는 기존의 또는 특허 받은 기술이 있는가? 만약 있다면 그 기술은 무엇이며, 왜 관련이 있는가?

인터넷

인터넷은 연구를 수행하기에 강력하고 빠르며 쉽게 접근할 수 있는 자원이다. 웹에 존재하는 정보를 찾기 위한 뛰어난 검색엔진이 많이 존재하지만 조사 과정에서는 유명한 검색엔진이나 인터넷을 통해서 얻어지는 것 이상을 조사해야 한다는 것을 명심해야 한다.

인터넷에서의 위험한 요소 중의 하나는 거의 모든 사람이 정보를 올릴 수 있다는 점이다. 따라서 웹사이트의 신뢰도 및 신용도를 조사하는 것은 매우 중요하다. 어떻게 웹사이트의 신용도를 평가하는지에 대한 조언은 여러 경로를 통해서 제공된다. 중요한 것 중의 하나는 저자가 누구인지를 찾는 것이다. 저자 및 저자의 소속을 명확하게 파악해야 한다. 발견한 정보가 주관적인 의견인지, 아니면 어떤 상품에 대한 상업적인 광고인지를 주의깊게 결정해야 한다. 신뢰도를 높이기 위해서는 글의 출처에 대한 인용을 반드시 제공해야 한다. 또 다른 방법은 신문이나, 잡지 등과 같은 출판매체나 다른 신뢰할 만한 출처를 통해서 웹사이트 내용을 검증하는 것이다.

수많은 검색엔진들 중에서 하나를 선택하는 작업은 매우 어렵다. 또한 검색엔진의 형태도 텍스트를 처리하는 것에서부터 색인된 정보를 처리하는 것, 다른 검색엔진을 찾는 고차원 검색엔진, 자연어 처리 능력을 갖춘 것까지 매우 다양하다. 참조할 수 있는 검색엔진으로는 *www.altavista.com, www.AskJeeves.com, www.google.com, www.kartoo.com* 및 *www.yahoo.com* 등이다. 인터넷에 대한 도서관의 색인번호를 나타내는 *www.lii.org*는 도서관 사서들에 의해서 선택되고 평가된 웹사이트의 리스트이다. 인터넷의 정보들은 빠르게 변하며 최신의 정보를 나타낸다.

전기공학 및 컴퓨터공학을 위한 웹사이트

유명한 검색엔진들도 인터넷에 존재하는 모든 정보를 찾을 수는 없다. 따라서 전기공학 및 컴퓨터공학 설계에 관련된 특별한 검색 능력을 가진 많은 웹사이트들이 존재한다.

- *www.eeProductCenter.com*
- *www.CircuitCellar.com*
- *www.DatasheetCatalog.com*
- *www.ddj.com*
- *www.EETimes.com*
- *www.EDNmag.com*
- *www.OnSemi.com*
- *www.ThomasRegister.com*

그리고 대부분의 전자부품 제조사들은 제품에 대한 제품자료집 및 응용 사례들을 제공하는 웹사이트를 운영하고 있다. 응용 사례는 실제로 어떻게 그 부품들을 사용하는지를 보여준다. Dallas Semiconductor, Fairchild Semiconductor, Motorola, Texas Instruments 등은 이러한 사이트를 잘 운영하는 대표적인 회사들이다.

정부와 관련된 웹사이트

- *http://stats.bls.gov*
- *www.FirstGov.gov*
- *www.uspto.gov*

논문과 학회에 관련된 사이트

기술적인 정보들에 대한 최신 이론 및 응용예가 필요하다면 논문 및 학회의 논문에 대한 검색이 필요하다.

- *www.acm.org*
- *www.engineeringvillage2.org*
- *www.ieee.org*

2.6 필요성과 목표의 서술

문제 서술은 필요성과 목표의 서술로 구성된다. 필요성 서술을 통해서 우리는 프로젝트에 대한 필요성을 명확하게 표현하고 프로젝트에 대한 동기를 부여한다. 또한 필요성 서술에는 다음과 같은 내용을 포함하고 있어야 한다.

- 제시된 필요성을 간략하고 명확하게 표현한다.
- 문제에 대한 해결책을 언급하지는 않는다.
- 2.4절에서 제시된 바와 같이 수집된 추가적인 정보들을 제공한다.
- 필요성에 근거가 되는 모든 통계나 일화 등을 제공한다.
- 현재의 제약 사항을 설명한다.
- 필요성을 이해하는 데 사용된 프로세스를 설명한다. 이것은 일반적이지 않는 특별한 필요성을 가진 기업체에서 후원하는 프로젝트에서는 매우 중요하다.

목표 서술은 한두 문장에서 한두 문단 정도의 길이를 갖는 경우가 많으며, 다음의 내용을 포함하고 있어야 한다.

- 필요성을 만족시키기 위해서 무엇을 제안하는지를 요약한다.
- 기초적인 설계의 목표를 제공한다.
- 기술적인 해결책의 기초적인 설명을 제공한다. 단, 구현에 대한 상세한 설명을 제외한다. 시스템의 입출력 형식이 설명될 수 있다. 완전한 해결책은 기술적인 요구사항이 완전히 결정된 다음까지 발표하지 않는다.

필요성과 목표 서술에 대한 예는 [예제 2.2~2.4]에서 제시되어 있다.

예제 2.2 iPod Hands-Free 장치에 대한 필요성과 목표. *Al-Busaidi, Bellavia 및 Roseborough 등에 의해서 작성된 iPod Hands-Free Device 설계보고서에서 인용.*

필요성: Apple사의 관계자에 의하면, 2004년 말에 대략 1천만 명 이상의 사람들이 iPod를 소유하고 있으며, 이들의 대부분은 자동차를 운전하면서 iPod를 사용하는 것으로 밝혀졌다. National Highway Traffic Satety Administration에 따르면 자동차 사고의 20~30%, 즉 매년 120만 건의 사고가 운전자의 주의산만 때문에 일어난다. 어떤 연구조사에 따르면 운전자의 부주의 때문에 매년 1만 명의 사망자가 발생하며 400억 달러의 비용이 발생한다. 운전자들은 휴대폰의 경우와 유사하게 iPod를 조작하면서 주의력을 잃는다. 이는 핸들을 돌리고 도로를 주시하는 도중에 iPod를 조작하기 때문에 주의력이 분산되기 때문이다. 따라서 사용자가 주의력을 분산하지 않고 iPod에서 음악을 선택하면서 운전을 할 수 있도록 하는 시스템이 필요하다.

목표: 이 프로젝트의 목표는 iPod에 대해서 hands-free 조작을 제공함으로써 운전 도중에 iPod를 더 안전하게 사용하게 만드는 장치를 설계하고 그 프로토타입을 제작하는 것이다. 이 장치는 영어를 사용해서 사용자와 상호작용한다. 사용자는 iPod의 작동을 조작하기 위해서 이 장치에게 간단한 명령문을 음성으로 지시할 수 있게 된다. 이 장치는 iPod의 화면에 나타나는 노래 제목 등과 같은 정보를 사용자에게 음성으로 전달할 것이다.

예제 2.3 Experimental Design Problem의 필요성과 목표. *Esek, Hunt 및 Lewis 등에 의해서 작성된 Intel Pro 1000XF Server Testing 설계 보고서에서 인용.*

필요성: 우리를 후원하는 기업은 일반적으로 사용하는 컴퓨터 데이터통신을 위한 기가비트 이더넷 광섬유 장치의 성능을 군사적인 환경에서 조사하고 있다. 제안된 시스템은 Intel의 Pro1000XF 서버 카드를 이용할 것이다. 군사적인 환경은 매우 거친 운영환경이며, 그러한 환경에서의 Pro1000XF의 성능 및 수명은 알려져 있지 않다. 고객은 Intel Pro 1000XF 및 관련된 컨텍터와 케이블의 최대 성능이 군사적인 환경에서 어떻게 영향을 받는지를 이해하고 싶어 한다.

목표: 이 프로젝트의 목표는 시스템의 최대 성능과 수명에 대해서 온도의 변화 및 진동이 미치는 영향을 결정할 수 있는 실험장치 및 테스트 과정을 설계하는 것이다.

예제 2.4 Protable Aerial Surveillance의 필요성과 목표. *Andre, Kolb 및 Thaler에 의해서 작성된 PASS 설계보고서의 요약에서 인용.*

필요성: 위기 상황은 시간과 장소를 가리지 않고 발생한다. 미국에서는 매년 거의 200만 건의 화재가 발생하고 있으며 펜실베이니아에서만 90건 이상의 특별위기대응팀이 출동하는 사건이 벌어진다. 이 팀은 인질을 붙잡고 있는 용의자와 대치를 해야 한다. 미국에서는 지난 20세기에 100건 이상의 폭동이 기록되어 있는데, 1992년의 LA폭동은 10억 달러의 손해를 입혔다. 이러한 상황에서 항공사진은 위기 상황 대처 요원에게 큰 도움이 된다. 예를 들어, 경찰은 대규모의 군중이나 인질 상황을 모니터할 필요가 있다. 이러한 상황에서 항공 감시는 안전한 거리에서 상황을 관찰할 수 있으며, 그 필름은 법정에서 증거로 활용될 수 있다. 소방관들은 항공 감시를 이용해서 화재가 난 건물을 검사하고 고층 건물의 창문을 통해서 희생자를 수색할 수 있다. 대도시에서 위기 상황에 대처하는 기관들은 종종 항공 감시를 위해서 헬리콥터를 이용한다. 그러나 시골 마을에서는 헬리콥터는 주변의 대도시에서 너무 멀리 떨어져 있으며, 시골 마을에서 헬리콥터를 활용하기에는 너무 비용이 많이 든다. 가장 싼 좌석이 2개인 헬리콥터도 40만 달러 이상이며 새 헬리콥터는 100만 달러 이상의 가격과 시간당 400~1000달러의 운영비용이 소요된다. 따라서 위기 상황에서 일하는 사람들이 상황에 대한 전반적인 감시를 할 수 있는 낮은 가격의 항공 장치가 필요하다.

목표: 이 프로젝트의 목표는 작은 지방자치단체도 구입할 수 있는 항공 감시장치를 만들어 위기 상황에서 일하는 사람들에게 제공하는 것이다. 이 장치는 빠르게 현장에 배치되며 비디오를 기록한다. 카메라는 피해자와 용의자를 손쉽게 파악할 수 있도록 팬과 줌 기능을 제공해야 한다.

2.7 프로젝트 응용: 문제서술서

이 장의 구성요소들을 통합하는 문제서술서에 대한 양식은 다음과 같다.

- 필요성: 프로젝트의 필요성을 명확하게 설명하는 문서
- 목표: 파악된 필요성을 만족시키기 위해서 제안되는 개념을 설명
- 배경: 관련된 기술 및 시스템에 대한 연구조사의 요약. 목표는 2.5절에서 제시된 질문에 대한 시험적인 대답을 제공한다. 이 절의 길이나 내용은 프로젝트에 따라서 결정된다.
- 시장 요구사항: 사용자의 필요성을 설명하는 짧은 문서
- 목표트리: 파악된 필요성에 대해 상대적 가중치로 표현된 기능적 유사성에 근거한 필요성의 계층적 표현

2.8 요약

이 장에서는 공학자에 의해 실시되는 프로젝트의 종류를 설명하고 프로젝트를 선택할 때에 제시되는 질문의 관점에서의 지침을 제공한다. 설계 프로젝트의 성공은 개발하고자 하는 시스템에 대한 사용자의 필요성 및 요구를 얼마나 적절하게 결정하느냐에 달려 있다. Ulrich와 Eppinger에 의해서 개발된 필요성 도출 프로세스가 제시되어 있다. 이 프로세스의 세 가지 결과물은 (1) 소비자의 필요성을 명확하게 파악하는 시장 요구사항, (2) 필요성을 계층적으로 표현한 목표트리, (3) 필요성의 상대적 중요성에 대한 순위 등이다. 개념과 관련된 기술에 대한 연구를 수행하는 것은 중요

하며, 연구조사를 수행하는 지침이 제시되어 있다. 마지막으로 설계 프로젝트를 위한 필요성, 목표, 연구조사 등을 요약하는 문제 설명에 대한 양식이 제시되었다.

2.9 학습문제

2.1 창의적 설계와 변형 설계 및 일상 설계 사이의 차이점을 설명하시오.

2.2 프로젝트를 선택할 때에 적용되어야 하는 세가지 가이드라인을 열거하시오.

2.3 고객이 당신에게 "나무로부터 사과를 따는 로봇 팔을 설계해주시오"라는 요구 조건을 제시한다고 가정해보자. 이 문제 설명에 대한 가정은 무엇인가? 가정을 제거하고 요구 조건을 다시 기술하시오(이 문제는 원래 Edward DeBono에 의해서 제시되었다).

2.4 고객이 당신에게 "멀리 떨어진 장소에서 중앙 서버로 측정된 전압을 전송할 수 있는 *RS-232* 네트웍이 가능한 개인용 컴퓨터 측정 시스템을 설계해주시오"라는 요구 조건을 제시한다고 가정해보자. 이 문제 설명에 대한 가정은 무엇인가? 당신이 문제에 대한 설명을 더 명확하게 파악하기 위해서 고객에서 묻고 싶은 질문 리스트를 작성하시오.

2.5 시장 요구사항이 의미하는 바를 설명하시오.

2.6 목표 트리를 만드는 목적은 무엇이며, 어떻게 만드는지를 설명하시오.

2.7 차고 문 개폐기에 대한 요구 사항은 안전성, 속도, 보안성, 신뢰성 및 낮은 소음이다. 요구 사항의 상대적인 가중치를 결정하기 위해서 쌍별 비교 행렬을 작성하라. 그리고 상대적인 비교를 수행하는 과정에서 당신의 판단을 적용하라.

2.8 컴퓨터 프린터, 디지털 카메라, 전동 드라이버, 또는 전기 칫솔 등과 같이 날마다 사용자가 사용하는 장치를 설계한다고 생각해보자. 선택된 장치에 대한 사용자 요구 사항을 결정하라. 결과물은 (1) 시장 요구 사항, (2) 목표 트리, (3) 쌍별 비교를 통한 사용자 요구사항의 순위 등을 포함해야 한다.

2.9 **[프로젝트 응용]** 예제 2.1에서 보여진 바와 같이 프로젝트의 개념을 선택하기 위해서 적용되는 기준을 선택하고 브레인스토밍을 통해서 프로젝트의 개념을

만들어다. 예제 2.1에서 제시된 기준에 대해서 상위 3~5 개의 개념에 대해서 순위를 결정하라.

2.10 [**프로젝트 응용**] 선택된 프로젝트에 대한 요구 사항을 결정하라. 결과는 시장 요구 사항의 리스트, 목표 트리, 그리고 요구 사항에 대한 순위 등으로 표현되어야 한다.

2.11 [**프로젝트 응용**] 2.5절에서 제시된 지침을 이용해서 당신의 프로젝트에 대한 조사를 수행하라. 결과물은 조사의 결과를 요약하는 보고서의 형태로 표현되어야 한다.

2.12 [**프로젝트 응용**] 2.7절에서 제시된 방침에 따라서 당신의 프로젝트의 개념에 대한 문제 설명서를 작성하시오. 이 장에서 제시된 프로세스를 적절하게 적용하시오.

Chapter 03

요구사항 명세서

명세서(명): 만드는 것에 대해 충분히 설명하는 문장으로 항목들을 자세하고 정확하게 표현. —미국 헤리티지 영어사전

요구사항 명세서는 설계가 성공하기 위해서 만족해야 하는 요구사항을 정의한다. 이는 설계 목표에 대한 구체적인 최종 비전을 제공하고 모든 개발 단계를 추진시키는 임무 수행서라고 할 수 있다. 효과적인 요구사항 명세서는 모든 주요 요구사항을 명시하고, 설계팀이 창의적으로 해결할 수 있는 여지를 충분히 남겨놓아야 한다. 요구사항 명세서는 공학 기술자, 마케팅 담당자, 고객과 같이 설계에 관련된 모든 이해관계자에게 정보전달 도구로서 서비스를 제공해야 한다. 모든 이해관계자는 개발 전 요구사항에 동의해야 한다. 개발자와 고객 사이의 법적인 계약서로 요구사항 명세서를 사용하기도 한다.

요구사항을 개발하는 것은 여러 가지 면에서 "닭이 먼저냐? 달걀이 먼저냐?"라는 속담과 닮았다. 닭은 달걀 속에 숨어 있으므로 어떤 모습인지 알 수 없다. 하지만 달걀은 닭의 모습이 어떤지 알고 있어야 닭이 될 수 있다. 마찬가지로, 문제를 해결하기 전에 요구사항이 구체적으로 무엇인지 파악하는 것은 매우 어렵지만 요구사항을 명확하게 알고 있어야 문제를 해결할 수 있다.

이 장에서는 요구사항 명세서를 개발하는 절차를 다음과 같은 순서로 설명한다. 첫째, 전기 및 컴퓨터 시스템과 관련된 여러 예제를 다루면서 공학적 요구사항의 특징을 정의한다. 그리고 사례연구를 바탕으로 마케팅 요구사항과 공학적 요구사항의 집

합인 최종 요구사항 명세서의 속성을 설명한다. 마지막으로, 품질의 집(house of quality)과 같은 도구를 활용하여 요구사항을 분석하고 정리하는 고급 기술을 설명한다.

▶▶학습 목표

1. 공학적 요구사항의 속성을 이해하고, 이러한 속성을 만족하는 요구사항을 어떻게 개발하는지 이해한다.
2. 전기 및 컴퓨터 시스템에서 일반적으로 사용하는 공학적 요구사항에 익숙해진다.
3. 완벽한 요구사항 명세서의 개발 단계와 요구사항 명세서의 속성을 이해한다.
4. 설계의 장단점을 확인할 수 있는 고급 요구사항 분석 방법을 사용한다.

3.1 요구사항 설정 절차의 개요

이 장에서 주로 다루고 있는 **요구사항 명세서**는 공학적 요구사항과 마케팅 요구사항의 집합이라고 할 수 있다. 즉, 시스템은 고객이나 최종 사용자가 요구하는 내용을 만족해야 한다. [그림 3-1]은 시스템 요구사항 명세서 개발을 위한 IEEE 지침서[IEEE Std. 1233–1998]를 바탕으로 요구사항 명세서를 작성하는 과정을 나타낸다. 이 과정에서 고객, 환경, 기술집단이 세 가지 이해관계그룹을 구성한다. 고객은 2장에서 설

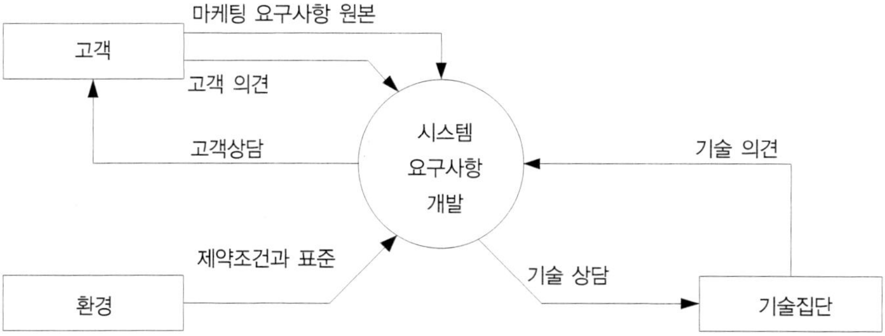

그림 3-1 고객, 환경, 기술집단에 영향을 받는 요구사항 명세서 개발 과정으로 IEEE Std. 1233–1998에 기술.

명한 순수한 마케팅 요구사항을 제시한다. 환경은 설계에 영향을 주는 제약조건이나 표준의 형태로 요구사항을 제시한다. 기술집단은 시스템의 설계, 구현, 시험, 제조, 유지에 대한 책임이 있는 공학기술자의 지식을 바탕으로 요구사항을 제시한다.

3.2 기술적 요구사항

설계자는 공학적 요구사항을 먼저 결정하고 최종 요구사항 명세서를 개발한다. **공학적 요구사항**은 "시스템은 50와트의 전력을 공급할 수 있어야 한다"와 같이 설계에 대한 기술적 요구사항을 짧게 제시한 문장이다. 이 절에서는 다양한 예제를 통해 공학적 요구사항의 바람직한 속성과 요구사항을 식별할 수 있는 방법을 설명한다.

3.2.1 공학적 요구사항 속성

공학적 요구사항은 [IEEE Std. 1233–1998]에서 제시한 네 가지 속성을 만족해야 한다.

1) 추상화: 추상화는 시스템이 무엇을 할지 요구사항에 구체적으로 명시해야 한다는 것을 나타낸다. 이때 시스템을 어떻게 구현할 것인가에 대한 내용은 추상화의 속성에 위배된다. 이는 앞에서 언급한 닭과 달걀의 문제와 관련된다. 일반적으로 설계자는 문제 해결책에 대한 개념을 어느 정도 가지고 있기 때문에 이러한 속성을 만족하는 것은 매우 어렵다. 결정적인 이유가 없다면 요구사항은 구현에 대한 내용을 포함하지 않아야 한다. 예를 들어, 요구사항에서 특정 마이크로컨트롤러를 사용해야 한다는 내용은 없어야 한다. 고객이 명확하게 직접 제약조건으로 제시한 경우나 기존 기술을 바탕으로 시스템을 개발하는 경우, 요구사항은 추상화 속성을 만족할 수 없다. 다리를 설계한다고 가정할 때, "강의 한 쪽에서 다른 쪽으로 사람을 운송한다"라는 요구사항은 무엇을 할지를 나타내고, 다리는 이 요구사항을 어떻게 해결할지를 나타낸다. 그러나 이 요구사항에 대해 다리가 아니라 나룻배와 같은 다른 해결책이 더 적합할 수도 있다는 점을 명심해야 한다.
2) 검증 가능성: 검증 가능성은 최종 시스템이 요구사항을 만족했는지를 측정하고 증명하는 방법이 있어야 한다는 것을 나타낸다. 즉, 최종 시스템이 주어진 요구

사항을 만족했는지 검증할 수 있는 방법이 없다면 이는 더 이상 요구사항이 아니다. 이러한 검증 가능성은 "시스템을 정확하게 구축했는가?"의 질문에 대한 답으로 활용할 수 있다.

3) **명확성:** 명확성은 요구사항을 애매모호하지 않은 하나의 의미를 가진 짧고 완전한 문장으로 표현해야 한다는 것을 나타낸다.
4) **추적 가능성:** 추적 가능성은 마케팅 측면에서 요구사항을 추적할 수 있어야 한다는 것을 나타낸다. 즉, 고객이 설계에 만족하지 않으면 그 설계는 실패한 것이다. 예를 들어, 특수한 환경에서 스스로 이동하는 로봇에 대한 첫 번째 요구사항을 살펴보자.

> 로봇의 전진 속도는 초당 평균 *0.5 m*이고 초당 최대 *1 m*이며, 로봇은 *1*초 안에 정지 상태에서 평균 속도까지 가속할 수 있는 능력을 가져야 한다.

위 예제가 공학적 요구사항의 네 가지 속성을 만족하는가? 먼저, 시스템이 무엇을 하는지를 기술하고 있지만 시스템을 어떻게 구현하는지는 기술하지 않으므로 첫 번째 속성인 추상화는 만족한다. 그리고 속도와 가속도는 최종 구현 단계에서 직접 테스트할 수 있으므로 두 번째 속성인 검증 가능성도 만족한다. 또한 속도와 가속도에 대한 명확한 범위를 제시하므로 세 번째 속성인 명확성을 만족한다. 그러나 마케팅 요구사항 없이는 고객의 만족도를 추적할 수 없으므로 네 번째 속성인 추적 가능성은 만족하지 못한다. 이에 대한 내용은 추후에 설명한다.

이제 로봇의 두 번째 요구사항을 살펴보자.

> 로봇은 외부 환경을 감지하는 *IR*센서를 사용하고, 배터리 수명 *1*시간 동안 스스로 *(*자율적으로*)* 이동해야 한다.

위 요구사항은 센서 유형과 배터리 사용처럼 해결책의 일부를 제시하고 있으므로 추상화 속성을 만족하지 않는다. 앞에서 언급한 바와 같이 마케팅 요구사항 없이는 고객의 만족도를 추적할 수 없으므로 추적 가능성 속성을 만족할 수 없다. 그리고 작동시간과 자율성의 의미가 애매모호하므로 명확성의 속성을 만족하지 않는다. 즉, 작동시간이 정확히 1시간만 작동하고 멈추어야 하는지 한 시간 이상 작동해야 하는지 명확하지 않다. 그리고 자율적으로 이동한다는 의미가 애매모호하여 이에 대해 검증할 수 없으므로 검증 가능성 속성을 만족하지 않는다. 이를 수정한 요구사항은 다음과 같다.

로봇은 특수한 환경에서 최소 *1*시간 동안 경계표지의 도움을 받아 자율적으로 이동해야 한다.

이와 같이 좋은 요구사항은 일반적으로 조건과 가능성의 두 가지 중요한 요소를 바탕으로 기술한다. 가능성은 요구사항에서 "자율적으로 이동해야 한다"처럼 시스템이 무엇을 해야 하는지를 나타낸다. 그리고 조건은 그 가능성에 대해 측정 및 시험할 수 있는 속성으로서 검증할 수 있는 결정적인 내용을 포함한다.

3.2.2 다섯 번째 속성-현실성

요구사항은 앞에서 살펴본 네 가지 속성과 함께 현실적이거나 요구사항으로 제시한 근거를 입증할 수 있어야 한다. 이러한 속성은 IEEE 표준으로는 정의되지 않았지만 매우 중요하다. 요구사항의 목표를 기술적으로 증명할 수 있는 방법이 있으면 현실적이라 할 수 있다. 예를 들어, 로봇이 시간당 1,000,000,000 km의 속도로 여행을 한다는 요구사항은 추상적이며, 애매모호하지 않고, 검증할 수 있다. 그러나 도저히 이루어질 수 없는 요구사항이다. 현실적인 목표는 공학적인 노하우, 창조성, 시스템 모델링에 대해 어느 정도 연구하면 이루어질 수 있어야 한다. 이를 위해서는 추상화 속성을 위배하더라도 최종 시스템의 해결책 일부를 제시해야 한다.

예를 들어 로봇의 무게, 모터, 바퀴 크기, 배터리에 대한 정보가 주어졌을 때 로봇을 설계해보자. 이러한 정보를 바탕으로 성능과 현실적 요구사항을 예측할 수 있는 공학적 모델을 개발할 수 있다. 반대로 모델이나 프로토타입 시스템을 미리 개발하고, 이를 바탕으로 목표 요구사항을 정의할 수 있다. 이는 [그림 3-1]에서 기술집단이 요구사항 프로세스에 정보를 어떻게 제공하는지 나타낸다.

벤치마킹을 바탕으로 유사 시스템과 성능을 비교하여 현실적인 목표를 설정할 수 있다. 매우 효과적으로 설계한 기존 제품이나 시스템의 성능을 뛰어넘는다는 것이 매우 어렵다. 이러한 경쟁을 뛰어넘으려면 새롭고 혁신적인 접근방법이 필요하다. 똑같지는 않지만 비슷한 제품에서 벤치마크 내용을 얻을 수 있다. 이전 세대의 시스템이나 특정 기술을 바탕으로 작업하는 테스트는 현실적인 목표에 대한 길잡이를 제공한다. 시장에서 우위를 차지하거나 현재 상태를 유지하기를 바라는 조직은 새로운 설계가 비현실적인 성능을 달성하도록 개발팀을 압박한다. 이는 요구사항의 기술적 수행 가능성을 결정하는데 적절하지 않다. 이러한 경우에 요구사항은 허용 오차 범위를 바탕으로 만들고 개발하면서 업데이트된다.

3.2.3 제약

[그림 3-1]의 요구사항 프로세스에서 환경은 제약과 표준을 모두 자원으로 제공한다. 실제적으로 모든 공학적 요구사항은 설계에 대한 제약집합으로 나타나며, 설계할 때 제약은 특별한 형태의 요구사항이 된다. **제약**은 설계를 제한하거나 영향을 주는 환경이나 이해관계자가 요구하는 설계 내용이다. 제약적 요구사항은 추상화 속성을 종종 위배하기도 한다.

시스템은 처리 기능을 구현할 때 마이크로콘트롤러 *PIC12F52*™을 사용해야만 한다.

예를 들어, 위에서 제시한 제약적 요구사항은 시스템이 어떻게 구현되어야 하는지를 명시한다. 프로젝트의 후원사에서 특정 마이크로컨트롤러를 사용하는 여러 기술에 대해 연구하고 있다면, 위 요구사항을 제시할 수 있다. 그리고 새로운 플랫폼에 대해 학습하거나 개발하는데 시간을 낭비하기를 바라지 않을 때 위 요구사항을 제시할 수 있다. 많은 문서에서 제약이라는 용어를 사용할 때 비기능적인 항목의 의미로 제약이라는 용어를 사용하기도 한다. 그러나 이는 잘 정의되어 있지도 않고 보편적이 아니므로 여기서는 기능을 중심으로 제약이라는 용어를 사용한다.

3.2.4 표준

표준은 그 이름에서 알 수 있듯이 서비스를 서로 이용할 수 있도록 약속한 방법을 나타낸다. 표준은 가전기기에서 컴퓨터 모듈까지 제품이 함께 작동하는 것을 보장한다. RS-232, TCP/IP, USB와 같은 표준화된 프로토콜 대신 자체적인 통신 프로토콜을 사용하는 컴퓨터에서는 다른 기기와의 상호작용이 필요한 프린트, 이메일 전송, 실시간 메시지 전송, 인터넷 서핑이 거의 불가능하다. 더 나아가 표준은 사람들이 매일 사용하는 제품의 건강과 안전성을 보장한다. 따라서 표준을 감정하고 따르는 것은 좋은 공학적 습관이라고 할 수 있다.

이 장에서는 요구사항에 영향을 주고 궁극적으로는 설계에 영향을 주는 표준에 대해 설명한다. 즉 "어떤 표준이 당신의 프로젝트에 관련되어 있는가?", "그 표준을 어떻게 사용할 것인가?"와 같은 질문을 할 수 있다. 표준과 상호작용하는 방법은 사용 단계, 구현 단계, 개발 단계에 따라 다르다. 사용 단계에서는 일반적으로 표준에 대한 자세한 기술 지식 없이 적합한 표준을 선택하여 사용한다. 예를 들어, 콤포넌트와 다른 콤포넌트의 통신을 위해 표준 통신 프로토콜을 사용하려면 소프트웨어나 하드웨어의 환경을 적절히 설정하면 된다. 그리고 JPEG-2000(Joint Photo Experts Group)과 같은 표준형식으로 디지털 이미지를 읽거나 표시하려면 기존 소프트웨어에서 표준형식으로 디지털 이미지를 읽거나 저장하면 된다.

구현 단계에서는 표준의 자세한 내용을 이해하고 이를 바탕으로 시스템을 구현한다. 구현 단계에서 표준은 설계와 요구사항에 많은 영향을 준다. 예를 들어, 컴퓨터 주변장치를 위한 저수준 드라이버를 개발할 때 관련 표준에 대해 정확히 알고 있어야 구현할 수 있다. 그리고 "시스템은 10년 동안 95%의 신뢰도를 가진다"는 요구사항은 MIL-HDBK217F(Military Handbook for Reliability Prediction of Equipment)와 같은 신뢰성을 평가하는 표준을 채택하여 평가할 수 있는데 이 표준을 사용하려면 신뢰성이론과 표준 그 자체를 모두 이해해야 사용할 수 있다.

개발 단계에서는 새로운 표준을 개발하고 기존 표준을 수정하여 개선한다. 전문가 집단, 어떤 조직, 회사의 공학기술자들이 모여 표준을 개발하는 프로세스에 참여한다. 표준을 개발하는 동안 참여자는 서로 자신의 제품이나 서비스로 이득을 얻으려고 경쟁하기도 한다.

표준은 매우 자세하게 기술되며 표준의 일부분을 프로젝트에 적용하기 때문에 표준의 세계를 조정하는 것은 쉽지 않다. 일부 표준은 마음대로 사용할 수 있지만, 일부 표준은 사용할 때 비용을 지불해야 한다. 표준을 사용할 때 다음 내용이 도움이 될 수 있다. 첫째, 적용하려는 표준에 대해 연구한다. 모든 표준 조직은 일반적으로 웹사이트를 통해 특정 표준에 대한 기본적인 정보를 제공한다. 특히 매우 다양한 표준을 포함하며 그 요약에 대한 검색기능을 무료로 제공하는 IEEE Xplore 데이터베이스는 표준에 대한 연구를 시작하기 좋은 장소이다. 이미 여러 회사와 여러 대학에서 표준 데이터베이스에 접근하여 정보를 얻고 있다. 둘째, 상호작용의 기대수준을 결정하라. 문제를 분석하여 사용할 표준을 찾는가? 또는 깊이 있는 지식을 바탕으로 구현해야 하는가? 후자의 경우, 적용할 표준에 대한 상세한 정보를 획득할 필요가 있다. 고객은 내부적으로 표준이나 지침을 따로 가지고 있거나 적용할 표준에 대한 전문가를 데리고 올 수 있으므로 최종적으로는 고객에게 표준에 대해 물어야 한다.

다음과 같이 프로젝트에 사용할 수 있는 표준의 일부 유형을 요구사항으로 제시할 수 있다.

- **안전성:** 이 표준은 안전을 고려하여 어떻게 설계되어야 하며, 제품이 안전하다는 것을 보장하기 위해 제품을 어떻게 테스트할지를 나타낸다.
- **테스팅:** 이 표준은 안전성과 관련이 있으나 범위가 더 넓다. 예를 들어, 표준화된 벤치마크 테스트는 계산 성능을 비교하기 위해서 사용된다. 잘 알려진 표준의 하나는 SPEC(Standard Perfromance Evaluation Corporation)이다.
- **신뢰성:** 다양한 종류의 시스템을 고려하여 일반적인 신뢰성 원칙과 설계 방법을 나타낸다. 실제로 IEEE나 국방 신뢰도 표준 등을 바탕으로 전자시스템의 신뢰도를 측정할 수 있다.
- **통신:** 컴퓨터, 전화, 위성통신과 같이 전자시스템이 어떻게 통신하고 정보를 전달하는지를 나타낸다.
- **자료 형식:** 시스템이나 소프트웨어가 정보를 적절히 공유할 수 있도록 보장한다. 예를 들면, 이미지나 비디오나 데이터베이스의 표준이 자료 형식 표준에 해당한다.
- **문서화:** 기술보고서의 문서화를 위한 표준도 있다. 그리고 문서화 절차나 사무 절차에 대한 표준도 있다. 예를 들면 ISO(International Standard Organization) 9000과 그와 관련된 표준이 문서화 표준에 해당한다.
- **설계 방법:** 어떤 설계기술은 표준화되어 잘 알려져 있다. 예를 들어 소프트웨어 설계 방법론, HDL(Hardware Description Language), UML(Unified Modeling Language)와 같은 설계언어가 설계 방법의 표준에 해당한다.
- **프로그래밍 언어:** 프로그래밍 언어 문법은 표준화되어 있다. 따라서 소프트웨어는 시스템이나 컴파일러가 달라도 이식할 수 있다.
- **커넥터(*connector*) 표준:** 케이블 연결을 위해서 일반적으로 커넥터 표준을 사용한다. 그리고 커넥터 표준을 따르는 시스템은 쉽게 연결된다는 것을 보장할 수 있다.
- **메타표준:** 이 표준은 여러 표준을 조합한 표준이다. 예를 들어 RS-232 표준은 커넥터의 물리적인 크기 표준, 전압과 관련된 전기 표준, 핀에 대한 기능 표준, 어떻게 개체가 통신하는지를 나타내는 절차적 표준을 조합한 것이다.

3.2.5 공학적 요구사항의 확인

다음과 같이 요구사항을 확인하기 위한 기술은 많이 있다[IEEE Std. 1233-1998].

- 구조적 워크숍과 브레인스토밍 회의
- 인터뷰, 설문조사, 질문사항
- 사용하는 기기나 프로세스의 관찰
- 경쟁 제품의 벤치마킹과 시장 분석
- 프로토타입과 시뮬레이션
- 기술적 문서의 논평이나 연구

설계를 위해 다양한 요구사항을 제시할 수 있지만 요구사항에 무엇을 포함할지를 결정하는 것은 쉽지 않다. 앞으로 전기 및 컴퓨터시스템을 위한 공학적 요구사항의 유형을 설명한다. 성능과 기능 범주의 요구사항은 중요하므로 먼저 설명한다. 그리고 다른 유형의 요구사항은 가나다순으로 서술한다. 요구사항의 이러한 분류법이 모든 경우에 대해 절대적으로 적용할 수 있는 것은 아니다. **설계팀은 특정 상황에 적용할 수 있는 요구사항을 주의해서 결정한다. 즉, 특정 응용시스템에 대한 요구사항을 검증하는 것은 세심한 주의가 필요하다.**

성능

이 요구사항은 시스템이나 기기의 성능에 대한 결정적인 측면을 반영한다. 이러한 요구사항으로는 시간, 정확도, 작업 처리량, 오류율 등이 있다. 다음 요구사항 예제는 감시카메라를 이용한 보안 응용시스템에서 사용할 수 있다.

> 시스템은 이미지에 있는 사람 얼굴 전체 중에서 *90%* 정도를 인지해야 한다.

시스템을 개발할 때 참고하지 않은 대량의 얼굴 이미지 데이터베이스를 바탕으로 테스트 집합을 만들어 위 요구사항을 만족하는지 검증할 수 있다. 즉, 올바르게 인식한 얼굴 이미지의 수를 바탕으로 성능을 측정할 수 있다. 다음 요구사항 예제는 부품 위치를 측정하는 시스템에 사용할 수 있다.

> 시스템은 ±*1 mm* 범위에서 부품 위치를 측정할 수 있어야 한다.

이를 검증하는 한 가지 방법은 부품 위치를 측정하는 시스템의 능력에 대해 독립적인 측정방법을 취하고, 그 결과를 비교한다. 다음 요구사항 예제는 소프트웨어 응답 시간에 적용할 수 있다.

> 시스템은 모든 질의에 대해 최대 *6*초 안에 사용자 자료를 검색하고, 전체 질의 중 *90%*는 *3*초 이내에 검색해야 한다.

사용자 자료를 검색하기 위한 대량의 질의를 다양한 운영 환경에 있는 소프트웨어에 제시하고 검색시간을 측정하여 위 요구사항을 만족하는지 검증할 수 있다. 다음 요구사항 예제를 살펴보자.

> 시스템은 비디오 자료를 초당 *30*프레임 비율로 처리할 수 있어야 한다.

위 요구사항은 입력 비디오 스트림을 주어진 프레임 비율로 제공하고 적절하게 처리하는지를 테스트하여 검증한다. 이러한 테스트는 비디오의 수와 길이를 명시하는 것이 필요하며, 자세한 내용은 7장에서 설명한다. 성능과 관련된 마지막 요구사항 예제는 전기 오디오 앰프에 적용할 수 있다.

> 앰프는 총 조화 왜곡이 *1%* 이내여야 한다.

총 조화 왜곡은 앰프가 원래 신호를 얼마나 비슷한지 양적으로 표현한 측정치이다. 이러한 총 조화 왜곡은 출력신호에서 조화 왜곡을 측정하여 검증할 수 있다.

기능성

이 요구사항은 시스템이 수행할 기능의 유형을 나타낸다. 기능성에 관한 요구사항은 입력, 출력, 시스템의 입력을 어떻게 변환하는지에 대한 내용을 포함한다. 기능적 설계 기술은 5장에서 자세히 설명한다. 다음 요구사항 예제는 대기온도를 입력받아 디지털 형태로 변환하여 출력한다. 이러한 요구사항은 정확도를 명시하므로 성능의 특징도 가지고 있다.

> 시스템은 대기온도를 입력받아 디지털 형태로 변환하여 출력하는데, 측정 범위에서 *90%*의 정확도를 가진다.

다음 요구사항 예제는 무선 마우스를 사용자가 착용할 수 있도록 장갑과 통합한 실제 캡스톤 프로젝트에서 발췌하였다.

> 시스템은 표준 마우스의 좌측과 우측 버튼 기능을 구현해야 한다.

다음 요구사항 예제는 소프트웨어 시스템에 적용할 수 있다.

> 사용자는 회사 다섯 곳의 내부 데이터베이스를 모두 검색할 수 있어야 한다.
> 시스템은 *128-bit* 암호화를 사용하여 사용자 신원을 보호해야 한다.

위 두 가지 경우는 정밀하게 검증해야 한다.

건강과 안전성

최종 제품에 영향을 받는 사람의 건강과 안전성은 특히 중요한 고려사항이다. 예를 들어 IEEE나 ANSI 표준은 라디오 주파수 전기 분야에서 노출에 대한 안전 단계에 대한 지침을 제공한다.

> 시스템은 건강에 해로운 수준의 선사기 방사능을 사람에게 노출시키지 않고, *ANSI* 표준 *C95.1*에 정의된 안전 운영에 관한 규정을 만족해야 한다.

전기 및 컴퓨터시스템에서 물리적인 손해는 쟁점에서 벗어난 경향이 있다. 그러나 전기시스템은 기계적으로 부품을 제어해야 한다. 자동 차고문 시스템을 설계해보자.

> 문이 열리는 위치에 사람이나 개체가 있으면 문은 작동을 멈추어야 한다.

이러한 요구사항은 문을 멈추게 하는 데 필요한 일정량의 힘에 대한 공학적 요구사항으로 표현할 수 있다. 안전에 대한 표준은 많이 있으며, 소비자 제품을 위해 UL(Underwriters Laboratory)과 CE(Common European)가 널리 사용된다. 요구사항 예제는 다음과 같다.

> 시스템은 *UL*에서 승인한 구성요소를 사용해야 한다.
> 최종 시스템은 *UL* 및 *CE* 표준을 준수하고, 승인을 위해 독립된 실험실에서 테스트해야 한다.

경제성

경제적 요구사항은 개발(설계, 생산, 유지) 및 시스템 판매와 관련된 비용을 나타낸다. 경제적 요구사항은 최종 시스템의 경제적 영향력을 다룬다. 즉, 사용자가 돈을 절약하거나 이익을 창출하는 데에 얼마나 기여할 수 있는지를 나타낸다. 경제적 요구사항을 나타내는 두 가지 예제는 다음과 같다.

시스템 개발비용은 *50,000,000*원을 넘지 않아야 한다.

전체 부품 및 제조비용은 단위당 *500,000*원을 넘지 않아야 한다.

사용성

사용성 요구사항은 사용자가 시스템을 쉽게 사용할 수 있는지를 나타낸다. 사용성은 매우 일반적인 개념이지만 사용성을 검증하기는 쉽지 않다. 사용성은 제품을 사용하는 방법을 학습하는 데 얼마나 오래 걸리는가와 제품에 대한 최종 사용자와 사용자 그룹의 만족도를 나타낸다. 시스템의 메뉴 수, 학습시간 추정치, 사용자가 허용하는 오류의 수와 유형을 바탕으로 검증할 수 있다. 사용성 요구사항 예제는 다음과 같다.

시스템 사용자는 *2*시간 이내에 전체 시스템 기능의 *80%*를 학습할 수 있어야 한다.

이 요구사항은 "시스템을 처음 사용하는 25명이 2시간 동안 시스템 사용법을 익힌 후 테스트한다"와 같이 조건을 명확하게 명시하여 검증할 필요가 있다. 사용성 요구사항의 다른 예제는 다음과 같다.

시스템은 최대 *20*가지 가능을 제공하며 최대 깊이는 *2*단계이어야 한다.

사회문화성

사회문화적 요구사항은 사회나 사용자의 의도에 따른 제품의 허가, 위험, 이익과 같은 관점을 기술한다. 예를 들어, 노동자 대신 반복작업이나 위험한 작업을 수행하는 로봇은 제품의 품질개선에 큰 기여를 할 수 있다. 그러나 로봇 때문에 노동자의 지위가 바뀌거나 직업을 잃을 수 있는 위험이 있다.

사용자는 전체적으로 마음에 들더라도 내키지 않는 부분이 있으면 구입하지 않는 경향이 있어서 수많은 좋은 제품들이 시장에서 실패하였다. 예를 들면, 애플사의 뉴튼 PDA의 초기 버전은 필기체 인식 기능이 치명적인 약점이었다. 즉 정확한 인식을 위해 학습 단계가 필요하였지만 사용자는 이러한 단계를 좋아하지 않았고, 이 제품은 시장에서 실패했다. 반면, 팜컴퓨팅 사는 그래피티(graffiti)라고 알려진 단순한 알파벳 표기법을 사용하여 이 문제를 해결했다. 그래피티도 개발 단계에서는 위험해 보였지만 사용자가 받아들일 수 있을 정도로 단순해서 이 제품은 시장에서 큰 성공을 거두었다. 1980년대 중반 필립스전자는 기존 VHS 기술보다 월등히 좋은 레이저 디스크 플레이어를 발매하였다. 그러나 레이저 디스크와 플레이어의 가격이 지나치게 비싸 시장에서 실패했다. 15년 후 컴퓨터의 발달로 가격이 내려가면서 사용자는 VHS보다 DVD를 선호하게 되었다.

공학기술자, 노동자, 의사, 변호사, 일반 국민 중 어느 집단이 시스템을 사용하는가? 각 집단은 각자 고유한 문화와 교육적 배경지식을 가지며, 혁신을 받아들일 마음가짐도 서로 다르다. 예제 요구사항은 다음과 같다.

> 제품은 사용자에게 영어나 스페인어로 작성한 설명서를 제공해야 한다.
> 소프트웨어는 제조 분야의 운영자가 쉽게 사용할 수 있도록 설계해야 한다. 소프트웨어는 운영자 *25*명이 테스트하는데, 소프트웨어의 기본 기능을 학습하는 데 필요한 시간이 평균 *8*시간을 넘지 않아야 한다.

신뢰성과 유용성

신뢰성과 유용성은 시스템이 올바르게 작동하는 시간에 대한 기대수명을 나타낸다. 신뢰성은 작동 실패율과 실패할 때까지의 평균시간을 포함하여 측정한다. 시스템의 신뢰성 평가에 대한 내용은 8장에서 자세하게 설명한다. 다음은 신뢰성 요구사항의 예제를 보여준다.

> 시스템은 *5*년 동안 *95%*의 신뢰도를 가져야 한다.

이러한 요구사항은 시스템의 95%가 5년 동안 실패하지 않고 올바르게 작동해야 한다는 것을 의미한다. 5년 동안 기다리면서 얼마나 많은 시스템이 작동 실패하는지 확인하지 않고는 신뢰성을 직접 측정할 수 없다. 대신 수학적 기술을 바탕으로 간접적으로 시스템의 신뢰성을 추정하여 검증하도록 요구할 수 있다.

유용성은 신뢰성과 관련이 있지만 유용성은 시스템이 작동하는 시간의 양을 의미한다. 유용성 요구사항의 예제는 다음과 같다.

> 시스템은 주어진 시간의 *99%* 동안 작동해야 한다.
>
> 시스템은 *1*년에 *365*일 오전 *4*시부터 저녁 *10*시까지 작동해야 한다.

이러한 요구사항은 시스템을 실제로 배치해서 작동해야 하므로 검증하는 것이 매우 어렵다. 따라서 시스템이 주어진 요구사항을 만족하는지를 테스트할 조건을 반드시 기술해야 한다.

에너지

모든 시스템은 실제로 에너지를 생산하거나 소모하므로 에너지 요구사항을 가진다. 에너지 소모는 시스템이 소모하는 전력량을 나타내며 최대, 최소, 평균으로 명시할 수 있다. 에너지 요구사항 예제는 다음과 같다.

> 시스템은 평균 전력 소모가 *500 mW*이어야 한다.
>
> 시스템은 *1 A*의 최대 전류를 가져야 한다.

이러한 요구사항은 시스템의 모든 콤포넌트가 사용하고 있는 전력을 추정하거나 다른 운영환경에서 전류 및 전압을 측정하여 검증할 수 있다.

작동 수명은 시스템이 주어진 전원으로 얼마나 오래 작동할 수 있는가를 나타낸다. 전기기기의 작동 시간과 주어진 전원의 수명도 중요한 요구사항이 될 수 있다. 이러한 요구사항의 예제는 다음과 같다.

> 시스템은 재충전 없이 최소 *3*시간 동안 작동해야 한다.

전원에 대한 요구사항은 전압, 전류, 임피던스, 주파수, 위상, 전력처럼 입출력 전원의 특징을 바탕으로 한다. 이러한 요구사항의 예제는 다음과 같다.

> 시스템은 최대 전류 *300 mA*를 공급하는 *12 V* 전원으로 작동해야 한다.

유지보수성

시스템은 개발하는 동안 유지보수 및 다른 시스템과의 호환성을 고려해야 한다. 추후 응용프로그램에서 재사용할 수 있도록 시스템을 설계하고 있는가? 소프트웨어 설계는 다른 응용프로그램에도 사용할 수 있을 만큼 충분히 믿을 만하고 유연하게 모듈을 설계하는 것을 목표로 하므로 일반적인 상식처럼 유지보수성을 고려한다. 시스템을 업그레이드할 때 전자 구성요소나 디지털 구성요소를 재사용한다는 의미로 유지보수성을 고려할 수 있다. 재사용 제약의 예제는 다음과 같다.

> 소프트웨어는 감소하는 수용력을 유지하고 버전*2* 오브젝트 라이브러리를 사용할 수 있어야 한다.

제품이 서비스되면 유지보수 단계에 진입하며, 이 단계에서 유지되고 업그레이드된다. 소프트웨어는 정기적으로 업그레이드하고 유지보수해야 하므로, 소프트웨어 설계에서 유지보수는 중요한 고려사항이다. 하드웨어 분야에서는 제거나 교체가 쉬운 플러그인 모듈을 사용하여 유지보수할 수 있다. 요구사항 예제는 다음과 같다.

> 시스템은 다섯 군데에서 사용자 *100*명이 이용할 수 있고, *1*년 안에 회사를 포함한 사용자 *5,000*명이 이용할 수 있도록 확장해야 한다.

> 시스템은 기술자가 고장난 구성요소를 *15*분 안에 교체할 수 있도록 모듈을 설계해야 한다.

회사에서 시스템 개발시 시스템 유지보수 능력과 내부 전문 기술을 바탕으로 다음과 같이 요구사항을 제시할 수 있다.

> 시스템은 *PIC* 마이크로컨트롤러를 사용해야 한다.

작동성

작동성 요구사항은 시스템이 작동하는 물리적인 환경을 기술한다. 즉 온도, 습도, 전자기의 방사능, 전기 감전, 진동을 특징으로 제시한다. 이러한 환경에 대한 검증은 매우 어렵고, 검증을 위해서 특별한 장비를 요구한다. 온도 작동성에 대한 요구사항 예제는 다음과 같다.

시스템은 $0°C$에서 $75°C$ 사이의 온도에서 작동할 수 있어야 한다.

이 요구사항은 환경시험기(Environmental Chamber)의 완벽한 온도 범위에서 시스템의 작동성을 테스트해야 한다. 아니면 간접적으로 검증할 수 있다. 예를 들어, 제품 자료 표본지에 작동성 요구사항을 만족하는 것으로 표기된 구성요소를 설계에 사용할 수 있다.

고객의 필요에 따라 요구사항을 만족하는지 검증하기 위해 시스템을 환경시험기에서 테스트할 수 있다. 온도 요구사항의 개념과 유사하게 습도 요구사항도 대기 습도 범위를 제시한다. 시스템이 물속에 잠길 수 있는 정도로 방수가 되거나 비나 눈을 견딜 정도로 물에 대해 저항력 있어야 한다고 요구할 수 있다.

시스템은 물속에 잠기어 있는 동안 방수가 되고 작동할 수 있어야 한다.

물속에 잠길 수 있는 방수와 물기를 견딜 수 있는 것에 차이가 있다는 것을 주의해야 한다. 물기를 견딜 수 있다는 것은 비나 눈과 같이 외부의 요소에 견딜 수 있는 능력을 나타낸다. 예를 들어, 실외 장식 조명은 물기를 견딜 수 있어야 하지만 방수일 필요는 없다.

환경에 따라 시스템은 진동을 견디어야 한다. 진동의 빈도, 규모, 지속기간을 바탕으로 범위를 제시한다. 예제 요구사항은 다음과 같다.

시스템은 *1*분 주기로 최대로 *60 Hz*까지의 진동을 견딜 수 있어야 한다.

전자기 방해(Electromagnetic interference, EMI)는 전자기 에너지가 전자시스템의 작동을 간섭하거나 방해하는 것을 말한다. EMI는 특별한 실험도구를 이용하여 측정할 수 있다. 전자시스템은 전자기 방사능을 생성하여 방출하므로 시스템이 정상적으로 작동하도록 방사능의 방출량을 제한해야 한다. 반대로 주어진 EMI 범위에서 시스템이 적절히 작동할 수 있어야 한다.

시스템은 어느 정도의 충격이 있어도 작동할 수 있어야 한다고 요구할 수 있다. 이는 경험적인 지식이나 관성력으로 측정할 수 있다. 예제 요구사항은 다음과 같다.

시스템은 $6\ m$의 높이에서 떨어뜨려도 견디어 정상적으로 작동할 수 있어야 한다.

정치성

정치적 요구사항은 정치 조직, 정부 조직, 연합 조직의 관계를 나타낸다. 예를 들면, 연합된 환경에서 사용할 수 있도록 시스템의 승인을 결정하거나, 무역장벽을 해결하거나, 정부의 승인을 획득하는 것을 포함한다. 정치성 요구사항 예제는 다음과 같다.

> 시스템은 *FDA*승인을 획득한 후 환자에게 팔릴 수 있어야 한다.
> 소프트웨어는 디지털 밀레니엄 저작권법을 준수해야 한다.

제조성

많은 공학기술단체에서 사용하는 제품 개발 패러다임은 "벽을 두고 설계하라"였다. 즉, 벽을 사이에 두고 설계/개발팀은 새로운 제품의 창조에 집중하고, 제조팀은 그 제품의 생산에 집중한다. 이때 설계/개발팀에서 제품의 제조성을 고려하지 않고 설계하면, 제조팀에서는 설계의 수정을 요청한다. 이러한 제품 개발 방법은 프로세스를 통해서 모든 측면을 고려할 수 있으므로 더 효과적인 동시공학(Concurrent Engineering) 수행 방법을 제공한다. 여기서 제시된 예제는 설계를 제한하는 제약조건이다.

특히 최종 설계내용을 다른 구성요소와 함께 물리적으로 통합해야 하는 경우, 최종 설계내용이 차지할 공간이 중요하므로 크기를 고려해야 한다. 이러한 제약 요구사항 예제는 다음과 같다.

> 시스템은 *1″ × 2″*보다 크지 않은 넓이로 회로판을 제조해야 한다.

시스템의 현실성과 이동가능성을 고려해야 한다. 예를 들어, 시스템이 전자공학적으로 인쇄회로판에 만들어질 수 있는가? 인쇄회로판과 통합하여 제조할 때 설계규칙과 파일 형식지침을 따르는 것은 매우 중요하다. 칩을 만들 때 통합 회로설계가 특정 파일형식을 이용하도록 요구할 수 있다. 설계에서 제약 요구사항을 명확히 하면 다음과 같다.

> 시스템은 세 단계의 인쇄회로판 기술을 사용하여 제조해야 한다.
> 제품은 리눅스 운영체제에서 작동해야 한다.

적은 양이거나 찾기 어려운 구성요소 대신 손쉽게 구할 수 있는 부품을 사용하여 제조성을 개선한다. 요구사항 예제는 다음과 같다.

> 설계는 주요 부품 공급업체 두 곳을 통해서 구매할 수 있는 구성요소만을 포함해야 한다.

합법성

특히 판매용 제품을 위한 설계는 기존의 특허나 저작권이나 등록상표를 침해하면 안 된다. 그러므로 특허청 웹 사이트(*www.kipo.go.kr*)에서 특허를 미리 검색할 필요가 있다. 요구사항 예제는 다음과 같다.

> 기존 특허를 침해하지 않는다는 것을 보증하기 위해 지적재산권을 검색해야 한다.

이는 기존 지적재산권과 비교하여 설계를 평가하고, 외부 회사에 지적재산권 검색을 위탁하여 검증할 수 있다.

보안과 사생활 제약은 개인 통신이나 민감한 자료를 다루는 시스템에 적용된다. 해커의 악의적인 공격을 방어하는 전산시스템 능력은 또 다른 고려사항이며, 이는 방화벽이나 다른 보호 조치를 사용하여 보장할 수 있다. 보안과 사생활 제약에 대한 요구사항 예제는 다음과 같다.

> 시스템은 법에 따라 *128-bit* 암호화를 사용하여 사용자 신원을 보호해야 한다.

환경

이 요구사항은 설계가 외부 환경과 지구 자원에 끼치는 영향력에 대해 서술한다. 예를 들어, 에너지 사용이 중요한 요인이 되는 요구사항 예제는 다음과 같다.

> 시스템은 산업계 유사 제품의 평균보다 *20%* 적게 에너지를 사용하고 에너지효율 등급 인증을 받아야 한다.

재활용성은 제품을 다른 제품에 재활용할 수 있는 재료로 분해하는 능력을 나타낸다. 유럽 국가는 소비자와 생산자의 재활용성에 대한 규정을 가지고 있다. 생산자는 제품의 서비스 수명이 다했을 때 제품을 안전하게 처분할 책임이 있다. 요구사항 예제는 다음과 같다.

> 모듈 구성요소의 *50%*는 수리하여 유사 제품에 재활용할 수 있어야 한다.

3.3 요구사항 명세서 개발

요구사항 명세서는 전체 시스템 요구사항의 완전집합이다. 요구사항 명세서 개발은 다음을 고려해야 한다.

- 고객, 환경, 기술집단에게 요구사항을 확인한다.
- 공학적 요구사항 속성을 만족하도록 잘 형식화한다.
- 요구사항을 조직화한다. 즉 비슷한 요구사항은 통합하고, 공학적 요구사항과 마케팅 요구사항의 관계를 확인한다. 요구사항의 집합은 이 절에서 설명할 요구사항 명세서의 속성을 만족해야 한다.
- 요구사항 명세서를 검증한다. 즉 모든 요구사항이 이해관계자의 요구를 만족한다는 것을 보장하는지 확인한다.

3.3.1 요구사항 명세서 속성

요구사항 명세서의 바람직한 속성은 다음과 같다[IEEE Std. 1233-1998].

1) 표준화된 집합: 공학적 요구사항이 서로 겹치거나 중복되지 않는다. 이는 수학적으로 직교벡터와 유사하다. 예를 들어, 2차원 좌표공간에서 x축과 y축은 서로 직각벡터이므로, 좌표축을 다른 좌표축에 투사하면 0이 된다. 이상적으로 모든 요구사항은 중복성이 없이 서로 직각이 되어야 한다.
2) 완전 집합: 완전한 요구사항 명세서는 최종 사용자의 요구사항과 시스템 구현에 필요한 요구사항을 모두 포함한다. 모든 요구사항이 열거되어 있지 않으면 완전 집합이라고 정의할 수 없다.
3) 일관성: 공학적 요구사항은 자기모순이 되어서는 안 된다.
4) 경계성: 요구사항 명세서의 범위는 명확해야 한다. 즉, 목표치에 대한 최소 허용 범위를 결정한다. 목표 달성을 위해 해결책이 어떤 한계를 넘어야 하는지를 기술한다. 불필요한 범위는 지나친 요구사항 명세서를 만든다.
5) 수정 가능성: 요구사항은 개선할 수 있어야 한다. 프로젝트를 시작할 때는 알 수 없는 것이 많기 때문에 요구사항을 미리 예측해서 만들게 된다. 이러한 요구사항

을 **기준 요구사항**이라 한다. 어떤 요구사항에 영향을 받는 모든 이해관계자가 서로 이해하고 동의하면, 그 기준 요구사항은 개발 단계에서 수정할 수 있다. 요구사항의 버전을 통해 수정 내용을 확인하고 추적할 수 있어야 한다.

3.3.2 요구사항 검증

공학적 요구사항의 가장 중요한 속성은 검증 가능성이다. 검증 가능성은 시스템을 올바르게 개발하고 있는지 여부를 나타내며 "제품을 정확하게 만들고 있는가?"의 질문에 대한 답을 찾을 수 있다. 관련된 개념으로 정당성 입증은 "정확한 제품을 만들고 있는가?"의 질문에 대한 답을 찾을 수 있다. 즉 정당성 입증은 사용자가 원하는 바를 시스템이 만족하는지를 판단하는 것이다. 정당성 입증은 **검증**보다 광범위하여 증명하기가 더 어렵다. 일반적으로 팀에서 요구사항을 분석하고 평가하여 요구사항의 정당성을 입증한다. 정당성 입증은 다음 질문에 대해 긍정적으로 답할 수 있는지를 분석하여 설명할 수 있다.

- 각 공학적 요구사항은 추적 가능성과 검증 가능성을 만족하는가? 각 요구사항이 현실적이고 기술적으로 실행할 수 있는 것인가?
- 요구사항 명세서가 직교성, 완전성, 일관성을 만족하는가?

완전한 요구사항 명세서는 공학적 요구사항, 마케팅 요구사항의 두 요구사항의 관계를 모두 포함한다. 설계에 모든 마케팅 요구사항을 반영한다는 것을 보장하도록 공학적 요구사항과 마케팅 요구사항의 관계를 명확하게 표현할 필요가 있다. 각 마케팅 요구사항은 관련된 공학적 요구사항이 있으므로 마케팅 요구사항과 공학적 요구사항의 관계를 매핑할 수 있다.

3.4 요구사항 사례 연구

이 절에서는 캡스톤 설계 프로젝트에서 실제로 수행한 요구사항 명세서를 사례로 제시한다. 요구사항 명세서는 표 형태로 공학적 요구사항, 추적 가능성을 고려한 마케팅 요구사항, 두 요구사항의 매핑 결과, 각 요구사항을 제시한 근거를 기술한다. 마케팅 요구사항은 표의 하단에 요약하여 기술한다.

3.4.1 사례연구: 자동차 오디오 앰프

[표 3-1]은 자동차의 오디오 스피커에서 나는 소리의 크기를 결정하는 앰프에 대한

표 3-1 자동차에서 사용하는 오디오 앰프에 대한 요구사항 명세서

마케팅 요구사항	공학적 요구사항	제시 근거
1, 2, 4	총 조화왜곡(THD)은 0.1% 이하여야 한다.	벤치마킹한 경쟁 기술과 기존 앰프 기술에서도 THD를 측정한다. 클래스 A, B, AB 앰프는 이 정도 수준은 만족 할 수 있다.
1~4	출력 전력은 평균 35와트 이상이고 최대 70와트 이상을 유지해야 한다.	자동차 구석구석까지 소리가 잘 들리도록 출력 전력의 범위를 결정해야 한다. 앰프 복잡도를 고려할 때, 이 요구사항은 만족할 수 있다.
2, 4	효율은 40%를 초과해야 한다.	전력 앰프의 여러 클래스를 고려할 때, 이 요구사항은 만족할 수 있다.
3	전력과 오디오 연결에 필요한 평균 설치 시간은 5분을 초과하지 않아야 한다.	표준 오디오잭과 전원 연결잭을 사용하는 기존 실험 결과는 제시한 설치 시간이 적절하다는 것을 보여준다.
1~4	크기는 6″ × 8″ × 3″보다 작아야 한다.	자동차 좌석 아래쪽에 앰프를 설치해야 한다. 이전 모델은 이 요구사항에서 제시한 패키지 크기 안에 모든 구성요소를 배치할 수 있다는 것을 보여준다.
1~4	제조비용은 100,000원보다 적어야 한다.	이 요구사항은 시장 분석과 기존 시스템 설계를 바탕으로 제시한다.

마케팅 요구사항

1. 시스템은 음질이 매우 뛰어나야 한다.
2. 시스템은 출력 전력이 높아야 한다.
3. 시스템은 설치가 쉬워야 한다.
4. 시스템은 비용이 낮아야 한다.

요구사항 명세서를 나타낸다. 자동차 오디오 앰프는 간단하고 비교적 쉽게 이해할 수 있어서 첫 번째 사례연구로 선택했다. 이 예제는 3.5절에서 더 자세히 설명한다.

오디오 전력 앰프는 많이 사용하고 있는 기기이므로, 앰프 회로설계에 대한 지식과 벤치마킹한 경쟁 기술을 분석하여 요구사항을 결정한다. 첫 번째 공학적 요구사항에서 제시한 총 조화왜곡(Total Harmonic Distortion, THD)은 음질에 직접적으로 영향을 준다. THD는 앰프 입력신호와 앰프 출력신호가 얼마나 비슷한가를 측정한다. 입력과 출력이 선형관계여서 크기를 제외한 나머지 요소가 모두 동일한 경우가 가장 바람직하다. 그러나 모든 앰프는 현실적으로 비선형관계이므로 왜곡 수준을 바탕으로 음질을 평가한다. 완벽한 선형관계의 앰프는 입력사인 파형과 동일한 빈도를 가진 출력사인 파형을 생성하는데, THD는 입력사인 파형과 앰프의 출력사인 파형을 서로 비교하여 측정한다. THD는 출력 파형에서 입력 파형과 동일한 성분에 대한 동일하지 않은 성분의 비율로 측정한다. 좋은 앰프는 일반적으로 THD가 1% 이하이다.

두 번째 요구사항에서 제시한 출력 전력은 애매모호하지 않도록 최대값과 평균으로 정량화한다. 세 번째 공학적 요구사항은 전력 전송 효율이나 기기의 전력 소모 효율에 따라 오디오 전력이 결정된다는 것을 나타낸다. 네 번째 공학적 요구사항에서 제시한 설치의 용이성은 직관적으로 쉽게 이해할 수 있으며 설치 시간을 검증하기 위한 조건을 포함한다. 다섯 번째 요구사항은 기기의 물리적 크기를 나타낸다. 자동차 내부 어디엔가 오디오 앰프를 설치해야 하므로 이 요구사항은 매우 중요하다.

3.4.2 iPod™ 핸즈프리 기기

[표 3-2]는 운전자가 운전하는 동안 iPod™ 오디오 플레이어를 사용할 수 있도록 도와주는 핸즈프리 기기에 대한 요구사항 명세서이다. iPod™ 핸즈프리의 필요성 및 목표에 대한 내용은 2.6절에서 서술했다.

시스템의 마케팅 요구사항을 파악하기 위해 목표집단에게 사용자 요구사항이 무엇인지를 조사할 수 있는데, 캡스톤 설계 프로젝트팀은 캠퍼스에 있는 학생들에게 비공식적인 조사를 수행하여 요구사항을 수집했다. 처음 세 가지 공학적 요구사항은 시스템의 기능성과 성능의 주요 이슈와 관련된다. 공식적인 방법은 아니지만 일부 요구사항은 프로토타입을 만들어 그 근거를 제시하였다. 예를 들어, 사용자 명령에 대한 응답시간을 추정하기 위해 설계에 사용할 수 있는 구성요소를 바탕으로 요구사

표 3-2 iPod™ 핸즈프리 기기에 대한 요구사항 명세서

마케팅 요구사항	공학적 요구사항	제시 근거
4,6	시스템은 메뉴, 재생/정지, 이전, 다음, 상, 하, 좌, 우, 선택의 아홉 가지 음성명령 기능을 제공하고, 각 명령에 따라 적절히 반응해야 한다.	iPod를 조작하는 데 필요한 9가지 기본 명령의 기능을 제공해야 한다.
1,3,4,7	음성명령에 반응하고 음성 피드백을 제공하는 시간은 3초를 넘지 않아야 한다.	사용자가 편리하게 사용할 수 있도록 시스템은 사용자 입력에 대해 즉각적으로 반응할 필요가 있다. 기존 기술을 분석한 결과 iPod의 반응시간은 1초 이하이고, 평균적인 음성 인식 시스템의 명령 인식 시간은 2초이다.
4,6	시스템의 음성명령 인식 정확도는 95~98%가 되어야 한다.	기존 연구에 따르면, 발화자 독립 음성 인식시스템은 정확도가 95% 정도이고, 발화자 의존 음성 인식시스템은 정확도가 98% 정도이다.
5,6	시스템은 12 V에서 작동할 수 있고, 최대 150 mA가 흘러야 한다.	자동차는 12 V DC를 제공한다. 가능한 구성요소를 바탕으로 전류 공급 추정치를 계산하였을 때 전류 추정치가 최대 150 mA이었다.
5,6,7	프로토타입의 크기는 6″ × 4″ × 1.5″보다 작아야 한다.	이 시스템은 자동차 좌석 사이 어디엔가 설치해야 한다. 전형적인 부품을 바탕으로 크기 추정치를 계산한다.

마케팅 요구사항

1. iPod의 기능 품질을 낮추거나 최소화하지 말아야 한다.
2. 사용자는 노래와 가수를 검색할 수 있고 선택에 대한 피드백을 받을 수 있어야 한다.
3. 시스템은 명확하게 이해할 수 있는 음성을 제공해야 한다.
4. 시스템은 사용자의 음성 명령을 이해할 수 있어야 한다.
5. 자동차 내부에서 작동해야 한다.
6. 사용하기 쉬워야 한다.
7. 휴대할 수 있어야 한다.

항을 만들었다. 마지막 두 가지 요구사항은 계획한 환경에서 시스템이 작동하는지를 보장하는 작동성 요구사항이다.

3.4.3 사례 연구: 기가비트 이더넷 카드 테스트

[표 3-3]은 테스트 환경을 설정하는 시스템 설계를 위한 요구사항 명세서를 나타낸

표 3-3 기가비트 이더넷 카드 테스트 프로젝트에 대한 시스템 요구사항

마케팅 요구사항	공학적 요구사항	제시 근거
1	±0.5 dB의 정확도를 가지고 광전력 출력을 측정할 수 있어야 한다.	상업적으로 구할 수 있는 광전력 측정도구를 바탕으로 제시하였다.
2	10°C에서 55°C 사이에서 광전력 출력을 측정해야 한다.	이 범위는 작동 환경을 시뮬레이션한 것이며, 55°C는 기가비트 이더넷 카드가 작동할 수 있는 최대 온도를 나타낸다.
2	전체를 테스트하는 동안 시스템의 온도 정확도는 ±1°C 이내이어야 한다.	상업적으로 이용할 수 있는 시험기의 정확도를 바탕으로 제시한다.
3	4 Hz부터 33 Hz까지 1 Hz씩 증가시키면서 각 **주파수 범위**에서 광전력을 측정해야 한다.	실제 작동 환경에서 주파수는 이 범위를 넘을 것이다.
3	최대 진동 크기는 0.3 mm이어야 한다.	작동 환경의 크기는 이 값을 넘지 않아야 한다.
3	주어진 주파수에서 기가비트 이더넷 카드를 1분 동안 테스트해야 한다.	1분은 주어진 주파수에서 진동 지속 기간보다 길다.
3	진동 효과는 x축, y축, z축에서 테스트해야 한다.	시스템은 방향 변화에 따른 차이에 대한 자료를 제공할 수 있다.
3	테스트는 ±0.5 Hz의 정확도로 **공명 주파수**를 결정해야 한다.	공명 주파수에서 최악 진동에 대한 자료를 제공할 것이다.

마케팅 요구사항

1. 광전력 측정 방법은 정확해야 한다.
2. 다양한 온도에 따른 광전력의 변화를 측정해야 한다.
3. 진동 변화에 따른 광섬유 커넥터와 광전력 출력의 변화를 측정해야 한다.

다[Ese03]. 이 예제의 문제 서술은 2장에서 설명하였으며, 기가비트 이더넷 카드가 열악한 운영환경에서 작동할 수 있는지를 테스트하는 시스템을 설계하는 것을 목표로 한다. 특히 온도와 진동의 변화는 테스트 시스템의 성능과 비트 오류율에 영향을 주므로 온도 및 진동의 변화에 따른 효과를 테스트할 수 있어야 한다.

마케팅 요구사항은 매우 간결하고 직접적이다. 이 예제에서 고객이 기술자집단이라는 점은 그리 놀랍지 않다. 공학적 요구사항은 작동 환경의 특징, 기술자와의 논의, 교육받은 내용을 바탕으로 선택한다. 온도에 따른 광전력 출력의 변화를 다루고 있는 요구사항을 살펴보자. 테스트 요구사항에서 온도 범위는 작동 환경을 바탕으로 조정하고, 정확도는 테스트 장비를 바탕으로 조정한다. 요구사항은 진동 주파수 범위, 진폭, 공명주파수를 포함한 진동 테스트 요구사항을 기술한다.

3.4.4 사례 연구: 휴대용 항공 감시시스템

2장에서 문제를 서술한 휴대용 항공 감시시스템에 대한 요구사항 명세서를 [표 3-4]와 같이 작성할 수 있다. 이 시스템은 경찰과 위급 상황에 처한 사람들에게 제공할 목적을 가지고 있다. 또한 비용 부담이 적고, 쉽게 작동할 수 있어야 한다.

표 3-4 휴대용 항공 감시시스템에 대한 시스템 요구사항

마케팅 요구사항	공학적 요구사항	제시 근거
8	기기는 리모컨으로 조정하더라도 지면에서 150 m 이상 높이 날지 못한다.	FAA규정 101.15를 준수하기 위해 필요하다.
8	기기는 낮에는 가시성을 최대화하고 밤에도 가시성을 어느 정도 확보할 수 있을 정도로 밝아야 한다.	FAA규정 101.17를 준수하기 위해 필요하다.
8	기기는 상승한도에 도착하면 강제로 제어할 수 있어야 한다.	FAA규정 101.19를 준수하기 위해 필요하다.
6	기기는 최소 4시간 동안 비행해야 한다.	현재 사용하고 있는 경찰 헬리콥터의 비행시간이 4시간이다.

표 3-4 휴대용 항공 감시시스템에 대한 시스템 요구사항(계속)

마케팅 요구사항	공학적 요구사항	제시 근거
1	기기의 연간 소유/운영비용이 한 대당 2,805,600원 이하이어야 한다.	펜실베이니아 이리 지역 경찰서는 현재 헬리콥터 한 대당 평균 140,280,000원의 비용을 부담하고 있다. 동일한 비행능력을 가지면서 매우 적은 비용으로 소유 및 운영하려면 소유/운영비용이 현재 사용하고 있는 헬리콥터에 비해 2% 미만이 되어야 한다.
3	기기는 최소 14.1 mph 바람에서도 사용할 수 있어야 하고, 기기의 폭과 높이의 절반 이하로 흔들려야 한다.	기기는 야외에서 사용할 수 있어야 한다. 펜실베이니아 이리 지역은 1년 중 95% 정도가 14.1 mph 이하의 바람이 분다. 바람이 불더라도 기기 안에 있는 사람이나 개체를 지켜낼 수 있어야 한다.
7	기기는 낮에는 최소 150 m의 거리에서 번호판 형태와 글자를 시각적으로 인식해야 한다.	기기에 저장한 이미지나 비디오를 재판에서 증거자료로 사용할 수 있다. 기기의 최대 높이인 150 m에서도 번호판을 인식할 수 있어야 한다.
4,5	기기는 한 명이 작동할 수 있어야 한다. 조이스틱을 가지고 비행기와 카메라를 제어하며, 카메라의 줌과 포커스 기능을 제공해야 한다.	크루저에 급파된 경찰이 아무 도움 없이 혼자서 기기를 작동할 수 있어야 한다.
2	폭 60 cm, 깊이 90 cm, 높이 45 cm보다 작아야 한다.	기기는 경찰 크루저의 트렁크에 담을 수 있을 정도로 작아야 한다.
4	기기는 전원 공급자가 테스트를 수행해야 한다.	기기는 비행 전에 전자부품 및 무선 요소의 작동을 보장해야 한다.

표 3-4 휴대용 항공 감시시스템에 대한 시스템 요구사항(계속)

마케팅 요구사항

1. 제품은 작은 지방자치단체에서 사용할 수 있을 정도로 비용 부담이 적어야 한다.
2. 기기는 트렁크와 같은 운반수단의 내부에 넣을 수 있고, 사람이 들 수 있을 정도로 가벼워야 한다.
3. 기기는 튼튼해야 한다.
4. 기기는 쉽게 사용할 수 있어야 한다.
5. 기기는 혼자서 작동할 수 있어야 한다.
6. 최소한 네 시간 동안 비행해야 한다.
7. 기기에서 제공한 비디오 기록자료는 법정에서 사용할 수 있어야 한다.
8. 기기는 FAA 규정을 준수해야 한다.

이 프로젝트는 펜실베이니아 Behrend 지방자치단체와 Mercyhust대학의 인공지능연구소가 함께 작업했던 내용이다. 캡스톤 설계 프로젝트팀은 이러한 기기가 필요하다고 생각하는 법집행 공무원을 만나 요구사항을 수집했다. 공학적 요구사항은 시스템에서 제공해야 하는 결정적인 기능을 기술하고 있다. 첫 번째부터 네 번째 공학적 요구사항은 야외 환경에서 작업할 수 있는 능력과 성능을 나타낸다. 공학적 요구사항에서 기기의 최대 비행 높이를 연방표준을 바탕으로 결정했다는 점은 주목할 만하다. 다섯 번째 요구사항에서 기술하고 있는 비용은 학생 프로젝트팀에서 근거를 제시하기 어려움에도 불구하고, 이 팀은 명확한 근거를 제시하고 있다.

3.5 고급 요구사항 분석

이 절에서는 요구사항을 분석하고 정리하는데 사용할 수 있는 고급 요구사항 분석방법을 설명한다. 서로 다른 요구사항은 트레이드오프 관계가 있는데, 이러한 관계의 분석은 문제를 해결하거나 요구사항을 정리할 때 도움을 준다. 이 절에서는 공학적 요구사항과 마케팅 요구사항 사이의 트레이드오프 관계, 공학적 요구사항과 공학적 요구사항 사이의 트레이드오프 관계, 경쟁 기술에 대한 벤치마킹 분석에 대해 설명한다. 최종적으로 이들은 품질의 집에서 통합될 수 있다.

3.5.1 공학적 요구사항과 마케팅 요구사항의 트레이드오프 매트릭스

[표 3-5]의 트레이드오프 매트릭스는 공학적 요구사항과 마케팅 요구사항이 서로 얼마나 영향을 주는지를 나타낸다. [표 3-1]에서 설명한 자동차 오디오 앰프 예제를 이용해 트레이드오프 매트릭스를 작성하는 과정을 설명한다. [표 3-5]에서 행은 마케팅 요구사항을 나타내고, 열은 공학적 요구사항을 나타낸다.

[표 3-5]에서 각 요구사항은 +/− 기호로 표기한 양극을 가지며, 이는 바람직한 제품이 되기 위해서 요구사항의 내용이 증가하거나 감소해야 한다는 것을 나타낸다. 이러한 양극으로 표현한 요구사항을 바탕으로 목표를 고려할 수 있다. 예를 들어, 비용 부담은 적을수록 좋으므로, 비용은 음극을 가진다.

트레이드오프 매트릭스의 각 항목은 마케팅 요구사항의 목표와 공학적 요구사항의 목표를 동시에 달성할 수 있는 능력에 대한 상관관계를 나타낸다. 즉, 양의 상관관계(↑)는 두 요구사항의 목표를 동시에 달성할 수 있다는 것을 의미하며, 음의 상관관계(↓)는 한 요구사항의 목표를 달성하려면 다른 요구사항의 목표를 양보해야 한다는 것을 의미한다. 그리고 상관관계의 정도는 화살표의 개수로 표현한다. 트레이드오프 매트릭스에서 빈칸은 요구사항이 서로 상관관계가 없다는 것을 나타낸다.

표 3-5 자동차 오디오 앰프에 대한 공학적 요구사항과 마케팅 요구사항의 트레이드오프 매트릭스(↑ = 양의 상관관계, ↑↑ = 강한 양의 상관관계, ↓ = 음의 상관관계, ↓↓ = 강한 음의 상관관계)

공학적 요구사항 (열) / 마케팅 요구사항 (행) / Polarity / 요구사항 사이의 상관관계

마케팅 요구사항	Polarity	THD	출력 전력	효율	설치 시간	크기	비용
Polarity		−	+	+	−	−	−
음질	+	↑↑	↓			↓↓	↓↓
고전력	+	↓	↑↑	↑		↓↓	↓
설치의 편리성	+		↓		↑↑	↑	↓
비용	−	↓↓	↓	↓		↓	↑↑

트레이드오프 매트릭스를 이해하기 위해서 음질과 관련된 첫 행의 항목을 살펴보자. 음질과 THD의 상관관계는 ↑↓로 표기하며, 이는 다음과 같이 해석할 수 있다.

> 목표는 음질을 높이고 *THD*를 낮추는 것이다. *THD*를 낮추면 자연스럽게 음질이 높아지므로 이들은 강한 양의 상관관계가 있다.

출력전력을 최대로 하는 목표와 음질을 최대로 하는 목표 사이의 관계에서 재미있는 현상을 발견할 수 있다. 음질과 출력전력의 상관관계는 ↓로 표기하며, 이는 다음과 같이 해석할 수 있다.

> 목표는 음질과 출력전력을 모두 높이는 것이다. 그런데 출력전력이 높아지면 음질이 낮아지므로 이들은 음의 상관관계가 있다.

음질을 개선하면서 출력전력을 높이도록 전자제품을 설계해야 하는 경우를 생각해보자. 음질을 그대로 유지하면서 출력전력을 높이려면 앰프 단계가 증가해야 하고 이로 인해 설계가 복잡해진다. 결국 설계가 복잡해지면 크기와 제조비용이 매우 증가한다. 따라서 음질과 크기 및 제조비용은 강한 음의 상관관계를 가진다. 트레이드오프 매트릭스의 각 항목을 작성할 때 관련된 두 요구사항만 변할 수 있고 나머지 요구사항은 그대로 고정된다고 가정하고 화살표를 표기해야 한다. 완성한 트레이드오프 매트릭스는 공학적 요구사항과 마케팅 요구사항 사이의 트레이드오프 관계를 쉽게 빨리 이해할 수 있도록 도와준다. 이와 같이 겉으로 보기에는 간단한 기기라도 이러한 복잡한 특징을 고려해야 한다.

3.5.2 공학적 요구사항의 트레이드오프 매트릭스

앞에서 살펴본 바와 같이 요구사항 사이의 상호작용이 복잡하다. 따라서 [표 3-6]과 같이 공학적 요구사항과 공학적 요구사항 사이에 트레이드오프 관계도 고려할 필요가 있다. 트레이드오프 매트릭스에서 공학적 요구사항은 행과 열의 주요 항목이 된다. 대각선 위쪽 내용과 대각선 아래쪽 내용은 중복되므로 대각선 위쪽 내용만 채워 넣는다. 양의 상관관계와 음의 상관관계도 함께 고려하여 표기한다.

출력전력과 관계된 트레이드오프 관계를 살펴보자. 첫 행에서 보듯이 출력전력이 높아질수록 THD가 증가하므로 출력전력과 THD는 음의 상관관계가 있다. 두 번째 행에서 앰프가 효율적일수록 전력이 더 많이 전달되므로 출력전력과 효율성 사이

표 3-6 오디오 앰프에 대한 공학적 트레이드오프 매트릭스(↑ = 양의 상관관계, ↓ = 음의 상관관계)

		THD	출력전력	효율	설치시간	크기	비용
		−	+	+	−	−	−
THD	+		↓			↓	↓
출력전력	+			↑		↓	↓
효율	+					↑	↓
설치시간	−					↓	
크기	−						↓
비용	−						

에는 양의 상관관계가 있다. 출력전력을 높이기 위해서는 부품이 더 필요하므로 출력전력과 크기 및 비용의 관계는 음의 상관관계가 있다.

3.5.3 경쟁 기술의 벤치마크

경쟁 기술의 벤치마크는 공학적 요구사항의 목표를 결정하는데 도움을 준다. 경쟁하는 기존 시스템을 분석하여 어떤 설계가 현실적이며 경쟁하는 기존 시스템을 뛰어넘을 수 있는지를 파악할 수 있다. [표 3-7]에서 행은 요구사항을 가리키고 열은 기존 시스템과 제안하는 설계를 가리키는 벤치마크의 분석 결과를 담고 있다.

표 3-7 오디오 앰프를 위한 경쟁 기술의 벤치마크

	Apex Audio	Monster Amps	제안하는 설계
THD	0.05%	0.15%	0.1%
출력 전력	30 W	50 W	35 W
효율	70%	30%	40%
비용	250,000원	120,000원	100,000원

3.5.4 품질의 집

품질의 집(HOQ)은 요구사항 명세서 개발 분야에서 잘 알려진 도구이다. HOQ는 산업계 쪽에서 널리 사용하고 있는 품질기능배치(Quality Functional Deployment, QFD)로 알려진 제품개발 절차의 한 부분이다. QFD는 시스템 라이프사이클의 처음부터 끝까지 고객의 요구를 반영하는 제품개발 프로세스이며 설계, 제조, 영업, 마케팅을 모두 포함한다. QFD는 집처럼 생긴 매트릭스를 바탕으로 특징을 표현한다. 매트릭스는 개발 프로세스와 관련된 다양한 관점 사이의 관계를 설명한다. 이러한 매트릭스는 조직 내 다른 부서와 의사소통하는데 효과적이다. 제품개발 시 여러 단계에서 HOQ를 사용할 수 있지만 이 절에서는 HOQ를 사용한 요구사항 명세서를 중심으로 설명한다. [그림 3-2]는 오디오 앰프 예제에 대한 HOQ 예제를 보여준다.

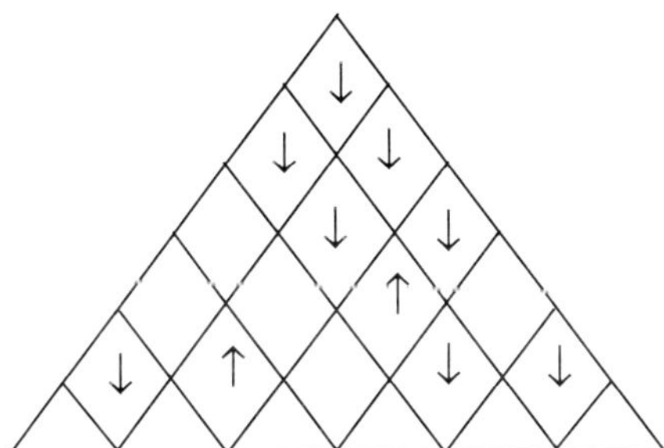

		THD	출력 전력	효율	설치 시간	크기	비용
		−	+	+	−	−	−
음질	+	↑↑	↓			↓↓	↓↓
고전력	+	↓	↑	↑↑		↓↓	↓
설치의 편리성	+		↓		↑↑	↑	↓
비용	−	↓↓	↓	↓		↓	↑↑
요구사항 목표치		0.1% 미만	35와트	40% 이상	5분 이내	6″ × 8″ × 3″	100,000원이내

그림 3-2 [표 3-5, 3-6, 3-7]을 통합하여 완성한 오디오 앰프 예제에 대한 HOQ.

[그림 3-2]는 앞에서 설명한 마케팅 요구사항, 공학적 요구사항, 마케팅 요구사항과 공학적 요구사항의 트레이드오프 관계, 공학적 요구사항의 트레이드오프 관계, 공학적 요구사항 목표치를 모두 포함한다. [표 3-5]부터 [표 3-7]에서 이미 설명한 정보를 포함하므로 중복되기는 하지만 이해를 돕기 위해서 완벽한 형태의 HOQ를 제시했다. HOQ는 문제 복잡도가 증가하여서 읽기 어렵고 시각적으로 부담을 주기도 한다.

3.6 프로젝트 응용: 요구사항 명세서

다음은 2장에서 설명한 문제 설명서와 통합한 요구사항 문서 양식을 나타낸다.

- 필요성, 목표, 배경지식: 2장에 있는 문제 설명서의 구성요소를 포함한다.
- 요구사항: [표 3-1]부터 [표 3-4]에서 살펴본 표 형식으로 마케팅 요구사항, 공학적 요구사항, 그 제시 근거를 기술한다. 필요하다면 트레이드오프 매트릭스와 경쟁 기술의 벤치마크도 추가할 수 있다.

[표 3-8]은 요구사항 명세서를 위한 자기 판단 체크리스트를 나타낸다.

3.7 요약 및 참고도서

이 장에서는 고객, 환경, 기술집단에게서 요구사항을 인식하여 요구사항 명세서를 개발하는 절차를 설명했다. 나아가 공학적 요구사항과 완전한 요구사항 명세서의 올바른 속성을 서술하였다. 요구사항의 검증은 시스템을 정확하게 만드는가에 대한 대답과 관련이 있으므로 중요하다. 요구사항의 정당성 입증은 사용자가 원하는 바를 정확하게 만족하는 제품을 설계하고 있는지와 관련이 있다. 요구사항 사이의 트레이드오프 관계와 벤치마킹 결과를 분석할 수 있는 도구가 제시되었다. 적절한 요구사항은 설계 이후의 작업에 영향을 주며, 최종 요구사항 문서는 모든 이해관계자가 동의해야 한다.

이 장에서 서술한 프로세스는 관련 연구와 저자들의 강의 경험을 바탕으로 작성

표 3-8 요구사항 명세서를 위한 자가 진단 체크리스트(1 = 매우 부정, 2 = 부정, 3 = 중립, 4 = 긍정, 5 = 매우 긍정)

공학적 요구사항	점수
각 공학적 요구사항은 추상적이다.	
각 공학적 요구사항은 검증할 수 있다.	
각 공학적 요구사항은 애매모호하지 않고 정확한 문장으로 표현되어 있다.	
각 공학적 요구사항은 사용자가 원하는 바를 추적할 수 있다.	
각 공학적 요구사항은 현실적이고 제시 근거를 입증할 수 있다.	
프로젝트에 적용할 수 있는 표준과 제약을 분석하여 포함하고 있다.	
요구사항 명세서	
요구사항들은 중복되거나 겹치는 내용을 최소화하여 표준화되어 있다.	
공학적 요구사항은 유사성을 바탕으로 체계화되어 있다.	
요구사항은 모든 필요성을 포함하여 완전하다	
요구사항은 한정되어 있고 지나치게 열거하지 않았다.	
요구사항은 모든 이해 관계자가 동의하고 정당성을 입증하였다.	

하였다. Pugh[Pug90]은 기계시스템을 바탕으로 제약조건과 요구사항을 인식하는 관점을 설명하였다. Robert Abler[Abl91]는 IEEE 표준 1233[IEEE Std. 1233-1998]에서 기술한 속성과 겹치는 부분이 있기는 하지만 짧은 입문서로서 요구사항 명세서 개발 방법에 대한 도움이 되는 정보를 담고 있다.

HOQ 기술은 Hauser와 Clausing[Hau88]가 개발하여 많이 사용하고 있다. 논문 원문은 도요타자동차에서 자동차 문을 설계할 때 적용한 기술을 사례연구로 제시하였다. Ulrich와 Eppinger[Ulr03]은 고객의 의견을 강조하면서 HOQ 기술과 QFD 기술을 바탕으로 요구사항 명세서를 개발할 때 도움이 되는 정보를 제공하였다.

3.8 학습문제

3.1 공학적 요구사항의 네 가지 속성에 대해 간단히 설명하라.

3.2 표준을 사용하는 세 단계를 구별하고 각 단계가 무엇을 의미하는지 설명하라.

3.3 아래의 각 공학적 요구사항이 추상화, 검증 가능성, 명확성, 현실성의 속성을 만족하는지 각각 설명하라. 요구사항이 속성을 만족하지 않으면 속성을 만족하도록 수정하라.

a) TV 리모컨은 사용하기 쉬워야 한다.

b) 로봇은 초음파센서를 이용하여 이동경로에 있는 개체를 인식해야 한다.

c) 자동차 오디오 앰프는 알루미늄으로 포장해야 하고 자동차 내에서 작동해야 한다.

d) 오디오 앰프는 총 조화왜곡이 2% 이하이어야 한다.

e) 로봇은 어느 방향이든 초당 1 m 속도로 이동해야 한다.

f) 시스템은 초절전 전력 소모를 위해 스마트 전력감시 기술을 사용해야 한다.

g) 시스템은 12살 어린이도 쉽게 사용할 수 있어야 한다.

h) 로봇은 50년 동안 작동할 수 있어야 한다.

3.4 기술적으로 검증할 수 있지만 비현실적인 공학적 요구사항 세 가지를 예로 제시하라.

3.5 검증성과 정당성 입증의 차이를 설명하라.

3.6 요구사항 명세서에서 어떻게 정당성을 입증하는지 설명하라.

3.7 검증 가능성 속성은 만족하지만 정당성 입증 속성은 만족하지 못하는(현실적이거나 비현실적인) 프로젝트의 예제를 제시하고 설명하라.

3.8 오디오 CD 플레이어, 전동 칫솔, 컴퓨터 등과 같은 일반 기기를 설계한다고 가정하자. 가능한 마케팅 요구사항과 공학적 요구사항을 정의하라. 각 요구사항이 3.2절에서 제시한 종류 중에서 어디에 속하는지 설명하라. 목표치를 측

정하는 방법과 단위를 제시하고 [표 3-1]과 같은 표의 형태로 요구사항을 표현하라.

3.9 문제 3.8에서 선택한 기기에 대한 마케팅 요구사항과 공학적 요구사항의 트레이드오프 매트릭스를 작성하라.

3.10 문제 3-8에서 선택한 기기에 대한 공학적 요구사항의 트레이드오프 매트릭스를 작성하라.

3.11 문제 3-8에서 선택한 기기에 적용할 수 있는 표준의 리스트를 작성하라. 그리고 각 표준을 설계에 어떻게 적용할 수 있는지를 설명하라.

3.12 [**프로젝트 응용**] 3.6절과 같이 완전한 요구사항 명세서를 작성하라. 이 장에서 설명한 다섯 가지 속성을 각 공학적 요구사항이 만족하는지 명확히 설명하라. 팀은 [표 3-8]에 있는 자체 평가 체크리스트를 완성하라.

Chapter **04**

개념 생성 및 평가

> 창의성이란 우리가 하는 것에 대한 흥미를 갖게 하기 때문에 중요한 자극이 된다. 창의성은 가치 있는 아이디어가 될 수 있는 희망을 준다. 창의성은 모든 이에게 성과가 될 수 있는 가능성을 준다. 창의성은 인생을 보다 즐겁고 재미있게 해준다.
> —Edward DeBono

설계를 발전시키면서 많은 해결책들을 시도하고 그 중 최고를 선택하는 것이 중요하다. 실제로는 하나의 개념만을 만들고 그것을 추구하는 경우가 지나치게 많기 때문에 잠재적으로 더 나은 해결책을 고려하지 못한다는 불행한 결과가 만들어지기도 한다. 문제에 직면했을 때 공학자는 서로 다른 개념을 시도해야 하고 그것들을 비판적으로 평가해야 하며 또한 특별한 해결책이 될 수 있는 결정을 부호할 수 있어야 한다. 여기에서 이용되는 두 가지 중요한 사고방식은 창의성과 판단력이다. 창의성은 훌륭한 개념을 만드는 것과 관련된다. 판단력이 학습을 통해서는 얻을 수 없는 타고난 자질인 것처럼 보이는 것은 어느 정도 사실이지만 판단력은 연습과 형식적인 기술의 적용을 통해서 향상될 수 있다.

혁신과 창의를 구분하는 것은 중요하다. 창의는 새로운 아이디어를 만드는 능력을 나타내는 반면에 혁신은 창의적인 아이디어를 현실로 옮기는 것을 의미한다. 혁신은 새로운 상품과 서비스가 생명이라 할 수 있는 회사에서 중요하게 평가된다. 이러한 이유 때문에 많은 회사들이 창의성을 설계 프로세스로 옮길 수 있는 공학자를 고용하는 것을 중요하게 생각한다.

이 장에서는 창의성, 개념 생성 및 설계에서의 평가에 대해서 설명한다. 첫 부분은 창의적인 생각에 대한 장벽을 서술하고 그 장벽을 극복하고 창의성을 강화하는 방법들에 대해서 설명한다. 그리고 개념 생성에 대한 방법을 제시하고 마지막으로 개념 평가에 대한 기술을 설명한다.

▶▶ 학습 목표

1. 공학설계에 있어서 창의, 혁신, 개념 생성 및 개념 평가의 중요성을 이해한다.
2. 창의를 방해하는 장벽에 대해서 친숙하게 된다.
3. 개념 생성을 위한 전략 및 형식적인 방법을 적용할 수 있다.
4. 설계 개념을 평가하는 방법을 적용할 수 있다.

4.1 창의성

창의성은 타고난 것인가 아니면 학습될 수 있는 것인가? 둘 다 진실인 것처럼 보인다. 몇몇 개인들은 남들보다 더 창의적으로 태어나는 반면에 사람들은 의식적인 노력과 연습을 통해서 창의성을 향상시킬 수 있다. 이 장은 창의성에 대한 장벽과 각각 다른 생각의 방식들, 창의성을 강화하는 전략을 검증한다. 창의성을 향상시키는 방식

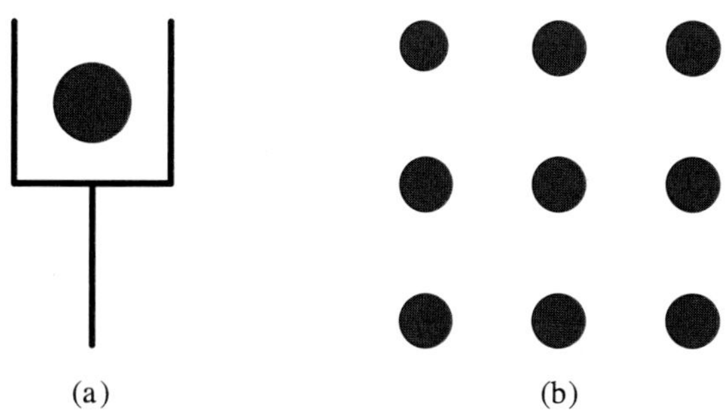

그림 4-1 (a) 삽 문제. 삽 위에 동전이 있는 것으로 생각하라. 목표는 2개 라인을 움직여서 동전이 삽 안에 있지 말아야 하며 여전히 삽모양을 유지해야 한다. (b) 9개 점 문제. 9개 모든 점을 지나가는 4개의 연결된 직선을 그려 보시오.

중의 하나는 퍼즐을 푸는 것이다. 창의적인 생각을 얻기 위해서 [그림 4-1]에서 제시된 것과 유사한 퍼즐을 푸는 것을 시도할 수 있다.

4.1.1 창의성에 대한 장벽들

공학자이며 스탠포드대학의 교수였던 아담스(James L. Adams)는 기술적인 영역에서의 혁신에 대해서 연구를 수행했다. 그는 창의성에 대한 장벽을 조사해서 그 장벽들을 지각적 장벽, 감정적 장벽, 문화 · 환경적 장벽 및 지적 · 표현적 장벽의 네 가지 형태로 분류하였다.

지각적 장벽은 사람들이 문제의 본질을 명확하게 파악하는 것을 방해하는 것과 관련된다. 보통의 지각적 장벽은 문제 공간의 한계를 정하는 경향이 있다. 즉 어떤 문제에 대해서 존재하지 않는 제약을 가하는 것이다. [그림 4-1]에서 제시된 퍼즐을 아직 풀어보지 않았는가? 만약 아니라면 당신은 문제들에 대해서 존재하지도 않는 제약을 가하고 있을 가능성이 있다. 이 문제가 그러한 경우에 해당한다는 것을 인지하고 다시 한 번 문제를 풀어볼 것을 권한다.

지각적 장벽의 또 다른 예는 편견을 가지고 문제에 대한 해결책을 찾는 소위 상투적인 생각을 하는 경향이다. 이것은 과거에 문제를 풀었던 기술과 비슷한 기술을 적용하기 때문에 발생한다. 예를 들어 당신이 어떤 형태의 문제를 풀기 위해서 마이크로 컨트롤러를 이용했다면 앞으로도 관련된 문제를 해결하기 위해서 마이크로 컨트롤러를 이용할 가능성이 있다. 또 다른 지각적인 장벽은 진짜 문제를 찾는 것에 대한 어려움이다. [그림 4-2]에서 제시된 세 가지 그림이 이 예를 보여준다. 이 그림들을 보면서 사람들은 각각의 내용에 대해서 어떤 결론을 도출하는 경향이 있다. 그림들을 자세히 바라보면 두 개의 동등한 의미를 가진 해석을 할 수 있다.

가장 일반적인 **감정적 장벽** 중의 하나는 실패에 대한 두려움이다. 사람들은 흔히 창의적인 생각을 하지만 비난을 받거나 또는 옳지 않은 답일지도 모른다는 생각 때문에 그 생각을 표현하지 못한다. 흔히 말하는 "성공하기 위해서는 많이 실패해야만 한다"는 말은 사실이다. 2장에서 조사했던 창의적인 생산품을 설계하는 회사인 IDEO 사는 성공하기 위해서 "일찍 그리고 자주 실패하라"는 접근방법을 개념 생성에 적용한다. 회사는 설계팀에게 자주 폐기되기는 하지만 기이하게 보이는 많은 아이디어들을 개발하도록 독려한다.

그림 4-2 각 그림들은 두 개의 서로 다른 해석이 가능하다. 어떤 것인지 구분하겠는가?

또 다른 감정적인 장벽은 혼돈이나 분열에 대한 두려움이다. 창의적인 과정은 분열되어 있고 깔끔한 과학적 접근방법이 아니기 때문에 공학자에게는 매우 어렵게 느껴진다. 또 다른 장애물은 아이디어를 만들고 발전시키기보다는 비판적으로 판단하는 경향이다. 마지막으로 창의적인 아이디어를 육성하는 데에는 시간이 걸린다. 많은 사람들이 오랫동안 고민하던 문제에 대해 해결책을 발견했을 때 예기치 않게 "아하!"라고 외친 경험이 있다.

환경적인 장벽은 창의적인 능력을 제한하는 우리의 환경에 관련된 모든 것들을 나타낸다. 이것은 팀원들이 서로 믿지 못하고 서로의 아이디어를 비난하는 빈약한 팀워크의 형태로 나타날 수 있다. 이는 작업장에서 새로운 아이디어를 방해하는 자동화된 운영방침에 기인할 것일 수도 있으며 창의력에 대한 문화적인 편견일 수도 있다. 공학 분야에서 창의적으로 문제를 해결하는 것에 대한 편견이 존재한다. 이것은 항상 문제에 대한 하나의 올바른 해가 존재하며 창의성은 빈약한 공학에 대한 변명이 된다는 논리에 근거한다. 창의성과 브레인스토밍만으로는 공학적인 문제를 해결할 수 없음은 분명하다. 생성된 개념은 공학적인 원칙을 적용해서 상세하게 점검될 필요가 있으며, 그런 후에야 존재 가치가 있는 혁신이 된다.

Adams가 파악한 마지막 장벽은 **지적 · 표현적 장벽**이다. 이는 공학자는 공학적인 환경에서 문제를 해결하기 위해서 적용할 지적인 도구를 이해할 필요가 있다는 것을 의미한다. 예를 들어 수학은 과학적인 문제를 표현하기 위한 일반적인 언어이다. 전기공학 및 컴퓨터공학에서의 특별한 예는 시스템의 특성을 기능적, 논리적, 상태적 행위로 기술하는 언어이다. 디지털 설계에서의 예는 논리테이블과 상태다이어그램이다. 전자공학설계 영역에서는 기능적인 접근이 널리 이용된다. 5장과 6장에서는 컴퓨터 및 전기시스템의 행위를 모델링하는 도구를 제시한다.

4.1.2 수직적 사고와 수평적 사고

Edward DeBono는 **수평적 사고**로 알려진 분야의 아버지인데, 수평적 사고는 창의성의 장벽에 대해서 새로운 시각을 제공한다. 수평적 사고는 수직적 사고로 알려진 사고방식과 대조된다. 공학자들은 수직적 사고를 하는 경향이 있는데, 그 의미는 공학자들이 문제를 받아들여 논리적으로 해답을 찾아가는 과정에 익숙하다는 뜻이다. 즉 수직적 사고는 공학자가 가장 높은 단계에서 시작해서 점차적으로 설계 요소를 세분화하여 문제를 해결하는 전형적인 순차적 과정이며 비슷한 문제를 해결한 경험과 특정한 분야에서 적용된 널리 이용하는 도구에 근거하고 있다.

수평적 사고의 목적은 창의적인 해결책을 발견하는 것이다. 이것은 문제에 대한 해결책을 개발하는 데에 국한되지 않는다. 이것은 여러 생각들 사이를 점프할 것을 권장한다. DeBono는 다음과 같이 말한다. "수직적인 사고를 하는 사람은 '나는 내가 찾는 것을 알고 있다' 라고 말하지만 수평적 사고를 하는 사람은 '나는 무언가를 찾고 있지만, 내가 찾는 것을 발견할 때까지는 무엇을 찾고 있는지 모른다' 라고 말한다." 수평적 사고는 Paul Sloane가 만든 수평적 사고 퍼즐 웹사이트(*http://dspace.dial.pipex.com/sloane*)에서 발견되는 다음과 같은 형태의 퍼즐들로 표현될 수 있다.

> 한여름에 시카고의 한 공원에서 시체가 발견되었다. 이 시체의 해골과 온 몸의 뼈가 부셔져 있지만 사인은 저체온증이다.
> 사냥꾼이 조심스럽게 총을 겨누고 발사했다. 몇 초 후에 그는 자신이 실수를 했음을 깨달았고, 몇 분 후에 그는 죽었다.
> 한 사람이 스위스에서 기차로 돌아오고 있다. 만약 그가 금연차에 탔더라면 그는 죽었을 것이다.

이러한 퍼즐의 목적은 위의 시나리오 각각의 상황이 어떻게 발생할 수 있는지를 설명 가능한 시나리오를 개발하는 것이다. 첫 번째 예의 답은 한 사람이 제트비행기의 바퀴 부근에 숨어 밀항을 했다는 것이다. 비행 도중에 그는 추워서 저체온증으로 사망하였다. 비행기가 착륙하려고 바퀴를 내리면서 그 시체는 공원 위에 떨어져 해골과 온 몸의 뼈가 부서졌다. 이 상황을 설명할 수 있는 다른 시나리오를 개발할 수 있는가?

수직적 사고는 해답을 향한 순차적인 단계에 초점을 맞추며 그 단계를 통해서 해답의 정확도를 결정하려고 한다. 이것은 여러 단계들에서의 비선형적인 점프가 가능하고 옳고 그름을 판별하려는 시도가 없는 수평적 사고와는 매우 다르다. 그러한 관점에서 보면 수직적 사고가 해답으로 가는 가장 가능성이 높은 경로를 따라가는 반면에 수평적 사고는 가장 가능성이 낮은 경로를 따라가는 경향이 있다. 하나의 해답을 향해서 좁혀나가는 수직적 사고와는 달리 수평적 사고의 목표는 최대한 많은 해결책을 개발하는 것이다.

수평적 사고는 개념 생성 단계에서 적용하기에 적절한 방법이다. 그렇다면 개념 생성과 브레인스토밍은 개인별로 수행되어야 하는가 아니면 팀별로 수행되어야 하는가? DeBono와 Osborn은 창의성은 팀별보다는 개인별로 수행하는 것이 더 효과적이라는 결론을 내린다. 그러나 Osborn은 팀에서 창의성을 적용하는 것이 큰 가치를 갖는다는 점에 대해서도 지적하는데, 그 이유는 팀이 모여서 문제에 대해서 합동작업을 하면서 서로 다른 관점을 볼 수 있기 때문이다. 이러한 주장은 우리가 학생들의 설계팀을 관찰한 결과에서도 나타난다. 그룹 브레인스토밍은 개념과 새로운 상품에 대한 아이디어, 새로운 특징, 기술들을 조합하는 또 다른 방식 등을 개발하는 데 효과적이다. 이는 그룹 내에서 생각들이 다른 팀 멤버들에 의해서 만들어지기 때문이다. 더 수학적이고 기술적이며 이론적인 비약적인 발전은 외로운 천재의 작업의 결과일 수 있다. 예를 들면 아인슈타인의 상대성이론이나 부울(Bool)의 부울대수, 섀넌(Shannon)의 샘플링이론 등이다. 우리는 개념 생성에 경험이 적은 초보 기술자가 그룹 브레인스토밍 기술로부터 큰 도움을 받을 수 있다는 점을 관찰한 적이 있다.

4.1.3 창의력을 강화하는 전략

창의적인 프로세스를 강화하는 데 적용되는 중요한 전략들이 있다. 이 주제에 대한 연구 내용은 매우 방대하지만 중요한 점들을 요약하면 다음과 같다.

- 질문하는 습관을 들여라. 질문하고 가정하는 습관을 가지는 것은 매우 중요하다. 이러한 경향은 일반적으로 나이가 들어감에 따라 감소한다. 어린아이들은 매우 창의적이고 모든 사물에 대해 지속적으로 질문한다. 예를 들어 "나무는 왜 잎을 가지

고 있나요?", "왜 하늘은 푸른가요?" 등이다. 기본적인 질문을 하는 것은 창의성을 자극하며 기술적인 설계에 적용될 수 있다. 마이크로컨트롤러에 대한 설계를 수행할 때 "마이크로컨트롤러를 대체할 수 있는 방법은 있는가?", "마이크로컨트롤러를 통해 내가 할 수 있는 다른 점들은 있는가?" 또는 "지금 사용하는 것보다 더 나은 마이크로컨트롤러는 없는가?" 등의 질문들 하는 것은 도움이 된다.

- 창의적이 되도록 실천하라. 연구에 따르면 사람들은 의식적인 노력을 통해서 창조적인 능력을 향상시킬 수 있다. 예를 들어 이 장의 처음과 마지막 부분에 제시된 퍼즐을 풀어보라. 일상에서 당신을 괴롭히는 사물들을 의식하고 새로운 해답을 찾기 위해 노력하라.
- 판단을 중지하라. 어떤 생각을 비판하고 즉각적으로 기각하는 것은 쉽다. 그러니 판단을 미루고 생각함에 있어서 유연성을 갖는 것은 중요하다. 엉뚱하게 보이는 생각은 소중한 해결책이 되는 또 다른 개념으로 연결될 수 있다. 아이디어들이 즉각적으로 판단되어 거절된다면 새로운 해결책에 대한 기회는 감소된다. 개념을 받아들이고 그것을 수정하거나 관련이 없어 보이는 다른 개념들과 결합할 때 창의적인 생각을 발전시킬 수 있다.
- 시간을 허용하라. 창의적인 프로세스를 육성시키는 데에는 시간이 필요하다. 인간의 정신은 문제를 해결하기 위해서 시간을 요구하기 때문에 "아하!"라고 탄성을 지르는 발견의 순간을 맞이할 수 있도록 문제에 대해서 시간을 충분히 들여라.
- 초보자처럼 생각하라. 새로운 해결책은 종종 초보자들로부터 만들어지곤 한다. 그 이유는 초보자들은 문제에 대한 해결책으로 선입관이 없기 때문이다. 경험은 양날의 칼과 같다. 이미 존재하는 해결책을 인용함으로써 문제를 빨리 풀 수 있도록 도와주기도 하지만 창의력을 방해할 수 있다. 과거의 마주쳤던 문제와 유사하지 않은 새로운 문제에 직면하게 되면 새로운 해결책은 과거의 것과 유사한 것처럼 보이기 마련이다. 만약 모든 사람이 같은 방식으로 생각한다면 반대로 생각하는 것이 중요하다.

많은 창의적인 아이디어들은 기존의 기술을 조합하고 변경시키면서 나타난다. SCAMPER는 대체(substitute)하고 결합(combine)하고 적응(adapt)시키고 변경(modify)하며 다른 용도로 사용하며(put to other use) 제거(eliminate)하고 재배치하는(rearrange/reverse) 단어들로부터 조합된 축약어인데, 이것은 창의적인 개념을 체계적으로 생성하는 가이드라인으로 사용될 수 있다. SCAMPER 원칙은 브레인스토밍에서 매우 중요하며 각각의 요소는 다음과 같다.

- 대체하라(*substitute*).새로운 구성요소가 시스템에 이미 존재하는 기존의 것을 대체할 수 있는가?
- 결합하라(*combine*). 기존의 원소들이 지금까지 존재하지 않았던 방식으로 결합될 수 있는가?
- 적응시켜라(*adapt*). 시스템의 구성요소들이 지금까지와는 다른 방식으로 작동하도록 적응될 수 있는가?
- 변경하라(*modify*). 시스템의 전체 또는 일부가 변경될 수 있는가?
- 다른 용도로 사용하라(*put to other use*). 제품이나 시스템이 사용될 수 있는 또 다른 응용 분야가 있는가?
- 제거하라(*eliminate*). 시스템의 일부분이 제거될 수 있는가? 또는 시스템 전체가 제거될 수 있는가?
- 재배치하라(*rearrange or reverse*). 시스템이 전혀 다른 방식으로 재배치되어 더 잘 작동할 수 있는가? 이것은 시스템의 구성요소를 교체하는 것과는 다른 의미이며, 구성요소를 지금까지와는 다른 방식으로 배열함으로써 새로운 것을 창조하는 것이다.

SCAMPER는 Osborn에 의해서 처음으로 제시되었던 질문들에 대한 변형이며 Michalko에 의해서 위와 같은 형태로 변경되었다.

|4.2| 개념 생성

문제가 정의된 후의 다음 단계는 해결책을 위한 개념을 탐구하는 것이다. 이 단계에 도달한 디자인팀에게 문제를 어떻게 해결할 것인지에 대한 아이디어가 없어보이지는 않지만, 그래도 디자인 스페이스 전체를 탐구하는 것이 중요하다. Ulrich와 Eppinger는 개념 생성을 위한 단계들을 내부조사, 외부조사, 체계적 탐구의 3단계로 정의하였다.

외부조사는 2장과 3장에서 설명했으므로 배경조사 및 벤치마킹을 수행하는 방법을 설명한다. 외부조사의 방법은 다음과 같다.

- 문헌 조사를 수행한다.
- 기존의 특허를 조사하여 검토한다.
- 비슷한 제품들에 대해서 벤치마킹을 수행한다.
- 전문가를 인터뷰한다.

내부조사는 팀 멤버들에 의해서 브레인스토밍과 같은 방법을 통해 이루어진다. 팀 멤버들은 문제에 대해 공통적인 정의를 가지고 있어야 한다. 3장에서 제시된 요구사항 분석 방법을 이용하는 것에 대한 트레이드오프를 이해하는 것도 바람직하다. 그 이유는 트레이드오프를 극복함에 따라 혁신적인 해결책을 얻을 수 있기 때문이다. 더구나 팀은 큰 문제를 작은 문제들로 분할하고 작은 문제들을 개인적으로 해결해야 한다. 5장은 문제를 분할하는 과정을 설명한다.

가장 널리 알려진 내부조사 방법은 **브레인스토밍**이다. 그룹 브레인스토밍은 짧은 시간 동안 많은 개념을 생성하는 데 효과적이다. 경험이 많은 디자인팀은 1시간 동안에 수백 개의 개념을 생성하는 것으로 알려져 있다. 전통적인 브레인스토밍 방법은 지나치게 조직적이지 않으며 다음의 다섯 가지 규칙을 적용한다.

- 아이디어들에 대해서 비판하거나 판단하지 않기
- 거친 아이디어를 환영함
- 질보다 양을 중시함

그림 4-3 Wally의 브레인 스토밍. (Dilbert © Scott Adams / Dist. By United Feature Syndicate, Inc.)

- 타인의 아이디어에 근거하여 수정하기
- 모든 아이디어를 기록하기

많은 초보 디자인팀들은 체계적이지 않은 브레인스토밍 때문에 고생하는데, 이런 경우에는 브레인라이팅(brainwriting)이나 명목상의 그룹 테크닉(name1nal group technique, NGT) 등과 같은 좀더 체계적인 방법이 효과적이다. **브레인라이팅**의 단계는 다음과 같다.

1) 팀은 공통의 문제기술서를 만들고 큰소리로 읽는다.
2) 각 팀 멤버들은 카드에 아이디어를 쓴 다음 테이블의 가운데에 놓는다.
3) 다른 팀 멤버들은 카드를 가져온 다음 SCAMPER의 원칙에 따라 다른 사람의 아이디어를 이용해서 새로운 아이디어를 만들거나 기존의 아이디를 발전시킨다. 또는 멤버들은 아이디어를 만든 다음 그것을 카드에 적고 다른 사람에게 넘긴다. 각 멤버들은 자신들에게 전달된 아이디어를 발전시킨다.

브레인라이팅 ***6-3-5***는 여섯 사람이 세 개의 새로운 아이디어를 5분 동안에 만드는 것을 목표로 한다. 최적의 사람 수는 여섯 사람이 가장 좋지만 필수적인 것은 아니다. 각자는 5분 동안 세 가지 아이디어를 만들어서 스케치와 설명을 곁들여 명확하게 기술한다. 5분 뒤에 각 멤버들은 그 아이디어를 다른 멤버들에게 전달한다. 다음 사람은 이 아이디어를 평가하여 세 가지 아이디어를 더 추가한다. 이 과정은 모든 멤버들이 모든 카드를 평가할 때까지 계속된다.

NGT에서는 각 팀 멤버들이 조용히 아이디어를 만들고 돌아가면서 보고해서 모든 멤버들이 아이디어를 발표할 기회를 갖도록 한다. 개념은 다중투표 방식에 의해서 선택되는데 각 멤버들은 제시된 아이디어들에 대해서 투표를 수행한다. 그리고 아이디어들은 순위가 매겨지며 더 토론되고 필요하다면 다시 투표를 수행한다. NGT의 단계는 다음과 같다.

- 문제기술서를 읽는다: 반드시 팀원이 큰소리로 읽어야 한다.
- 문제를 다시 설명한다: 각자는 자신의 용어로 문제를 다시 설명해서 모든 멤버들이 이해했음을 확인해야 한다.
- 조용히 아이디어를 만든다: 모든 멤버들은 5~15분 동안 조용히 아이디어를 궁리한다.
- 돌아가면서 아이디어를 수집한다: 각자는 모든 아이디어들이 소개될 때까지 돌아가

면서 아이디어를 하나씩 제시한다. 주선자는 아이디어를 명확하게 규명해서 모든 팀원들이 볼 수 있도록 한다.

- 아이디어를 요약해서 재기술한다: 아이디어들이 수집되고나면 주선자는 이를 명확하게 하고 고쳐 말하도록 토론을 이끈다. 이 과정은 모든 그룹이 아이디어에 대해 잘 알게 됨을 의미한다. 유사한 아이디어들은 모아지거나 합쳐진다.
- 투표한다: 각 멤버들은 미리 정의된 표만큼 투표한다. 이 경우 팀원당 3~6표를 투표하는 것이 일반적이다. 투표의 결과로 팀원들은 더 토의하고 추구할 순위가 높은 아이디어들의 집합을 얻게 된다.

체계적으로 개념을 만들기 위해서는 문제를 보조 기능과 해결책들로 분할하며 이 보조 기능들에 대한 검색을 수행한다. [표 4-1]에서 제시된 **개념테이블**(***concept table***)은 아이디어를 서로 다른 방식으로 조합하고 배열하고 대체하기 위한 도구이다. 테이블의 첫 번째 행에는 설계 과정에서 달성해야 하는 기능들을 제시하고 있으며 해당되는 열에는 생각할 수 있는 해결책들이 제시된다. 우수한 결과물이나 해결책은 각 열의 요소들을 결합함으로써 만들어진다. 표에서 원으로 둘러싸인 요소들은 선택된 요소들을 가리킨다. 해결책은 각 열마다 하나씩의 요소를 선택하거나 여러

표 4-1 개인 컴퓨터 시스템을 위한 개념테이블. 네모 쳐진 요소의 조합이 잠재적 답이 된다.

User Interface	Display	Connectivity and Expansion	Power	Size
Keyboard	CRT	Serial & Parallel	Battery	Handheld, Fits in Pocket
Touchpad	Flat Panel	USB	AC Power	Notebook Size
Handwriting Recognition	Plasma	Wireless Ethernet	Solar Power	Wearable
Video	Heads-up Display	Wired Ethernet	Fuel Cell	Credit Card Size
Voice	LCD	PCMCIA	Thermal Transfer	Flexible in Shape
		Modem / Telephone		

요소들을 선택함으로써 만들어진다.

[표 4-1]에서 제시된 선택된 개념들을 이용해서 다음과 같은 특징을 가진 개인용 컴퓨터시스템을 상상할 수 있다.

1) 사용하기 편리한 신용카드 크기의 부품을 몸과 옷에 부착할 수 있다.
2) 에너지로는 태양전지, 연료전지, 체온을 이용할 수 있다.
3) 시스템에 대한 인터페이스로는 옷에 부착된 마이크와 카메라를 사용할 수 있으며 주머니에 집어넣을 수 있는 접히는 키보드를 사용할 수도 있다.
4) 안경이나 야구 모자에 결합된 헤드업 디스플레이 장치를 가지고 있다.
5) 통신을 위해서 작은 귀에 꼽는 마이크로폰을 가지고 있다.

위의 예가 우수한 결합과 대체를 보여주는 반면에 개념 테이블은 제거할 아이디어를 검사하는 데에도 사용될 수 있다. 예를 들어 위의 테이블은 본질적으로 디스플레이장치가 사용될 것을 가정한다. 그러나 그것이 설계에서 반드시 필요한지의 여부에 대한 의문을 해결해야 한다.

또 다른 예는 [표 4-2]에서 제시된다. 여기서 목표는 온도 측정 및 디스플레이 장치에 대한 설계 개념을 찾는 것이다. 해결책에는 온도를 감지하는 방법, 센서로부터의 정보를 볼트로 바꾸는 회로, 볼트를 표시할 디스플레이 장치 등의 세 구성요소가 있다. 이 테이블은 3단계 구조를 가지며 개념은 이 구조 내에서 만들어진다. 그러나 이것과는 완전히 다른 구조를 가지지만 더 우수한 설계가 존재할 수 있다.

관련된 도구로는 **개념 팬**(***concept fan***)이 있는데, 이것은 설계에서의 결정과 선택을 그림으로 보여주는 것이다. 온도측정 장치에 대한 예제는 [그림 4-4]에서 제시된다. 설계 결정은 원으로 표시되고 해결책은 사각형으로 표시된다. 이 예제에서 더 많은 선택은 [표 4-2]에서 제시된다. 개념은 서로 다른 해결책들의 블록들 중에서 선택을 함으로써 만들어진다.

4.3 개념 평가

만들어진 개념들은 어떤 개념이 가장 가능성이 있는지를 결정하기 위해서 평가를 거

표 4-2 온도측정 장치의 개념 테이블

Thermal Sensing	Conversion to Voltage	Display
Thermistor	Op Amp Design	Seven-Segment LEDs
RTD	Transistor Designs	LCD
Thermocouple		Analog Dial Indicator

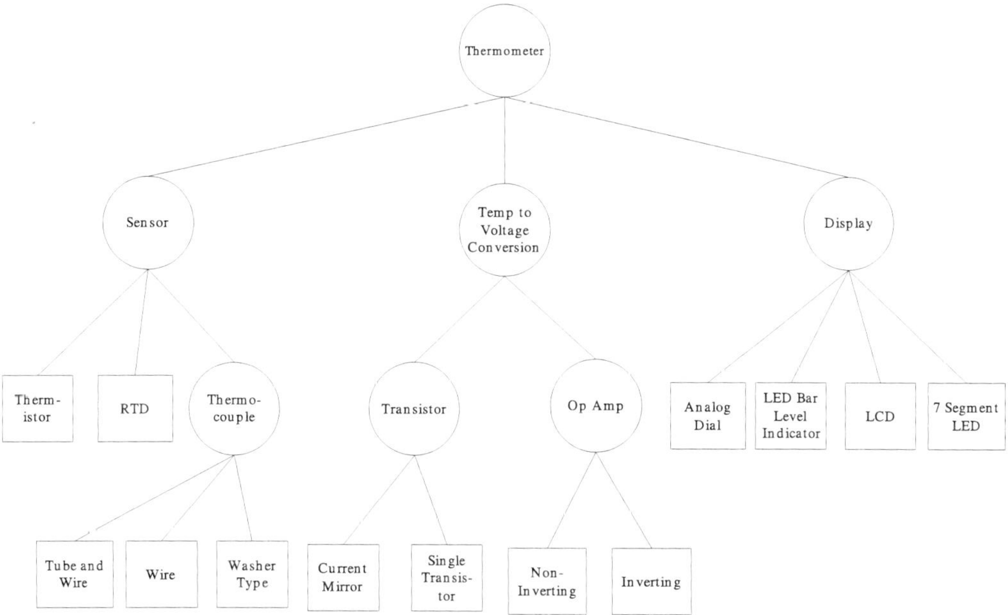

그림 4-4 온도측정 장치의 개념 팬. 원은 선택된 해답을 의미하며 사각형은 잠재적 선택이 가능함을 나타낸다.

쳐야 한다. 디자이너는 반드시 공학적인 판단을 수행하며 결정을 내리는데 근거가 된 고객 필요성과 기술적인 요소들을 사용해야 한다. 이 과정은 [그림 4-5]에서 제시되어 있다. 이 그림에서 사용자 요구사항과 개념, 공학적인 고려사항은 결정 프로세스의 입력으로 사용되어 개념들에 대한 순위를 결정한다. 제안된 방법들 중의 몇몇

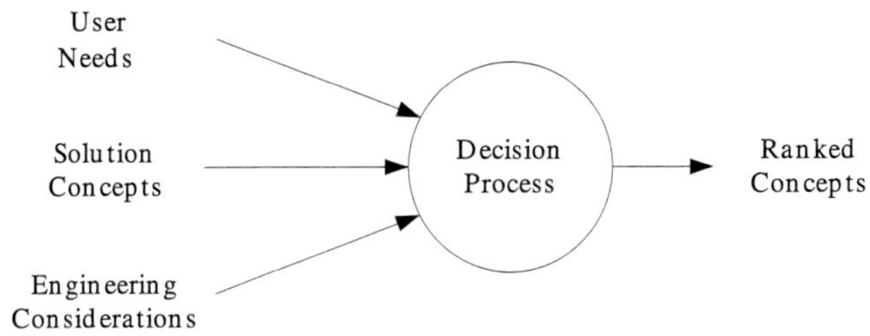

그림 4-5 개념 평가를 위한 프로세스.

은 개념들을 비교해서 수치값으로 점수를 내린다는 점을 주의해야 하는데 이는 정량적인 결과는 오류가 없다고 사람들을 믿게 하기 때문이다. 입력이 정량적이고 반정성적인 평가에 근거한 것이며 미리 생각하고 있는 해결책을 선택하도록 조정될 수 있다는 것을 염두에 두어야 한다. 생각에 있어서 유연성을 유지하고 가정에 대해서 도전하는 것은 중요하며 궁극적으로는 최고의 개념을 결정하도록 한다.

4.3.1 초기 평가

생성된 개념들은 반드시 초기에 평가받아야 하며 완전하게 불가능한 개념들은 제거되어야 한다. 개념이 불가능하게 보이는 몇몇 이유는 지나치게 비용이 많이 들거나 개발 기간이 너무 오래 걸리거나 또는 너무 많은 위험성을 가지고 있기 때문이다. 많은 경우에 최신의 기술을 사용하는 것은 받아들이기 힘든 위험으로 간주된다. 공학적인 요구사항을 명확하게 만족시키지 못하는 개념들도 제거된다. 장점을 가진 개념을 완전하게 제거하지 않도록 주의해야 하는데, 그 이유는 조건은 변할 수 있으며 비현실적이라고 생각된 개념들이 미래에는 가능하게 될 수도 있기 때문이다.

4.3.2 장단점 분석

또 다른 형태의 평가는 고려하고 있는 해결책에 대해서 **장단점 분석**을 수행하는 것이다. [표 4-3]에서는 인텔 1000XF 카드(2장의 [예 2.2]와 3장의 [표 3-2]에서 제시된)의 테스트를 위한 실험적 설계 프로젝트에 이 분석을 적용한 것을 보여준다. 각각 다른 온도에서 카드를 테스트하기 위해서 카드를 가열하고 실험 도중에 온도를 고정시

표 4-3 Intel 1000XF 카드의 내열 유효기간 테스트를 위한 제안된 방법의 강점과 약점 분석

Method	Strengths	Weaknesses
Contact Heating	• Simplest design • Could be used internally to computer	• Does not create uniform temperature • Hard to control temperature
Temperature Chamber	• Uniform temperature • Greater control over temperature	• Must be external to computer • More difficult to design • Expensive

켜줄 방법이 필요하다. 여기에서는 열을 내는 부품을 부착하는 해결책과 카드를 항온시험기에 설치하는 해결책이 비교의 대상이 된다. 이 예에서는 항온시험기 해결책이 결과적으로 선택되는데, 그 이유는 일정한 온도 분포가 필요하기 때문이다. 장단점 분석은 적당한 복잡도를 갖춘 문제를 검증하는 데 효과적이다. 그러나 비교를 위해서 일정한 기준을 요구하지 않는다는 점에서 어려움을 겪기도 한다. 이 방법을 더 정량적으로 만들기 위해서는 장점과 단점에 대한 비교 점수를 할당하고 개념을 평가하기 위해서 사용해야 한다.

4.3.3 AHP와 의사결정 행렬

분석적 계층 프로세스(AHP)에서 설계에 대한 대안들은 공학적 또는 시장 요구사항 등과 같은 미리 선택된 기준에 대해서 평가받는다. AHP는 2장의 프로젝트 선택에서 처음으로 적용되었다. AHP의 결과물은 [표 4-4]에서 제시되는 의사결정 행렬인데, 기준들은 가장 왼쪽의 열에 기준의 상대적 중요성을 정량화하는 가중치(ω_i)와 함께 제시되어 있다. 행렬에는 j번째 설계 옵션이 i번째 기준에 대해서 갖는 기술적인 장점을 반영하는 설계 순위인 α_{ij}가 저장된다. 각 설계 옵션에 대한 총점 S_j는 설계 순위와 가중치 요소들에 대한 가중치가 적용된 합의 형태로 계산된다.

온도에 대해서 비례하는 볼트 신호를 만들어내는 온도 측정 전자회로의 설계에 대해서 AHP를 적용하는 과정을 예로 제시한다.

표 4-4 AHP를 위한 결정 매트릭스

		Design Option 1	Design Option 2		Design Option n
Criteria 1	ω_1	α_{11}	ω_{12}	⋯	ω_{1n}
Criteria 2	ω_2	ω_{21}	ω_{22}	⋯	ω_{2n}
⋮	⋮	⋮	⋮	⋯	⋮
Criteria m	ω_m	ω_{m1}	ω_{m2}	⋯	ω_{mn}
Score		$S_1 = \sum_{i=1}^{m} \omega_i \alpha_{i1}$	$S_2 = \sum_{i=1}^{m} \omega_i \alpha_{i2}$		$S_n = \sum_{i=1}^{m} \omega_i \alpha_{in}$

1단계: 설계 기준을 결정하라

개념을 비교하는 기준은 높은 정확도, 낮은 가격, 작은 크기 및 부품의 조달 용이성으로 가정한다.

2단계: 기준에 대한 가중치를 결정하라

기준들을 서로 비교한 후에 순위를 매기게 되며 결정된 가중치는 [표 4-5]에서 제시된다고 가정한다.

3단계: 기준에 대한 대안들을 찾고 순위를 결정하라

세 후보들은 [그림 4-6]에서 제시된 바와 같다. 각각은 온도를 측정하는 도구(저항온도발전기: RTD)를 구동하는 일정한 전류를 만들어내는 원천으로 작동한다. RTD

표 4-5 쌍 비교 매트릭스

	Accuracy	Cost	Size	Availability	Weights
Accuracy	1	5	3	1/4	0.42
Cost	1/5	1	2	1/4	0.12
Size	1/3	1/2	1	1	0.12
Availability	4	4	1	1	0.34

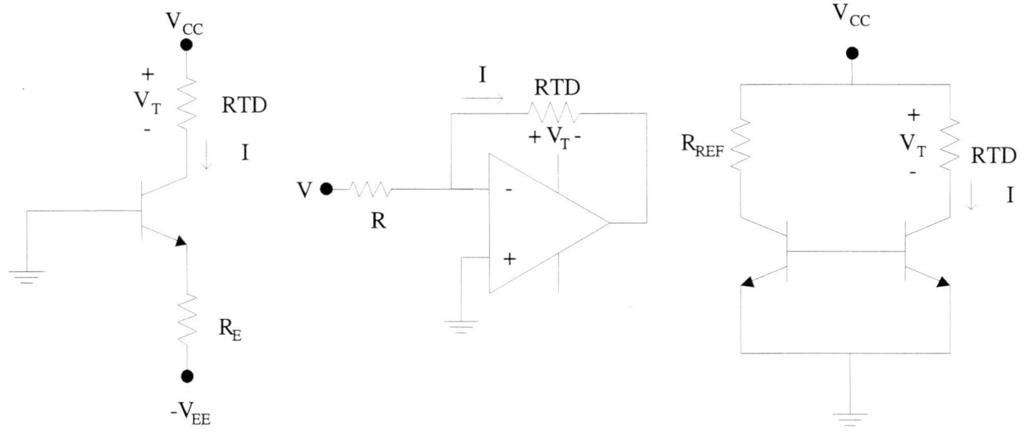

1: Single Transistor　　2: Inverting Op Amp　　3: Current Mirror

그림 4-6 온도 측정을 위한 후보.

의 저항은 온도에 따라서 변하며 일정한 전류 I가 흐르면 온도에 따라 비례하는 전압 V_T가 발생한다. 각 회로에는 1 mA의 일정한 전압이 공급된다. 각 설계들의 정확도는 10%의 저항을 가정한 SPICE 회로 시뮬레이션 패키지를 이용한 감응도분석에 의해서 평가된다. 세 설계에 대한 출력 볼트의 편차값은 각각 9.2%, 1.3%, 1.9%이다. 목표는 편차값을 최소화하는 것이기 때문에 다음의 평가 공식이 사용된다.

$$\alpha = \frac{\text{편차값 중의 최소값}}{\text{편차값}} \tag{1}$$

이것에 따르면 $\alpha_{11} = 0.008$, $\alpha_{12} = 0.55$, $\alpha_{13} = 0.37$과 같은 정확도에 대한 정규화된 설계 평가를 얻게 된다. 부품들의 가격은 각각 저항 = \$0.05, 양극 접합 트랜지스터(BJT) = \$0.15, op 앰프 = \$0.35, 그리고 RTD = \$0.25이다. 식(1)과 유사하게 가격에 대해서 정규화된 가격 순위를 매기면 $\alpha_{21} = 0.41$, $\alpha_{22} = 0.28$, $\alpha_{23} = 0.31$의 값을 갖는다. 회로기판으로 각 회로들을 제조하는 것에는 설계 1 = 1 in^2, 설계 2 = 1.56 in^2, 설계 3 = 2.25 in^2 만큼의 공간이 요구된다고 가정하자. 목표는 크기를 최소화하는 것이기 때문에 식 (1)에서 사용된 것과 유사한 방법을 사용해서 계산된 정규화된 결정

순위는 $\alpha_{31} = 0.48$, $\alpha_{32} = 0.31$, $\alpha_{33} = 0.21$이다. 부품의 조달 가능성은 각각 저항, BJT, RTD, op 앰프들에 대해서 각각 95%, 70%, 90%, 그리고 80%라고 가정하자. 각 설계를 생산하기 위한 전체적인 부품들에 대한 조달 가능성에 대한 측정이 필요하다. 이것을 측정하는 한 가지 방법은 설계가 부품에 대한 기존의 조달 가능성에 근거할 확률을 계산하는 것이다. 이것은 설계에 필요한 각 부품들에 대한 조달 가능성을 곱함으로써 계산된다.

$$P(\text{설계 1이 생산될 때}) = (0.95)(0.90)(0.70) = 0.60$$
$$P(\text{설계 2가 생산될 때}) = (0.95)(0.90)(0.80) = 0.68$$
$$P(\text{설계 3이 생산될 때}) = (0.95)(0.90)(0.70)(0.70) = 0.42$$

이 값에 따르면 다음과 같은 조달 가능성에 대한 정규화된 결정 순위를 얻게 된다. $\alpha_{41} = 0.35$, $\alpha_{42} = 0.40$, $\alpha_{43} = 0.25$

4단계: 대안들에 대한 점수를 계산하라

의사결정 행렬은 [표 4-6]과 같이 만들어지며 각 대안들에 대한 전체적인 가중치가 적용된 점수가 계산된다.

5단계: 결정을 평가하라

이 과정은 반정량적인 방법이었음을 기억해야 한다. 첫 번째 순위는 설계 1과 3이 유사함을 보여주며, 둘다 설계 2에 비해 부족함을 나타낸다.

표 4-6 결정 매트릭스

		Single BJT	Op Amp	Current Mirror
Accuracy	0.42	0.08	0.55	0.37
Cost	0.12	0.41	0.28	0.31
Size	0.12	0.48	0.31	0.21
Availability	0.34	0.35	0.40	0.25
Score		0.26	0.44	0.30

4.3.4 Pugh 개념 선택

Pugh 개념 선택은 기준에 근거해서 개념을 비교하는 방법으로 의사결정 행렬과 유사하다. 다른 점은 더 단순한 채점 방법을 가지고 있다는 것이며 반복적인 방법이라는 것이다. Pugh 개념 선택의 단계는 다음과 같다.

1) 공학적 요구사항이나 시장 요구사항 등과 같은 비교 기준을 선택한다.
2) 기준에 대한 가중치를 결정한다.
3) 개념을 결정한다.
4) 처음에 최고라고 판단되는 기준 개념을 선택한다.
5) 다른 모든 개념들을 기준 개념과 비교한다. 이때에 더 나으면 +1, 같으면 0, 더 못하면 –1점을 주는 채점 기준을 사용한다.
6) 기준을 제외한 다른 모든 개념들에 대해서 가중치가 적용된 점수를 계산한다.
7) 각 개념들에 대해서 지속할지, 갱신할지 아니면 포기할지를 결정한다. 다른 개념의 우수한 구성요소를 가능한 다른 개념들에 동기화한다.
8) 테이블을 갱신하고 최고의 개념이 도출될 때까지 반복한다.

Pugh 개념 선택 행렬의 예는 [표 4-7]에서 제시된다.

표 4-7 Pugh 개념 선택 매트릭스

		Option 1(Reference)	Option 2	Option 3	Option 4
Criteria 1	4	-	0	0	+1
Criteria 2	5	-	+1	–1	0
Criteria 3	2	-	–1	0	+1
Criteria 4	1	-	+1	+1	–1
Score		-	4	–4	5
Continue?		Combine	Yes	No	Combine

|4.4| 프로젝트 응용: 개념 생성 및 평가

개념 생성과 평가를 수행하는 팀에 대해서 다음의 충고를 제시한다.

- 개념 생성 및 평가 단계에서는 시간을 고려하지 말고 최대한 많은 개념을 찾는 것에 도전하라.
- 문헌 평가와 특허 조사를 포함한 외부 조사를 수행하라.
- 브레인스토밍, 브레인라이팅, NGT 등의 기법을 이용한 내부 조사를 수행하라. 효과적인 팀이라면 브레인스토밍 과정에서 많은 개념을 생성한다.
- 전 설계와 설계에 대한 보조 기능, 개별적인 구성요소들에 대해서 해결책을 검사하라. 이 장에서 제시된 방법은 5장과 6장에서 제시된 설계 방법과 결합될 수 있다.
- SCAMPER, 개념 테이블, 개념 팬 등과 같은 도구를 사용해서 개념 생성 과정을 문서화하라.
- 공통된 기준에 대해서 비판적이고 객관적으로 평가하라.
- 선택된 개념과 선택의 이유를 명백하게 밝혀라.

|4.5| 요약 및 참고도서

설계 프로세스에서 창의적으로 해결책에 대한 다른 개념을 만드는 것은 중요하다. 이 과정은 어떤 개념이 가장 유망한지를 평가하는 과정이 뒤따르게 된다. 이 장에서는 창의성에 대한 장벽을 설명하고 창의성을 강화하는 전략을 제시하였다. 수직적 및 수평적 사고의 개념이 소개되었고 설계 프로세스에서의 영향이 탐구되었다. 브레인스토밍, 개념 테이블, 개념 팬 등과 같은 개념 생성 방법들이 제시되었으며, 마지막으로 장단점 분석, AHP, Pugh 개념 선택 등과 같은 개념을 비판적으로 평가하는 방법들이 제시되었다.

창의성과 개념 생성에 대한 많은 참고문헌이 존재한다. Adams는 창의성과 기술적으로 문제를 해결하는 방법에 대한 좋은 참고문헌이다. 창의성의 대리인이라 불리우는 Alex Osborn은 창의적인 프로세스, 창의성에 대한 필요성 및 그것을 강화하는 전략을 설명하는 두 개의 문헌을 남겼다. Edward DeBono는 이 분야의 잘 알려진 권위자로 수평적 사고와 창의성에 대한 많은 업적을 남겼다. Paul Sloane은 수평적 사고 퍼즐에 대한 많은 책을 출간하였으며 TRIZ는 개념 생성을 위한 더 발전되고 복잡한 방법론인데, 이 방법은 문제에서의 트레이드오프를 해결하는 데 초점을 맞추고 있다. 이 문헌은 매우 복잡하기 때문에 더 발전된 팀이라면 고려할 만하다.

4.6 학습문제

4.1 [그림 4.1(b)]에서 제시되는 아홉 개의 점으로 이루어진 퍼즐을 생각해보자. 세 개의 연결된 직선을 그려서 아홉 개의 점을 모두 연결하라.

4.2 다음과 같은 여섯 개의 막대기가 있다고 생각해보자. 막대기를 재배치해서 네 개의 등변 삼각형을 만들어라(막대기를 부러트리면 안 된다).

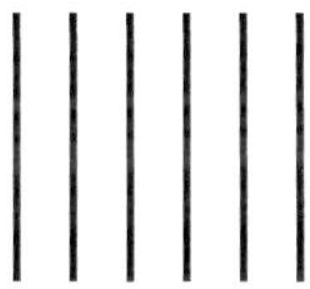

4.3 여덟 개의 막대기와 눈을 표현하기 위한 하나의 동전으로 이루어진 다음과 같은 물고기 그림을 생각해보자. 오직 동전과 세 개의 막대기만을 움직여서 물고기가 반대 방향을 바라보도록 만들어라.

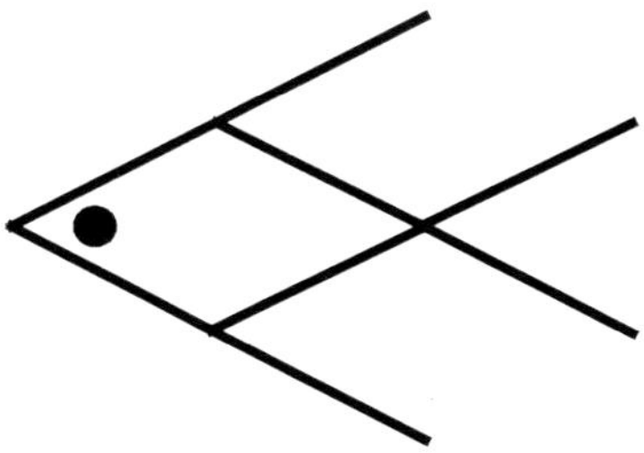

4.4 다음의 수평적 사고 퍼즐의 각각에 대해서 그럴듯한 해결책을 제시하시오. (Paul Sloane의 *Lateral Thinking Puzzles*로부터 인용함)

a) 한 남자가 바에 들어와서 바텐더에게 물 한잔을 달라고 요구했다. 바텐더는

총을 꺼내서 그 남자에게 겨누었다. 그 남자는 "고맙습니다"라고 말하고 밖으로 나갔다.

b) 한 여자에게 같은 해, 같은 날, 같은 시간에 태어난 두 아들이 있는데, 그 들은 쌍둥이가 아니다. 어떻게 된 일일까?

c) 왜 맨홀의 뚜껑을 사각형으로 만드는 것보다 원형으로 만드는 것이 더 좋을까?

d) 한 남자가 파티에 가서 펀치를 한잔 마셨다. 그는 일찍 파티를 떠났다. 그를 제외하고 그 파티에서 그 펀치를 마신 모든 사람들은 독으로 죽었다. 왜 그는 죽지 않았을까?

4.5 공중 비행기 납치를 방지하기 위해서 여객기의 조종석에 총을 놓아두는 법안이 통과되었다. 브레인스토밍을 통해서 파일롯을 제외한 모든 사람들이 총을 사용하지 못하도록 하는 개념을 만드시오.

4.6 과학자나 공학자가 사람들이 지구 상에서 어떤 장소로부터 어떤 장소로건 즉시 이동할 수 있는 기술을 개발했다고 상상해보자. 브레인스토밍을 통해서 이 기술이 사회에 미치는 잠재적인 영향을 결정하시오.

4.7 많은 대학에서 학생들에 대해서 조언을 하는 제도는 향상될 수 있는 영역으로 간주된다. 브레인스토밍을 통해서 당신의 대학에서 어떻게 하면 학생들에 대한 조언 제도가 향상될 수 있는지에 대한 아이디어를 만드시오.

4.8 개념 테이블과 개념 팬에 대해서 설명하시오.

4.9 4.3.3절에서 해결한 문제를 다시 생각해보자. 이를 위해서 다음과 같은 사항들을 가정하자.

- 다음 표는 쌍별 비교의 결과이다.

	Accuracy	Cost	Size	Availability
Accuracy	1	1/3	2	1/2
Cost	3	1	5	1
Size	1/2	1/5	1	2
Availability	2	1	1/2	1

- 부품의 가격은 다음과 같다: 레지스터 = $0.05, BJT = $0.10, OP 앰프 = $0.35, RTD = $0.25.
- 부품은 각각 레스스터의 경우에는 99%, BJT는 90%, OP 앰프는 85%, RTD는 70%를 필요한 때에 바로 구할 수 있다.
- 그 외의 모든 것은 4.3.3절에서 제시된 바와 같다.

[표 4.6]에서 제시된 유형별 가중치 결정 행렬을 이용해서 설계 선택의 순위를 계산하시오.

4.10 [**프로젝트 응용**] 당신의 설계 문제에서의 개념을 생성하기 위해서 이 장에서 제시된 방법들을 이용하시오. 생성된 개념들은 이 장에서 제시된 기법들 중에서 문제에 적합하다고 판단되는 기법들을 이용해서 비판적으로 평가하시오. 4.4절에서는 이 프로세스를 수행하고 결과를 문서화하는 방법에 대한 가이드라인이 제시되어 있다.

PART II

설계 도구

Chapter 05

시스템설계 I: 기능분할

"우리 소니와 경쟁하는 회사의 모든 제품은 기본적으로 기술, 가격, 성능이나 특징에 있어 차이가 없어질 것으로 생각한다. 시장에서 이들 제품을 차별화시키는 것은 바로 디자인인 것이다." —Norio Ohgo, 소니 회장 겸 CEO

앞 장에서 기술적 개념이 모델링되고나면 시스템 요구사항을 충족하는 솔루션으로 전환되게 된다. 설계자는 종이나 컴퓨터화면에 함축적이고 명확하게 시스템의 추상화를 표현해야 한다. 공학적 설계는 복잡하게 마련이고 여러 시스템과 하위시스템으로 구성되므로 이러한 표현은 설계절차에 도움이 되도록 모델링되어야 하고 목표로 하는 시스템을 효과적으로 서술해야 한다. 또한 개념모델은 설계를 팀원에게 설명할 때도 효과적으로 사용된다. 대형 시스템을 팀에서 설계해야 한다고 가정해보자. 그러면 많은 부분을 수개월에 걸쳐 각자가 개발하여 통합하게 된다. 이 경우 설계과정에서 하위시스템의 기능과 인터페이스를 전체적으로 정의하고 의사소통하지 않는 한 시스템은 통합되지 않을 것이다.

이 장에서는 널리 쓰이는 설계기법으로 직관적이고 사용하기 편한 **기능분할**을 설명한다. 이 방법은 굳이 전자/컴퓨터시스템에 국한되지 않고 공학적 시스템에 가장 널리 보급되어 사용되고 있는 설계기법이다. 이 방법에서는 시스템 전체의 기능을 설계하고 그리고 부분으로 하위시스템으로 나누면서 반복적으로 기능을 분할하게 된다. 또한 이 장은 기본 설계개념과 기능분할 설계기법을 배우는 것이 목적으로, 절차와 아날로그 및 디지털 전자기기와 소프트웨어시스템의 적용사례를 살펴본다.

▶▶학습 목표

1. 하향식과 상향식 설계의 차이를 이해한다.
2. 기능분할에 대한 이해와 적용방법을 학습한다.
3. 다양한 문제영역에 기능분할을 적용하는 방법을 배운다.
4. 결합성과 응집성의 개념을 이해하고 설계에 미치는 영향에 대해 탐구한다.

5.1 상향식과 하향식 설계

공학설계 방식은 일반적으로 **하향식**과 **상향식**으로 나눌 수 있다. 상향식 방식에서는 요소설계를 먼저하고 전체 시스템을 만드는 것이다. 자동차의 예를 들어 설명을 해보자. 즉 타이어, 모터, 차축, 동력전달장치, 변압기 등 자동차부품을 조립하여 전체 자동차를 만들게 된다. 최종 시스템은 현재 있는 부품에 따라 결정되는 것으로 전체인 자동차가 제작되는 방식인 것이다.

반면에 하향식은 나누어 정복하는 방식(divide and conquer)으로 설계자는 전체 시스템이 어떤 기능을 해야 하는지 그 모습을 그리면서 부품 또는 하위시스템으로 분할하면서 전체의 목적을 완성하는 방식으로 수행해나간다. 각 하위시스템은 지속적으로 다듬어지고 필요에 따라 분할된다. 자동차의 경우를 다시 살펴보면 전체 목적이 결정되고 주요 하위시스템인 전기장치나 서스펜션이 정의되고 전체가 완성이 될 때까지 더 작은 부품으로 상세화된다.

이 두 가지 방식 가운데 어떤 것이 우월한지에 대해서는 논란이 있다. 하향식 설계는 전체 목적(요구사항)에서 출발하여 솔루션이 개발된다는 점이 장점이다. 특히 프로젝트가 대규모이고 하위시스템이 많은 경우 유리한 측면이 있다. 프로젝트가 클수록 전체에서 출발하는 것이 통합에 유리하다. 그러나 하향식 설계는 문제 해결과정에서 새로운 혁신적 아이디어가 제한될 수 있다는 단점이 있다. 하향식 설계는 문제에서 출발해 문제 해결방안의 청사진이 마련될 때까지 하위시스템을 지속적으로 다듬어가는 수직적인 생각과 수행절차를 따르는 경향이 있기 때문이다(4장 참조). 또한 하향식설계는 현행 시스템의 문제점에 대한 이해를 바탕으로 시스템이 어떻게 구현되어야 하는지에 대한 상향식 이해가 없는, 이른바 진공상태에서는 결코 하향식 설계를 만들어낼 수 없는 것이다.

이러한 까닭에 상향식은 창의적이라는 장점이 있다. 상향식 설계방식에서는 밑에서부터 다양한 기술을 살펴보고 "이런 경우에는 어떻게 될까?"(what-if)를 생각해 가며 새로운 것을 만들어낼 수 있게 된다. 상향식에서는 사용하게 될 콤포넌트에 대한 제약조건이 있을 경우 적용가능하다. 현실적인 예를 들어보자. 기존 시스템의 성능을 향상하는 목적을 갖고 설계를 변경한다고 가정하자. 예를 들어 자동차의 현재 모델의 배출가스, 마일리지, 안전기준에 맞추어 새로운 모델을 만들어내야 한다고 하자. 여기에서 새로운 설계에서 출발하지 않는 한 현재 시스템을 사용해야 한다. 이런 경우 상향식 방식이 유효하다. 실제로 대부분의 문제는 상향식과 하향식 두 가지 사고를 필요로 하고, 설계할 때는 양쪽에서 좋은 점을 취하는 것이 필요하다.

요약하면 상향식, 하향식 방식의 장점을 고려하여 설계를 하는 것이 필요하다. 하향식만을 고집하는 것은 현행 시스템의 요소기술의 구조에 대한 이해 없이 설계한다는 현실적이지 않다는 점에서 타당하지 않은 것이다. 마찬가지로 상향식만을 사용하는 것도 타당하지 않은데 특히 시스템의 복잡성이 커질수록 그러하다.

5.2 기능분할

기능분할은 모든 시스템의 콤포넌트 기능을 반복적으로 기술하는 순환적 절차를 말한다. 이는 수학에서의 기능, 예를 들면 $y = f(x)$와 유사하다고 할 수 있다. 여기서 입력값 x, 출력값 y, 그 관계를 나타내는 $f()$가 있다. 이는 벡터값을 갖는 $\vec{y} = f(\vec{x})$로 쉽게 확장된다. 기능분할에서 동일한 항목은 이런 수학적 비유와 같이 입력, 출력, 입출력간의 관계인 기능으로 정의되고, 이를 **기능명세** 또는 **기능요구사항**이라고 하며 기능모듈이 충족해야 하는 요구사항이 된다. **모듈**은 기능을 수행하는 한 부분, 즉 하위시스템을 말한다. 기능분할은 상향식 설계방식으로 분류될 수 있는데, 최상위 기능을 정의하고 하위시스템으로 분할해가며 입출력과 기능을 상세화한다는 점에서 그렇다. 이러한 절차는 모듈이 물리적 요소 또는 콤포넌트로 구현될 수 있을 정도까지의 수준까지 반복하게 된다.

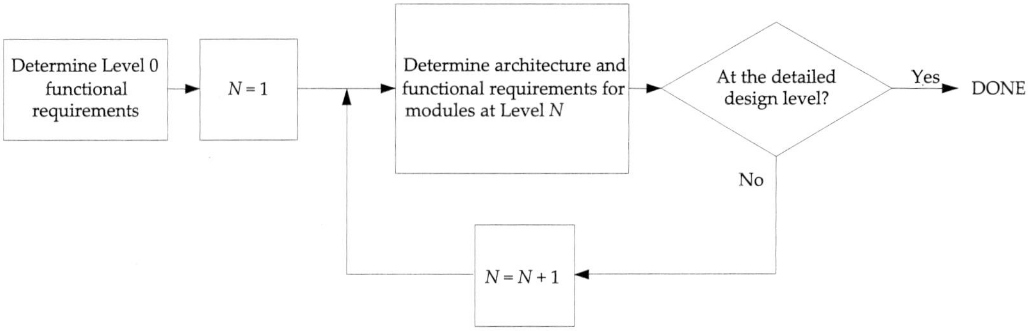

그림 5-1 기능분할을 이용한 설계 개발 프로세스.

기능분할을 적용하는 절차는 [그림 5-1]과 같다. 우선 시스템 기능 요구사항의 최상위 수준인 Level-0에서 출발한다. 설계목적을 충족하면서 계층적으로 다음 수준을 정의한다. Level-1 설계는 시스템의 **설계아키텍처**라고 간주하기도 한다. 여기서 아키텍처란 모듈의 구조 또는 인터페이스를 말한다. 주의할 점은 하위로 분할하면서 상위 차원의 요구사항을 위반해서는 안 된다는 것이다. 분할은 상세설계가 이루어질 때까지 반복하게 된다. **상세설계**란 시스템이 분할되면서 더 이상 분할되지 않는 수준까지 이르러 회로요소, 논리게이트, 소스코드가 작성될 수 있는 상태의 설계를 말한다. 어느 수준까지 이 절차를 반복해야 하는지의 문제는 문제 또는 구현할 시스템이 얼마나 복잡한지에 따라 다르다고 말할 수 있다.

5.3 지침

우선 기능분할 기법을 어떻게 적용할 것인지 살펴보기 전에 아래와 같은 지침을 명심하라.

- 반복적인 절차: 처음 작업하면서 콤포넌트의 기능이나 서로 간의 인터페이스에 상세하게 알 수는 없다. 경우에 따라서는 실제 구현이 이루어지기 전까지는 상세화를 할 수 없을 수도 있기 때문에 반복적 작업이 필요한 것이며, 상향식과 하향식을 번갈아가며 작업하면서 필요한 경우 설계를 정련하는 것이 필요하다.

• **설계에 충분한 시간을 할애:** 반복적인 절차를 적용하게 되면 당연한 결과로서, 다양한 대안을 검토하거나 상세화하면서 충분한 시간을 할애하게 된다.
• **수준별 크기 조정:** 기능분할을 하면서 같은 수준에 있는 모듈은 복잡성과 크기가 유사하도록 조정한다.
• **좋은 설계는 모듈의 인터페이스와 기능을 잘 정의:** 모듈을 깊은 생각없이 그냥 묶어서 설계를 하는 경향이 있다. 그러나 기능 요구사항을 명확하게 정의하고 기술적으로 타당한지 살펴보지 않으면 구현 단계에서 설계가 무너질 수 있다. 아키텍처 설계 분야에서 꽤 이름이 난 설계자의 경구를 귀담아 들을 필요가 잇다.

"상세함은 상세함으로 그치지 않는다. 상세함은 곧 설계가 된다." – Charles Eames

• **기발한 개선점:** 하향식 설계는 수직적인 사고를 유도하여 현행 문제점에서 솔루션을 찾아가게 된다. 앞서 4장에서 설명한 수평적인 사고를 곁들여 아키텍처 또는 기술적으로 보다 나은 대안이 있는지 검토하는 것이 좋다.
• **기능분석이 불필요한 경우에는 생략:** 예를 들어, 아날로그 멀티플라이어나 디지털 논리게이트와 같은 공통 요소는 기능명세를 필요로 하지 않는다. 굳이 그렇게 하면 번거롭거나 설계에 도움이 많이 되지 않는다. 그러나 이러한 기준이 목적에 따라 다를 수도 있는데, 아날로그 멀티플라이어 칩 자체를 설계하는 것이 목적인 경우에는 설계명세를 만드는 것이 필요하다.
• **기능분할과 다른 기법을 복합적으로 사용:** 설계에는 왕도가 없다. 기능분할만을 사용해서는 시스템의 모든 기능을 다 나타낼 수 없다. 흐름도, 상태도, 데이터흐름도와 같은 도구를 적설히 사용하는 것이 필요하다. 이 장에서 설명하는 디지털 스톱워치의 경우 상태도를 활용하였는데, 다른 기법은 6장에서 설명하게 된다.
• **유사한 설계 아키텍처를 찾는다:** 유사한 설계가 있는지 어떻게 작동되는지 결정하자. 이렇게 하면서 현재 솔루션과 어떤 차이가 있는지 알게 된다.
• **현행 기술을 사용한다:** 흔히 설계자는 현행 시스템을 자신이 개발하지 않았기 때문에 대부분 현행 시스템을 무시하고, 이와는 완전하게 다르게 설계하려는 경향이 있다. 또한 새로운 것을 개발하게 하는 공학교육의 특성이 이를 가중시키고 있다. 이러한 두 요인이 기존의 것을 무시하고 새로운 것을 새로 개발하게 하는 낭비를 낳게 하고 있다. 현행 기술이 공학적, 비용적 요구사항을 만족한다면 그대로 사용하도록 하자.

- 단순하게 설계한다: 필요하지 않은 것을 보태서 복잡하게 하지 말자.

> "완전한 설계는 더할 것이 없을 때가 아니라 뺄 것이 없을 경우에 이루어진다."—Antoine de St-Exupery

- 결과를 소통하자: 무엇을 개발할 것인지 그 대상뿐만 아니라 과정을 기술하는 것이 중요하다. 구현이 되고 나면 결과물이 이미 설계를 분명하게 보여주고 있으나 설계과정에 있어서의 중요한 결정 또는 어떻게 운용했는지에 대해 기술하게 되면 다음에 시스템이 재개발될 경우 도움이 된다. 설계는 매우 복잡할 수 있다. 그래서 1쪽에 얼마나 정보를 전달할 수 있을지 가늠해보는 것이 좋다. 한두 쪽에 정보를 기술할 수 없다면, 혹 설계가 너무 복잡해서 그럴 것이므로 한 수준 더 내려서 설계를 하는 것이 좋다.

5.4 설계 사례: 전자제품

기능분할 기법을 여러 제품에 적용해보자. 아날로그 전자제품의 경우, 입출력은 볼트와 전기신호이다. 입력은 보통 진폭, 전력, 위상, 주파수 등의 변조를 통해 변환된다. 오디오 파워앰프를 설계해보자. 요구사항은 아래와 같다.

- 오디오 입력신호 최대 0.5볼트
- 볼륨 조정 0~최대치
- 최대 50와트 8스피커
- 표준 120볼트, 60헤르츠, 직류출력

수준 0

앰프의 0 수준은 [그림 5-2]에 나타나 있다. 입력은 오디오신호, 음량 조절, wall outlet power 출력은 오디오 증폭신호이다.

시스템에 대한 기능적 요구사항은 각 수준별로 상세하게 기술되어야 하는데, 수준 0은 다음과 같다.

그림 5-2 수준 0 오디오 파워 증폭기의 기능성.

모듈	오디오 파워 증폭기
입력	– 오디오 입력 신호: 0.5 V (최대) – 파워: 120 V AC rms, 60 Hz – 사용자 볼륨 조절: 조절가능
출력	– 오디오 출력 신호: ? V (최대)
기능	입력 신호를 증폭하되 최대 출력이 50 W가 되게 하라. 증폭은 사용자가 조절 가능해야 한다. 출력 볼륨은 0부터 최대 볼륨으로 조절돼야 한다.

앞서 지침에서 설명했듯이 설계 첫 단계에서 모든 값을 다 알 수는 없다. 밑줄 친 항목은 설계가 진행되면서 결정되거나 상세화하게 된다. 이 경우, 오디오 최대 출력 볼트는 얼마나 출력이 증가될 것인지 시스템 요구사항에 따라 결정된다. 최대 출력은 $P_{max} = V_{peak}^2/R$ 공식에 따라 결정되고, 그에 따라 최대 출력볼트는 $V_{peak} = \sqrt{8\ \Omega * 50\ W} = 20\ V$ 로 계산된다.

수준 1

[그림 5-3]은 수준 1 다이어그램(또는 시스템 아키텍처)로서 증폭기의 전형적인 설계를 나타내고 있지만 다른 설계도 가능하다. 그림에서 보듯이, 3단계의 증폭 과정으로 구성되어 있는데, 직류전원 장치가 전원을 공급한다. 첫 단계는 완충증폭기는 입력 신호의 잡음을 최소화하면서 일정한 수준으로 증폭하게 된다. 두 번째 고이득증폭기

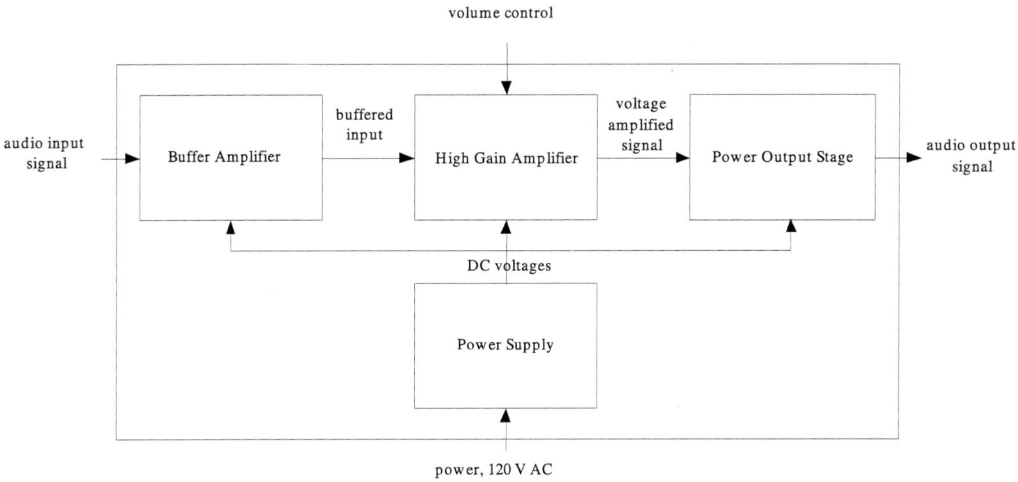

그림 5-3 수준 1 오디오 증폭기 설계.

는 신호의 진폭을 증가시키는 반면 스피커에 보내는 출력전류는 ??하지 않는다. 마지막으로 전원출력 단계에서는 전류 볼트의 증폭은 없고 스피커 구동에 필요한 전류를 제공한다.

수준 1의 하위시스템에 대한 기능 요구사항의 상세를 완충증폭기부터 기술해보자.

모듈	완충증폭기
입력	– 오디오 입력신호 최대 0.5 V – 전력 ±25 V DC
출력	– 오디오 신호 최대 0.5 V
기능	입력신호를 완충하고 균일한 볼트이득을 제공한다. 입력저항은 > 1메가옴, 입력저항 < 100옴

여기서 DC 입력전원인 ±25볼트는 어디에서 나온 값일까? 이 값은 수준 0 요구사항인 ±20V AC 출력신호를 초과하는 값으로 정하게 되었다. 입출력저항은 어떻게 정한 것일까? 이 값은 상향식 사고, 즉 현재 기술을 감안하면 이 정도면 되지 않을까하는 경험치-주관적이지만 과학적 교육과 경험에 의거하여 제시되었다. '저항값' 에 대하여 정확한 요구사항은 모든 단계를 고려하여 설계를 하면서 정해지게 될 것이다. 다음은 고이득증폭기의 기능 요구사항에 대해 알아보자.

모듈	고이득증폭기
입력	– 오디오 입력신호 최대 0.5 V – 사용자 볼륨 조정은 가변통제 – 전원 ±25 V DC
출력	– 오디오 신호 최대 20 V 2.5 A
기능	조정 가능한 볼트이득 1~40을 제공. 입력저항 > 100 k옴, 입력저항 < 100옴

볼트이득 40은 전체적인 시스템전력과 이득요건을 고려하여 결정되고(볼트입력 최대 0.5 V는 20 V까지 증폭 가능해야 함), 저항은 전문가적 경험치이다.

전원출력 단계를 살펴보자.

모듈	전원출력 단계
입력	– 오디오 입력신호 최대 20 V – 전원 ±25 V DC
출력	– 오디오 신호 최대 20 V (2.5 A 수준에서)
기능	출력전류(저항부하 요구수준 2.5 A)에 대해 균일한 볼트이득을 제공. 입력저항 > 1메가옴, 출력저항 < 1옴

전원출력 단계에 대해 최대 20 V 요건은 위에서 설명한 바와 같지만 어떻게 이 값이 결정되었을까? 스피커를 구동하기 위한 전류는 옴의 법칙에 따라 계산되었다. 즉 $I = V/R = 20/8 = 2.5$ A.

마지막 모듈인 전력공급으로 넘어가자.

모듈	전원공급
입력	– 120 V AC rms.
출력	– 전원 ±25 V DC(3.0 A 전류 조정 < 1%)
기능	AC를 DC로 변환하고, 모든 완충기 구동에 필요한 충분한 전류 공급

전원 ±25 V DC를 공급하는 것은 앞서 설명한 바와 같고, 주의할 것은 3.0 A 전류는 최대 출력전력 요건인 2.5 A에 앞 단계에서의 완충기 구동에 필요한 전력을 더하여 산출되었다는 점이다.

마지막으로, 입출력 저항값이 현실적인지 검증해보자. 모델에서와 같이 점진적으로 완충기가 구동되는 단계에 대하여 볼트이득은 다음과 같다.

$$\begin{aligned} \text{Voltage gain} &= \text{gain}_1 \times \text{gain}_2 \times \text{gain}_3 \left(\frac{R_{\text{in2}}}{R_{\text{in2}} + R_{\text{out1}}} \right) \left(\frac{R_{\text{in3}}}{R_{\text{in3}} + R_{\text{out2}}} \right) \\ &= 1 \times 40 \times 1 \left(\frac{100\text{ k}}{100\text{ k} + 100} \right) \left(\frac{1\text{M}}{1\text{M} + 100} \right) \\ &\approx 40 \end{aligned} \quad (1)$$

5.5 디지털설계의 적용 사례

기능분할은 엔티티-아키텍처 설계의 방식으로 디지털시스템의 설계에 널리 적용된다. 여기서 입출력은 엔티티로, 기능은 아키텍처에 해당이 되는데, 단순한 기능을 가진 디지털 스톱워치의 실제 적용 사례를 보면서 이해하기로 하자. 공학적 요건은 아래와 같다.

- 버튼은 2개
- 시작, 정지, 초기화 기능
- 초는 16비트 2진수로 출력

수준 0

수준 0 다이어그램과 기능요건은 [그림 5-4]와 같다.

그림 5-4 수준 0 디지털 스톱워치 기능.

모듈	스톱워치
입력	– A: 버튼을 누르면 0으로 초기화 기능 – B: 버튼을 누르면 작동 및 정지 전환 기능
출력	– b_0~b_{15}: 16비트 2진수로 지난 시간을 초로 표시
기능	스톱워치는 시스템이 초기화 또는 정지 상태에서 B를 누르면 시간 측정 시작. 작동 상태에서 B를 누르면 정지. 초기화 버튼 (A)는 스톱워치가 정지 상태에 있을 경우에만 작동하며, 0으로 초기화

수준 1

수준 1은 (1) 초 계수기(Seconds counter, SC), (2) 시계분할기(Clock Divider, CD), (3) FSM(Finite State Machine)로 구성된 모듈 3개를 포함하고 있다([그림 5-5] 참조). 스톱워치는 초를 측정하고, SC는 초를 계수하여 소요된 초를 16진수로 출력한다. CD는 1 Hz 신호를 생성하여 SC에게 보낸다. FSM은 버튼의 상태에 반응하여 SC를 통제하는 신호를 생성한다. 하단의 시스템시계는 CD, FSM에게 시간을 공급하기 위해 포함되었다.

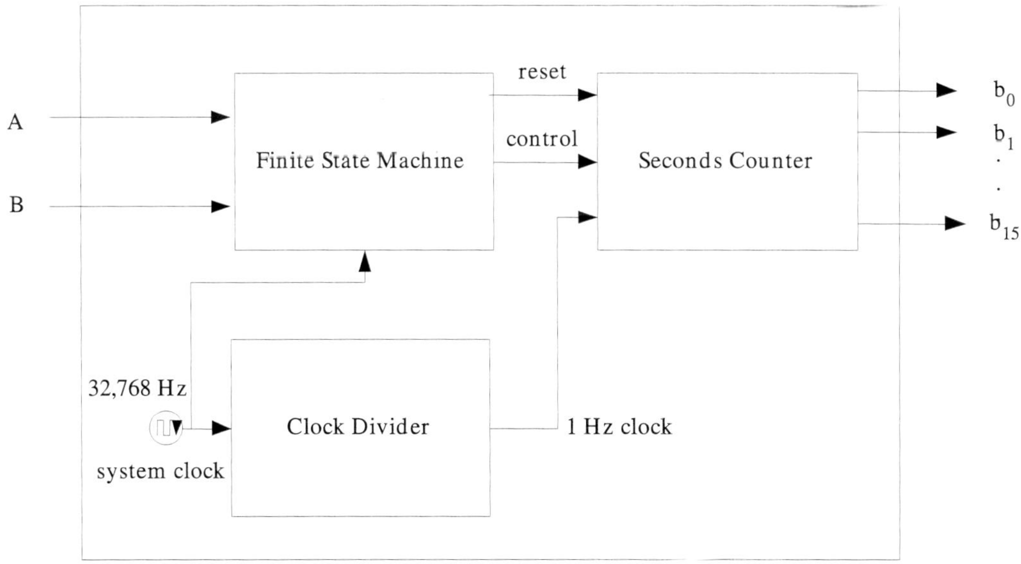

그림 5-5 디지털 스톱워치의 수준 1 설계.

수준 1 기능을 FSM부터 살펴보자.

모듈	FSM
입력	– A: 계수화 초기 신호 – B: 작동 및 정지 전환 신호 – 시계: 1 Hz 시계 신호
출력	– 초기화: 계수기 0으로 초기화 신호 – 통제: 계수기 활성, 비활성 신호
기능	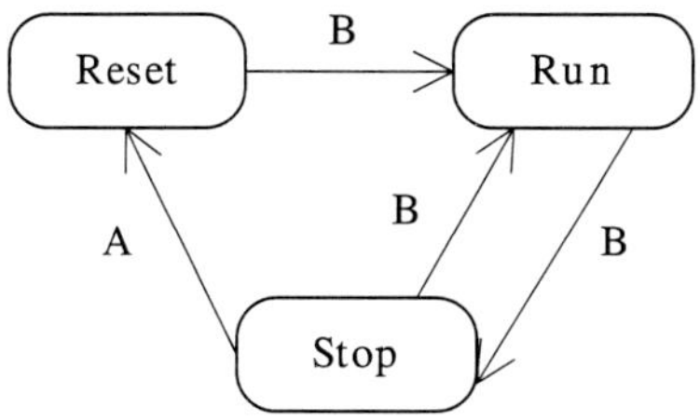

FSM 기능은 상태다이어그램으로 표현되었다. 이 표기법은 입력신호-반응에 따른 동적 기능을 나타내는 데 유용하다. 여기서는 버튼 작동에 따라 시스템의 상태가 어떻게 전환되는지 표현하고 있다(상세한 표기법은 6장 참조).

다음은 CD를 살펴보자.

모듈	CD
입력	– 시스템시계: 32,786 Hz
출력	– 내부시계: 소요 초에 대한 1 Hz 시계
기능	시스템 시간을 32,768로 나누어 1 Hz 시간을 산출

여기서 32,786 Hz는 (1) 2의 승수로서 디지털연산에 의해 용이하게 1 Hz 출력신호를 산출될 뿐만 아니라 (2) 버튼 작동을 감지하기 위해 충분한 비율을 고려하여 결정된 값이다.

마지막으로 SC를 살펴보자.

모듈	SC
입력	– 초기화: 계수기를 0으로 초기화 – 통제: 계수기 활성, 비활성 – 시계: 계수기 증가
출력	– b_{15}~b_0: 소요 초를 16비트 2진수로 표현
기능	활성화되면 초를 측정, 초기화신호 활성화되면 0으로 초기화

5.6 소프트웨어 설계의 적용 사례

소프트웨어에서의 기능분할은 대부분의 프로그래밍 언어에서 함수, 서브루틴 또는 모듈의 기능을 제공하고 있다는 점다는 쉽게 이해될 수 있다. 기능분할을 적용하면 반복적으로 호출되는 함수를 통해 중복코드를 최소화할 수 있다는 점에서 프로그램 개발을 단순화할 수 있다.

구조도는 1970년대 IBM에서 고안된 것으로 [Ste99] 기능적인 소프트웨어 설계를 시각적으로 나타내는 5가지 표현법을 활용하는데, [그림 5-6]에 소개되어 있다. 큰 화살표는 다른 모듈과의 연결을, 작은 화살표는 모듈 간에 교환되는 데이터/통제 정보를 나타낸다.

1) 입력모듈: 정보 입력
2) 출력모듈: 정보 출력

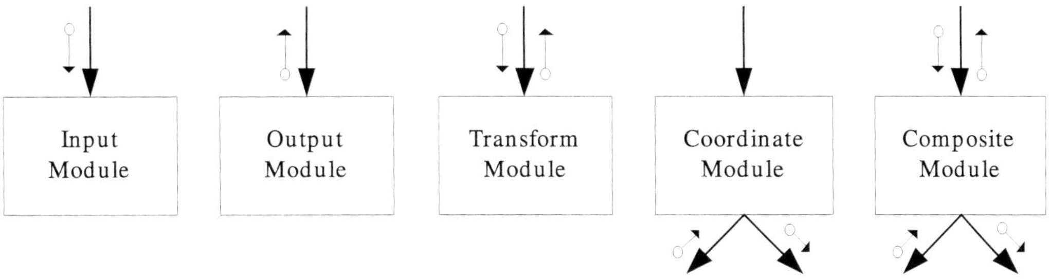

그림 5-6 기능적 소프트웨어 설계를 위한 모듈 형태. 큰 화살은 모듈간 연결을 의미하고 작은 화살은 데이터와 컨트롤 신호를 의미한다.

3) 변환모듈: 입력정보를 변환하여 출력
4) 조정모듈: 모듈 사이의 기능을 조정, 동기화
5) 조합모듈: 위 네 가지의 조합

아래 요구사항을 갖춘 소프트웨어 설계에 기능분할을 적용해보자.

- ASCII 정수 파일 입력
- 올림차순으로 정렬 후 디스크에 저장
- 평균값 계산
- 평균값을 화면에 출력

이 요구사항은 함수 한 개로도 충분히 수행될 수 있지만 설계요소를 보다 쉽게 재사용하고 테스트한 뒤 문제를 해결하기 위해서는 분할을 하는 것이 필요하다. 앞에서 서술된 공학적 요구사항이 전체 기능을 분할했기 때문에 도움이 될 것이다. [그림 5-7]에서는 `main`함수가 3개의 하위모듈을 호출하는 구조를 보여주고 있다. 구조도에서는 호출하는 순서를 나타내지는 않고 있지만 `main`함수가 `ReadArray`, `SortArray`, `ComputeMean` 하위 함수를 순서대로 호출하게 된다.

첫째로 파일명 `fname`을 `ReadArray`에서 넘겨주면 그 파일에 있는 배열수와 정수를 읽어서 `main`으로 넘겨준다. 여기서 사용자로 하여금 파일명을 입력하게 할 수 있지만 이런 방식을 항상 사용하는 것이 아니라는 점에서 함수의 재사용성을 제한할

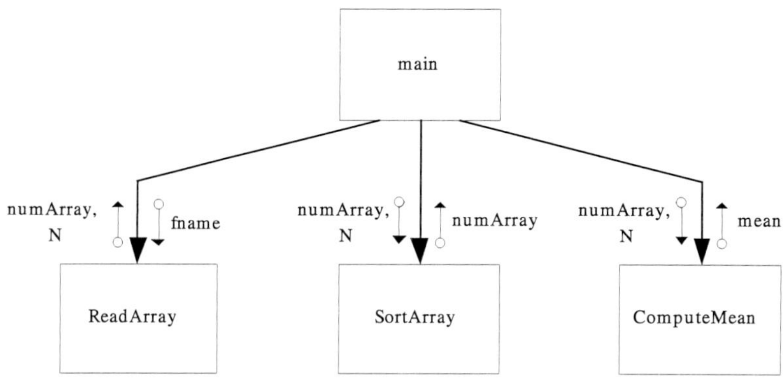

그림 5-7 정렬과 평균 계산 프로그램의 구조차트 설계.

수 있다는 점을 유념해야 한다. 다음으로 SortArray함수를 호출하면 배열을 정리하여 넘겨준다. 마지막으로 ComputeMean함수가 실행되면 정렬된 배열과 항목수를 읽어 평균을 계산하고 그 값을 main에 돌려준다.

[표 5-1]에 구조도에 나타난 각 모듈의 요구사항이 상세하게 서술되어 있다. 구조도는 각 모듈을 시각화하는 장점이 있지만 단점도 있다. 첫째로, 소프트웨어의 복잡성이 증가하면서 시각화에 한계가 있다. 이런 경우에는 분할수준을 높여서 복잡한 로직을 표현할 수 있다. 또한 구조도는 호출순서를 나타내지 못한다. 소프트웨어는 복잡한 여러 계층과 호출구조를 갖는 것이 보통이다. 예제에서는 비교적 단순하게 main함수가 다른 단일 계층에 있는 세 개의 함수를 호출하는 것이지만 좀더 복잡한 경우에는 다른 계층의 함수를 호출하게 된다. 기능적 설계는 그 규모가 작거나 어느

표 5-1 정렬 프로그램을 위한 함수 설계 요구사항

Module name	main()
Module type	Coordination
Input arguments	None.
Output arguments	None.
Description	The main function calls ReadArray() to read the input file from disk, Sort-Array() to sort the array, and ComputeMean() to determine the mean value of elements in the array. User interaction requires the user to enter the filename, and the mean value is displayed on the screen.
Modules invoked	ReadArray, SortArray, and ComputeMean.

Module name	ReadArray()
Module type	Input and output
Input arguments	– fname[]: character array with filename to read from.
Output Arguments	– numArray[]: integer array with elements read from file. – N: number of elements in numArray[].
Description	Read data from input data file and store elements in array numArray[]. The number of elements read is placed in N.
Modules invoked	None.

표 5-1 정렬 프로그램을 위한 함수 설계 요구사항 (계속)

Module name	SortArray()
Module type	Transformation
Input arguments	– numArray[]: integer array of numbers. – N: number of elements in numArray[].
Output Arguments	– numArray[]: sorted array of integer numbers.
Description	Sort elements in array using a shell sort algorithm. Saves the sorted array to disk.
Modules invoked	None.

Module name	ComputeMean()
Module type	Input and output
Input arguments	– numArray[]: integer array of numbers. – N: number of elements in numArray[].
Output arguments	– mean: mean value of the elements in the array.
Description	Computes the mean value of the integer elements in the array.
Modules invoked	None.

정도 복잡하지 않은 정도의 소프트웨어 설계에 적합하고, 보다 복잡한 대규모 소프트웨어에는 객체지향적 설계가 적합하다.

5.7 온도계 설계의 적용 사례

마지막 사례는 아날로그와 디지털 모듈을 모두 포함한 온도계의 설계로서 요구사항은 다음과 같다.

- 측정온도 0~200°C
- 정확성 0.4% 이내
- 소수점 1자리 온도를 디지털방식으로 표시

- 120 V, 60 Hz AC 전원으로 작동
- 측정범위 구간에서 0.55°C 정확한 RTD(Resistance Temperature Detector: 저항온도지시계) 사용. RTD 저항은 100 Ω(0°C)부터 178 Ω(200°C)까지 선형적으로 변동(3장에서 설명한 추상화의 원칙을 위반하지만 해결방안에 해당하므로 학습목적상 명시함).

수준 0

시스템의 목적이 측정온도를 디지털로 표시하는 것이므로 이를 수준 0으로 표시하면 [그림 5-8]과 같다.

모듈	디지털온도계
입력	측정온도 0~200°C 전원 120 V AC
출력	디지털온도 표시: 4자리(소수점 1자리)
기능	정확성 0.4% 이내 디지털 온도 표시

수준 1

사례에서 수준 1의 아키텍처는 [그림 5-9]에서 볼 수 있다. 온도변환계(Temperature Conversion Unit, TCU)는 RTD를 사용해 주변 온도를 아날로그 볼트값으로 변환하고, 이 값은 A/D변환기(Analog to Digital Converter)에 의해 샘플링되어 N 비트 2진수 출력값으로 변환되어 BCD(Binary Coded Decimal)로 변환된다. BCD는 4자리 10진수 표현으로, 각 자리는 0~9의 값을 말한다. 따라서 BCD전환계(BCD

그림 5-8 수준 0 디지털 온도계 기능성.

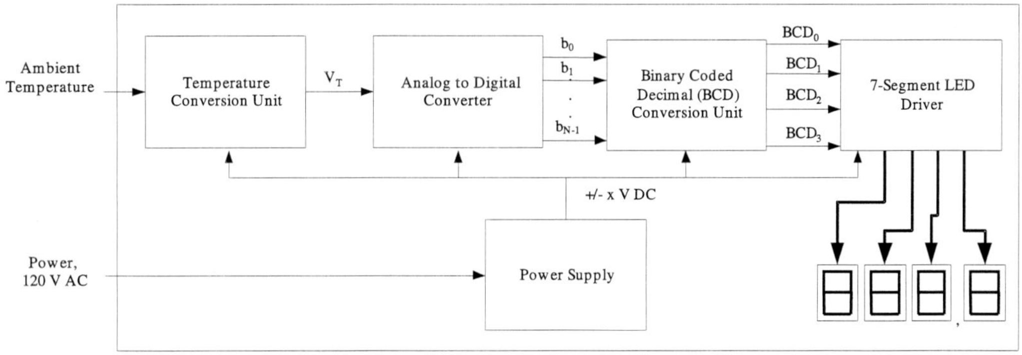

그림 5-9 디지털 온도계의 수준 1 설계.

Conversion Unit)는 4자리 10진수의 값을 출력하게 된다. 흔히 사용되는 7-세그먼트 LED를 조합하여 숫자를 표현하지만 직접 BCD를 입력받지는 않고 7개의 입력값을 개별적으로 변환하여 표시기의 세그먼트를 통제한다. 요구사항에서는 비용, 크기를 제한하지 않았을 뿐만 아니라 환경변수도 별도로 지정하지 않아서 다양한 설계가 가능하다. 예를 들어, '아날로그-디지털 전류변환기', 'IC온도감지패키지' (Integrated Circuit Temperature Sensing Package), '마이크로컨트롤러' 와 같은 여러 해결방안이 고려될 수 있는 것이다.

시스템설계 관점에서 보면, 필요한 정확성은 유지하면서 각 하위시스템이 발생시킬 수 있는 최대오류를 파악할 수 있도록 오류 예측이 필요하다. 사례에서 오류는 온도변환계와 A/D변환계에서 발생할 수 있다(반면 그 외 디지털 부품에서는 아님). 시스템의 정확성은 0.4%이며, 이는 최대치인 200°C에서는 0.8°C에 해당하는 값이다. 각 모듈을 검토해보자.

수준 1에 포함된 모듈의 기능을 TCU(온도변환계)부터 설명해보자.

모듈	TCU (온도변환계)
입력	- 측정온도 0~200°C - 전원 ?V DC (전자기기 구동에 필요)
출력	- V_T: 온도비례 볼트. $V_T = \alpha T$이고 변동범위는 ?~?V
기능	출력볼트를 생산하고 온도에 선형적으로 비례한다. 정확성 요건은 ?%.

위 표에서 보듯이 일부는 그 값을 미정으로 하고 있다. 전자기기 구동에 필요한 볼트가 그 예인데 무리하지 않은 가정은 할 수 있다. 출력볼트 범위와 정확성 역시 미정으로 남겨두고 있다. RTD의 발생오류인 0.55°C와 더불어 전자기기 그 자체로도 일정 부분의 오류가 불가피하게 발생하게 될 것이다. 전문가적 경험치에 따라 TCU의 최대 허용오류를 0.6°C로 결정하자. 이 말은 전자기기에서 발생하는 오류는 0.05°C 이하를 의미한다(RTD 발생오류 0.55°C를 제외하면).

다음은 A/D변환기를 보자.

모듈	A/D변환기
입력	– V_T: 온도비례 볼트. $V_T = \alpha T$이고 변동범위는 ? ~ ? V – 전원 ? V DC
출력	– $b_{N-1} \sim b_0$: V_T값의 ?-bit 2진 표현
기능	아날로그입력을 디지털 2진값으로 변환

A/D변환기를 설계하는 것은 이미 부품이 얼마 되지 않는 비용으로 즉시 구매가능하기 때문에 불필요할 수 있다. 여기서는 주어진 요구사항에 따라 변환기를 선정해보자. 사례에서는 비트수와 입력볼트값의 범위가 미정이다. 여기서 비트수가 많을수록 정확성이 향상하므로 비트수의 결정은 중요하다. 비트수는 (1) A/D허용오류(0.2°C), (2) 샘플구간수, (3) 온도범위에 따라 다음과 같이 산정될 수 있다.

$$\text{최대 오류} - \frac{\text{온도범위}}{\text{샘플구간수}} = \frac{200°C}{2^N} \leq 0.2°\text{C} \quad \Rightarrow N \geq 9.97\,\text{비트} \qquad (2)$$

따라서 A/D변환기에는 최소 10비트가 필요하다. 여기서 볼트구간은 어떻게 선정되었을까? 이 값은 보통 특정 IC에 따라 결정되지만 비트의 효율적 활용을 위해 TCU(온도변환계)의 출력값과 일치해야 한다.

다음은 BCD변환계를 살펴보자.

모듈	BCD변환계
입력	– 10비트 이진수(b_9~b_0): 0.0~200.0°C 구간 표현 – 전원 ? V DC
출력	– BCD_0: 4비트 BCD표현 1/10단위(소수점 뒤) – BCD_1: 4비트 BCD표현 1단위 – BCD_2: 4비트 BCD표현 10단위 – BCD_3: 4비트 BCD표현 100단위
기능	10비트 이진수를 BCD표현(온도)으로 변환. 초당 2회 표시 갱신

BCD변환계가 하는 일은, 부품을 설계하는 차원으로 가면 그렇지 않지만 꽤 단순한 편이다.

다음은 마지막 모듈인 7-세그먼트 LED의 기능설계를 살펴보자.

모듈	7-세그먼트 LED 드라이버
입력	– BCD_0: 4비트 BCD표현 1/10단위(소수점 뒤) – BCD_1: 4비트 BCD표현 1단위 – BCD_2: 4비트 BCD표현 10단위 – BCD_3: 4비트 BCD표현 100단위 – 전원 ? V DC
출력	4개의 7-세그먼트 드라이버 라인
기능	BCD를 변환하여 각 자리수의 출력값으로 7-세그먼트 LED를 발광하여 온도표시

사례를 보다 완전하게 이해하기 위하여 전원공급의 기능설계를 살펴보자. 앞 5.4절에서 설명한 오디오증폭기 설계에서의 전원공급과 많이 틀리지 않다.

모듈	전원공급
입력	– 120 V AC rms.
출력	– ± ? V DC(최대 ? mA 전류) – 전류조정 ?%
기능	AC를 DC로 변환하고, 모든 회로부품 구동에 필요한 충분한 전류 공급

이 정도면 중요한 하위시스템에 대한 요구사항 검토는 완료되었고, 부품단의 설

계를 살펴보자. 상세설계는 여기서 배제하기로 하고 핵심적인 사항만 논의한다. 첫째, 다양한 전자회로 대안이 있고(4.3.3절에서 설명한 inverting op amps, single BJT, current mirrors 등), 이를 TCU에 있는 RTD의 구동에 필요한 전류원으로 사용할 수 있다는 점이다. 중간 해상도급의 A/D변화계가 필요하고 그 입력볼트 범위가 TCU모듈의 출력볼트 요건으로 주어진다. BCD변환회로는 조합형 디지털 논리설계(비연속적 게이트의 수가 많아 느림)보다 효율적이지만 느린 순차형 논리설계를 적용할 수 있다. 마지막으로 7-세그먼트 표시변환기는 BCD입력–출력매핑에 필요한 조립형 논리설계를 사용하여 설계할 수 있다.

5.8 결합도와 응집도

여기서는 설계모듈의 설계에 빠뜨릴 수 없는 핵심 개념인 결합도와 응집도를 살펴보고 이 장을 마치기로 하자. 이 개념은 처음에 소프트웨어 설계에서 유래되었으나 [Ste99] 전자/컴퓨터 설계에도 유용하게 적용될 수 있다. 중요성을 이해하기 위해 모듈의 수와 그 연결성을 살펴보자. 모듈이 2개인 경우, 그 연결은 많아야 1개이다. 모듈이 3개로 늘어나면 연결은 3개, 모듈이 4개이면 연결은 6, 모듈이 5개면 연결은 10개로 늘어난다. 여기서 중요한 점은 시스템에서 모듈의 수를 많게 구성하면 연결은 급증하게 된다는 점이다. 이를 식으로 나타내면

$$\text{연결}_{\max} = \frac{n(n-1)}{2} \tag{3}$$

모듈은 실행이 되려면 서로 연결이 필요하다. **결합도**는 모듈 또는 하위시스템의 연결 정도를 나타낸다[Jal97]. 결합도는 아직 수학적인 정의가 다양하지만 두 모듈끼리 서로 통제하고 데이터의 교환이 늘어나면 그 결합도도 당연히 크게 된다. 문제는 시스템이 결합도가 크게 구성이 되면 어느 한 모듈을 변경할 때 (관계없어야 할) 다른 모듈도 서로 영향을 받는다는 점이다. 좀 극단적인 예이기는 하지만 모듈이 모두 연결된 시스템을 생각해보자. 어느 한 모듈에서 오류가 발생하면 이는 다른 모든 모듈에 파급된다. 이런 관점에서 보면 결합도는 최소화하여 시스템을 구성하는 것이

바람직하다. 물론 기능분할을 해나가면서 결합도를 발생시킨다는 점은 피할 수 없기는 하다.

결합도는 (1) 모듈의 연결을 줄이거나, (2) 응집도를 높이는 방법을 통해 줄일 수 있다. 여기서 **응집도**는 모듈이 얼마나 일관되게 초점이 맞추어져 있는가로 설명될 수 있다. Stevens et al.[Ste99]는 응집도를 그 강도에 따라 우연, 논리, 시점, 소통, 순차, 기능 등 6가지로 분류했다(보다 자세한 정보는 원전을 참조하라). 여기서 강조할 점은 응집도가 높도록 모듈을 설계하는 것이 바람직하다는 것이다. 따라서 기능분할의 원칙에 따라 각 모듈의 기능을 면밀하게 구성하여 단일의 기능적 목적을 수행하도록 하는 것이 필요하다. 중요한 설계원칙을 꼭 이해하도록 하자—"결합도는 최소화, 응집도는 최대화."

결합도와 응집성은 개발 후 단계인 테스트와 시스템 통합에 영향을 미친다. 어느 한 모듈이 응집성이 높다고 하자. 그러면 다른 모듈에 대해 비교적 독립적으로 테스트가 가능하다. 이는 개발된 대상(응집성이 높은) 모듈을 시스템에 통합하지 않고도 테스트할 수 있게 된다. 반대로 응집성이 낮은 모듈은 다른 모듈에 종속적으로 테스트하게 됨으로 시스템이 통합되고 나서야 테스트가 가능하다는 단점이 있다.

[그림 5-3]에서 소개된 증폭기 설계를 예로 들어보자. 각 단계가 잘 정의된 증폭 기능을 수행하도록 응집성이 높게 설계되었으므로 이들 단계는 전체 시스템과 독립적으로 기능을 수행할 수 있다. 결합도는 어떨까? 각 단계의 입출력 정보를 고려하면 결합도(연결정도)는 매우 낮게 설계되어 있다. 가장 결합도가 높은 모듈은 전원공급으로 이 부품이 잘못될 경우 전체 시스템에 치명적이게 된다. 이 경우 결합도는 순차적인 단계에서 저항매칭으로도 이해할 수 있는데, 식 (1)의 볼트분할과를 만들어내게 된다. 볼트 증폭을 하는 목적은 높은 입력저항값과 낮은 출력저항값을 갖는 것으로, 이런 방법을 통해 볼트의 손실과 결합도를 감소시킬 수 있다. 어차피 입력저항값이 무한대, 출력저항값이 0이 아니므로 각 단계들이 서로 완전히 비결합될 수는 없다. [그림 5-4]의 전원공급계를 구성한 모듈들은(rectifier, smoothing filter, regulator) 서로 연결성이 높으므로 결합도가 높아서 전원공급계를 또 기능분할하여 결합도를 조정하는 것은 어려운 일인 것이다(보다 자세한 설명은 [Sed04] 참조).

다른 예로 소프트웨어 설계를 보자. 함수 1개에 1000줄인 경우와 함수 15개에 1500줄(함수 1개에 100줄씩)인 경우를 비교해보자. 두 경우 모두 동일한 기능을 수행하는 경우 어느 것이 빠르게 수행될까? 아마도 첫 번째(함수 1개에 1000줄)가 잘 통합되어 있어 복수의 함수호출에 따른 손실이 없기 때문에 빠를 것이다. 그렇다면 향후 1년 후에 업그레이드와 유지보수를 한다면 어느 쪽이 보다 용이할까? 이는 두 번째(함수 15개 100줄씩)가 답이 될 것이다. 결합도가 낮고 응집성이 높은 경우 설계와 테스트에 유리하겠지만 성능을 고려하면 그렇지 않다는 것을 유념해야 한다.

5.9 프로젝트: 기능설계

기능설계를 문서화하고 정의하는 절차를 설명하면 다음과 같다.

수준 0의 설계

- 각 모듈에 대해 입출력이 포함된 블럭다이어어그램을 정의
- 기능요구사항을 표현 (입력, 출력, 기능으로 구성된) 기능요구사항을 정의

수준 1의 설계

- 모든 모듈과 그 관계가 포함된 수준 1 다이어그램(시스템 아키텍쳐)을 성의
- 모듈이 상호 유기적으로 작동하는 방식을 정의
- 수준 1에 해당하는 각 모듈에 대한 기능요구사항을 정의

수준 N의 설계

- 수준 1에서와 같은 설계를 필요 수준까지 계속 반복

대안의 설계

- 4장에서 설명한 개념평가방법에 기초하여, 복수의 대안을 정의하고 최종안의 선정기준과 비교기준을 정의

5.10 요약 및 참고문헌

본 장은 기능분할설계기법을 소개하였다. 각 수준은 하위모듈로 나누어 분할설계되는데, 여기서 상위수준은 하위수준의 도메인이 된다. 모듈은 입력, 출력 및 기능으로 정의된다. [그림 5-1]에서의 표현된 설계절차와 5.3절의 설계도움말을 적용하면 유용하다. 기능분할은 다양한 형태의 시스템을 설계하는 데 유용한데, 본장에서는 아날로그전자기기, 디지털전자기기 및 소프트웨어의 사례를 살펴보았다.

Cross(2000)는 기계시스템의 사례에 대해 기능분할기법을 적용하여 설계하는 과정을 잘 설명하고 있는데 본장에서와 같이 기능요구사항을 상술하지는 않았다. Stevens et al.(1999)은 구조적 설계의 진화과정을 잘 설명하고 있는데 결합성과 응집성의 원칙도 다루고 있다. 결합성과 응집성은 Jalote(1997)에서 깊이 있게 설명하고 있다. 구조적 설계를 상세하게 다룬 책은 The Practical Guide to Structured Systems Design (Page-Jones, 1988). 이 책에서는 DFD도 같이 설명되어 있다. 마지막으로 온도계설계 사례는 Stadmiller의 저서(2001)에서 착안하였다.

5.11 학습문제

5.1 **상향식**과 **하향식** 설계의 차이를 설명하시오.

5.2 오디오 그래픽 이퀄라이저(EQ)의 기능설계를 작성하시오. EQ는 오디오신호를 주파수밴드로 분할하고, 이 신호를 사용자가 원하는 주파수 대역별로 구분하여 증폭한 후 다시 합성한다. 설계는 아날로그 또는 디지털방식으로 처리할 수 있다. 설계의 수준, 기능요구사항, 아키텍처 수준별 작동방식을 명확하게 인식하여 기능설계에 반영하시오.

시스템은

- 오디오입력신호 저항 1000 Ω 및 최대 입력볼트 피크 대 피크 1 V
- 오디오볼륨제어 가능

- 최대 40W 8 Ω 스피커
- 주파수 대역밴드 4개 제공(주파수 범위는 선택가능)
- 표준 전원 120 V rms로 동작

5.3 자전거의 속도를 측정하여 표시하는 시스템의 기능설계를 작성하시오. 설계의 수준, 기능요구사항, 아키텍처 수준별 작동방식을 명확하게 인식하여 기능설계에 반영하시오.

- 순간속도 0~75 mph (miles per hour) 측정 1%의 오차 내
- 속도를 소수점 1자리로 디지털 표시
- 타이어 직경 19, 24, 26, 27인치에 대해 작동

5.4 아래 C++프로그램에 대해 구조도를 작성하시오.

```
void IncBy5(int &a, int &b);
int  Multiply(int a, int b);
void Print(int a, int b);

main(){
   int x=y=z=0;
   IncBy5(x,y);
   z=Mult(x,y);
   Print(x,z);
}
void IncBy5(int &a, int &b) {
   a+=5;
   b+=5;
   Print(a,b);
}

int Multiply(int a, int b){
 return (a*b);
}

void Print(int a, int b) {
   cout << a << ", " << b;
}
```

5.5 아래 요건을 충족하는 소프트웨어의 기능설계를 작성하시오.

- ASCII파일에서 (소수점이 있는) 숫자 열을 읽음

- 평균, 최빈값, 표준편차를 계산
- 평균, 최빈값, 표준편차를 저장

설계는 모듈로 구성해야 하고 각 모듈에 대해서 (a) 구조도와 (b) 기능의 설명을 작성하시오.

5.6 설계에서 결합성이란 무엇을 의미하는지 자신이 이해한 바를 설명하시오. 결합도가 낮은 설계와 높은 설계의 장점을 설명하시오.

5.7 [**프로젝트 응용**] 수행하는 프로젝트에 대해 기능설계를 작성하시오. 설계결과를 작성할 때는 5.9장 가이드라인을 참조하시오.

Chapter 06

시스템설계 II: 동적모델

"천재는 1%의 영감과 99%의 노력으로 만들어진다." —토마스 에디슨

5장에서는 입출력과 기능을 기술하는데 적용할 수 있는 강력한 시스템 모델링 도구인 기능분할 기법을 살펴보았다. 그러나 이 기법은 표현에 있어 한계를 내재하고 있다. 따라서 우리는 앞서 디지털 스톱워치를 설계할 때 상태다이어그램을 활용하여 기능분할 기법의 부족한 부분을 모델링한 바 있다. 상태다이어그램은 모델링하는 표준화된 도구의 하나로 소개되었다. 모델이란 시스템을 추상화하는 것으로 앞서 설명한 바와 같이 구현상세를 감추고 시스템을 기술하는 것으로, 여러 도구를 활용하여 표현될 수 있으며 그 의도 또한 서로 다를 수 있다.

이 장에서는 컴퓨터시스템에 초점을 맞추어 동적측면을 설계하는 도구에 대해 살펴본다. 우선 상태다이어그램과 흐름도(알고리듬 및 논리의 설계)를 배우게 된다. 다음으로 데이터모델링 도구인 데이터흐름도(Datat Flow Diagram, DFD), 엔티티관계도(Entity Relationship Diagram, ERD) 도구를 소개한다. 마지막으로 시스템을 다양한 관점에서 기술할 수 있는 UML을 학습한다.

▶▶ 학습 목표

1. 시스템의 동적인 면을 기술할 수 있는 도구(상태다이어그램, 흐름도, DFD, ERD, UML)를 학습한다.

2. 다양한 도구의 사용 목적과 표현력에 대해 학습한다.
3. 모델의 적용 가능한 도메인(영역)을 이해한다.
4. 모델을 통한 분석용계 수행능력을 배양한다.
5. 주어진 설계문제에 적합한 모델링 양구를 선별한다.

6.1 모델

앞서 하향식설계란 대상 시스템을 추상화하면서 출발한다고 설명했다. 초기설계는 추상화라고 부르는데 그 이유는 그것이 물리적으로 어떻게 구현될 것인지 결정하지 않고 시스템의 본질적인 특징을 모델링한 것이기 때문이다. 여기서 추상화, 즉 표준적인 표기법에 따라 표현된 것을 모델이라고 한다. 모델이란 물리적인 구현을 명세하지 않고 시스템, 프로세스, 객체의 핵심적인 상세함을 포착하여 표준화된 표현으로 나타낸 것을 말한다. 모델링언어는 글이나 문자로 구성될 필요는 없다(문자 역시 도형적인 기호인 경우가 많다). 일생생활에서 이미 많은 모델을 보아왔는데, 예를 들면 청사진, 축구경기도, 바느질 설명서, 전자도해, 수학 공식과 같이 몇 가지 예만 들어도 많다. 효과적인 모델은 아래 기준을 충족해야 한다.

- 추상화되어 있어야 한다. 구현 내용이 포함되지 않고 설계에 따라 다양한 구현이 가능해야 한다.
- 애매모호하지 않아야 한다. 모델은 그 의도하고자 하는 의미가 명확해야 한다.
- 혁신적인 사고를 허용해야 한다. 모델을 통하여 다양한 구현 대안이 검토될 수 있도록 해야 한다.
- 표준화되어야 한다. 누구나 이해할 수 있는 표준표기법을 통해 모델링하여 비표준화로서 이해하기 어려운 모델을 지양해야 한다.
- 의사소통 수단을 제공해야 한다. 설계팀 내부뿐만 아니라 기술적이지 못한 이해관계자와 쉽게 의사소통될 수 있어야 한다.
- 수정 가능해야 한다. 모델은 그 설계 상세를 수정하는 것이 어렵지 않도록 해야 한다.
- 불필요하거나 중요하지 않은 상세를 제거해야 한다. 이해용이성을 위해 설계를 단순

화하고, 매우 자세한 정보는 상세 설계에 반영하도록 한다.

- 전체 문제를 분할하여 세분화해야 한다. 보통 문제란 있는 그대로 다루기에는 복잡해서 하위시스템으로 분할해야 한다. 이럴 경우 설계계층이 구성된다.
- 일련의 활동을 단일 활동으로 대체해야 한다. 이렇게 함으로써 전체적인 측면을 용이하게 이해하고, 차츰 설계를 상세하게 분할해가면서 보다 낮은 수준에서 이해할 수 있게 된다.
- 확인에 도움이 되어야 한다. 설계가 공학적 요구사항을 충족하고 있는지 확인에 도움이 되어야 한다.
- 검증에 도움이 되어야 한다. 사용자 요구사항을 충족하면서 시스템이 올바르게 설계되었는지를 확인하는 것을 검증이라고 하는데, 모델은 요구사항이 충족되었는지 이해관계자와 검토할 수 있도록 해야 한다.

이런 특징을 충족하기 위해 모델은 목표시스템의 구현에 사용되는 실제 요소를 숨길 수 있는 **객체타입**을 제공한다. 또한 객체의 상호의존성을 구현하기 위해 **관계타입**도 제공한다. 마지막으로 모델은 기술하려는 시스템의 동적인 면에 대한 **의도**를 갖는다. 예를 들어, 전자회로도와 축구경기도는 의도가 서로 완전히 다르다. 이와 같이 서로 의도가 다르므로 특정한 시스템에 대해 모델링 방법을 잘못 선택하는 실수도 가능하다. 이 경우 축구경기를 전자회로도를 모델링하는 데 사용하는 칩이나 레지스터로 모델링하는 놀라운 일도 있을 수 있다.

모델은 시스템의 주요한 상세를 표준적인 방법으로 포착하는 것으로 모든 상세한 수준에서 시스템의 기능을 기술하는 이상적인 방법인 것이다. 5장에서는 시스템의 기능을 기술할 때 자연어를 사용했지만 여기서는 시스템의 동적인 면을 기술하는 도구를 배워보자. 우선 상태다이어그램부터 시작한다.

6.2 상태다이어그램

상태다이어그램은 기억장치가 있는 시스템의 동적인 면을 기술하는 도구이다. 기억장치 기반시스템은 자신의 상태에 따라 입력에 다른 기능을 수행할 수 있다. **상태**는 이

전까지 시스템에 대한 입력에 어떻게 반응했는지 살펴보면 알 수 있다. 따라서 상태는 이전의 입력 이력을 특징적으로 나타내기 때문에 기억장치(*memory*)라는 단어와 동의어로 쓰인다. 상태는 시스템의 작동방식, 입력은 상태 간의 전환과 밀접한 관계가 있다. 시스템에 기억장치가 있는지 알아보기 위해 다음과 같은 질문이 유용하다. "동일한 입력이 다른 출력을 만들어내는가?" 이 질문에 '그렇다' 라고 한다면 시스템은 기억장치가 있는 것이고 상태다이어그램을 통한 모델링이 유용하다.

상태다이어그램은 [그림 6-1]에서 보듯이 '상태' 와 '전환(transition)' 의 표기법을 제공한다. 상태는 '둥근 사각형' 으로 모델링하고 그 안에 상태 이름을 적어넣는다. 물론 상태 이름은 의미가 있도록 짓고, 명칭이 애매모호할 경우에는 이름과 의미를 표로 만든다. 시작과 끝은 원으로 표기한다(표기법은 [그림 5-1] 참조). 전환은 상태 간에 이동을 나타내는 화살표로 나타낸다. 입력이 상태 간의 전환을 유도하므로 입력을 화살표에 병기한다. 출력은 상태와 관련이 있으므로 상태에 직접 적어넣는다.

동전 250원을 넣으면 사탕이 나오는 자판기를 상태다이어그램으로 모델링해보자. 이 경우 사탕값에 맞는 동전이 250원이 투입되었는지에 따라 다른 상태를 갖게 된다. 5장에서 기능분할에 사용되었던 서식을 이용해 모델을 기술해보자([그림 6-2]).

초기화 상태는 0원으로 명칭이 부여되었고, 사탕의 판매는 상태에 따라 결정된다(판매는 250원의 상태에서 이루어짐). 전환은 (1) 100원 주화, (2) 50원 주화, (3) 무조건 전환(250원에서 처음으로 초기화)으로 구분된다([그림 6-2] 참조). 마지막 무조건 전환을 수행하는 상태는 어떤 상태로 대기하고 있다가 자동으로 다음 상태로 이동하는 것을 말한다. 이런 경우는 흔하게 볼 수 있는데 투입된 동전이 200원일 경우는 더 이상 동전 투입이 없으면 대기상태로 있게 된다. [그림 6-2]에서는 마지막 상태에서 동전의 거스름돈이 지급되는 상태는 고려되지 않았다. 물론 이런 시스템은 사용자에게 불리한 것으로 실제에는 거스름돈이 반영되어 시스템이 만들어져야 한다.

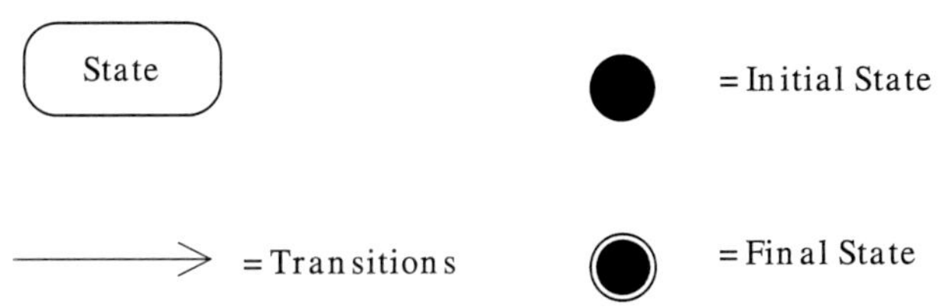

그림 6-1 상태도에 사용되는 심볼.

모듈	자판기 통제부
입력	– 100원: 주화 100원 투입신호 – 50원: 주화 50원 투입신호
출력	– 초기화: FSM의 초기화 상태로 전환 신호 – 판매: 사탕 배출 신호
기능	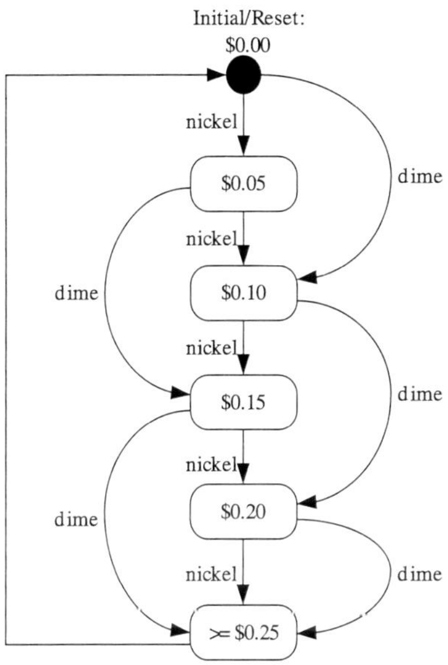

그림 6-2 단순 자판기의 상태도.

6.3 흐름도

흐름도의 의도는 프로세스 또는 알고리듬을 시각적으로 기술하는 것이다. 흐름도는 사용한 지 오래된 구식이라는 점과 매우 단순하다는 점이 단점이 되면서 동시에 장점이 되기도 한다. 흐름도는 사용한지 오래되어서 누구나 쉽게 이해될 수 있으며 단순해서 널리 사용되기도 한다. 이러한 단순성으로 인해 업무 프로세스를 기술하는데 유용하게 사용된다.

흐름도에 사용되는 기호는 [그림 6-3]과 같다. 시작과 끝은 타원형으로 나타내고, 절차는 사각형으로 나타내며 명칭은 그 안에 적어넣는다. 상세 프로세스는 띠를

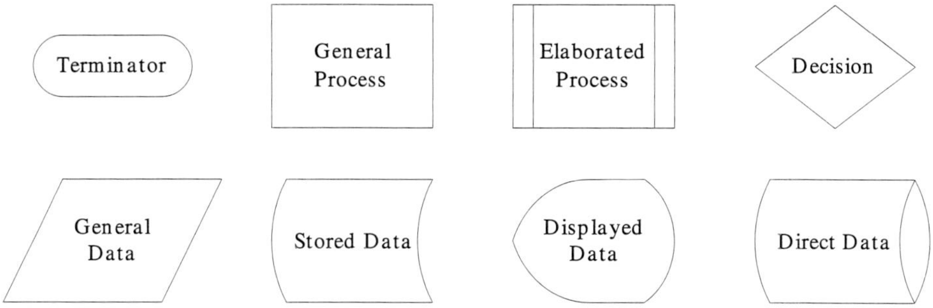

그림 6-3 기초 흐름도 심볼.

두른 사각형으로 나타내며 계층적인 설계에 유용하다. 다이아몬드와 같은 마름모는 결정이 필요한 경우 사용하며, 명칭은 그 안에 적어넣고 산출값은 배출되는 화살표에 적는다. 데이터 조회 또는 저장 기능을 나타내는 표기법은 3가지가 제공된다([그림 6-3] 참조).

[그림 6-4]에서 흐름도로 표기된 조도를 측정하는 임베디드시스템의 경우를 살펴보자. 흐름도에서 보듯이 절차는 이해하기 어렵지 않다. 시스템이 현재 조도값을 읽고, 이를 배열로 저장하고, 평균을 계산한다. 흐름도 중간에 상세 프로세스가 있는데, 이는 1 ms를 대기하고 단말기에 평균을 표시하고 키 입력값을 확인한다. 키 입력이 없는 경우 조도 수준을 계속 측정하고, 있는 경우에는 시스템은 종료된다.

흐름도는 알고리듬이 있는 프로세스를 표현하는데 유용하다. 직관적이기는 하지

모듈	조도 수준 데이터기록기
입력	– 주변 조도강도 – 키입력: 데이터기록의 사용자 중지 요청
출력	– 단말기: 조도강도 평균 표시 – 디스크: 조도강도기록 시간대별 저장
기능	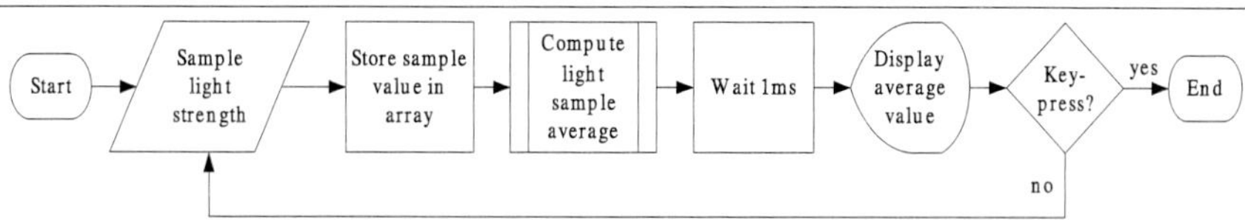

그림 6-4 임베디드 시스템 흐름도 예시.

만 10~20개 정도의 절차로 흐름도를 구성하여 복잡성을 제한하는 것이 이해를 도울 뿐 아니라 불필요한 상세를 배제하는데 유용한 기준이 될 수 있다. 흐름도는 데이터 구조를 나타내거나 동시적인 프로세스를 표현하기에는 부족하다. 이런 점에서 유용한 DFD를 살펴보자.

6.4 DFD

DFD는 시스템에서 사용하는 데이터의 처리와 흐름을 모델링하는 의도를 지녔다. DFD는 데이터 입력과 이를 처리하여 데이터 출력을 나타내는 기능적인 접근법이며 이런 점에서 기능분할과 유사하다. DFD는 데이터에 중심을 둔다는 측면에서 정보시스템에 유용하지만 전자/컴퓨터 시스템에도 넓게 적용 가능하다. DFD는 기능분할과는 다른 점이 있는데, 후자가 설계의 구현에 보다 가까운 반면, 전자는 데이터관점에서 시스템을 모델링한다. 또한 흐름도와 비교하면 DFD는 통제, 순차적인 정보를 나타내지 않는 반면 동시적인 복수절차의 표현이 가능하다. [그림 6-5]에서 보듯이 DFD에서는 4가지 기호를 사용한다.

1) 프로세스: 데이터를 변환하는 작업 또는 기능(사각형)
2) 데이터 흐름: 프로세스를 연결하는 데이터 연관관계를 표시(화살표)
3) 데이터 저장: 데이터 저장소를 나타냄(한 면이 열린 사각형)
4) 인터페이스: 시스템을 사용하는 외부 에이전트 또는 엔티티를 표현. 소스 또는 싱크로 불리움(사각형)

다른 설계절차와 같이 DFD는 하향식으로 수행하며 반복적으로 상세화된다. 제

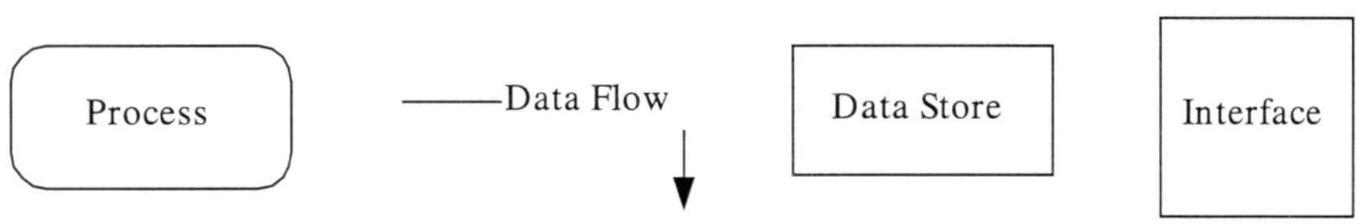

그림 6-5 데이터흐름도 심볼.

일 높은 수준 0이 하나 있고, 여기서 전체 시스템, 인터페이스, 데이터 저장소를 기술한다. DFD 작성규칙은 직관적인데 프로세스는 입출력이 반드시 존재해야 한다. 수준 *N*에서의 프로세스에 대한 입출력 수는 하위 수준 *N*-1에서와 일치해야 한다. 데이터는 프로세스에 의해서만 변환된다. 프로세스는 만족할 수준에 이를 때까지 반복되어 상세화한다.

[그림 6-6]은 비디오 조회시스템에 대한 수준 1의 DFD를 나타내고 있다. 비디오 DB는 그 규모가 클 뿐만 아니라 미리보기와 관련 정보를 조회하는 것이 쉽지 않다. 주요 비디오 장면을 식별, 그 위치와 장면의 요약에 해당하는 프레임을 저장해놓을 수 있는 이미지 분석기법을 적용하면 좋은 해결책이 될 수 있다. 이런 프레임 모

<table>
<tr><td>모듈</td><td>비디오 조회시스템</td></tr>
<tr><td>입력</td><td>– 비디오: 비디오DB에 포함될 비디오
– 조회 요청: 원하는 비디오에 대한 사용자 조회 요청
– 장면 미리보기 조회: 비디오의 특정 장면 사용자 미리보기 요청</td></tr>
<tr><td>출력</td><td>– 스토리보드: 전체 비디오를 요약한 프레임 모음
– 장면: 스토리보드의 정지 이미지에 해당하는 비디오</td></tr>
<tr><td>기능</td><td>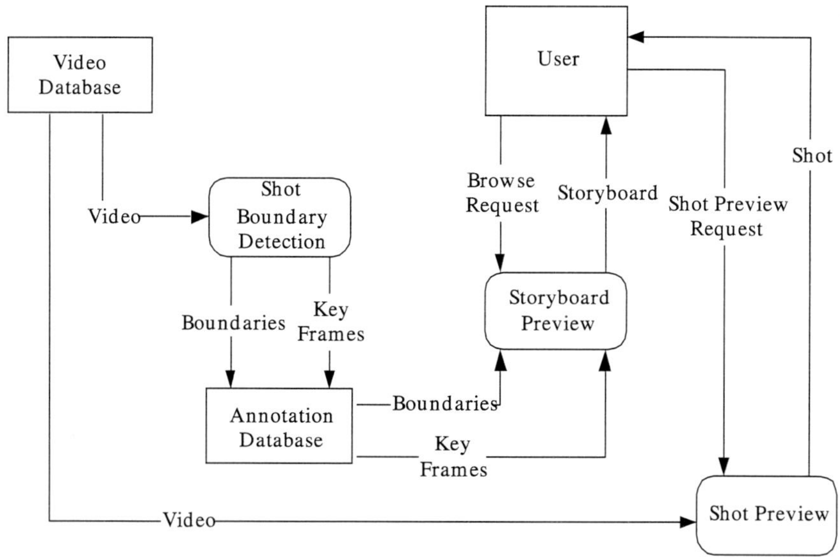
</td></tr>
</table>

그림 6-6 임베디드 시스템의 흐름도.

음을 스토리보드(Storyboard)라고 한다. 이 스토리보드를 주석DB에 저장하면 원래의 비디오DB에 비해 저장공간을 절약할 수 있다. 그러면 사용자는 비디오 조회시스템을 활용하여 스토리보드 미리보기와 원하는 장면을 고를 수 있다.

데이터 처리기능은 DFD에서 쉽게 식별될 수 있는데 다음과 같다. (1) 비디오에서 장면과 프레임의 식별을 추출하여 주석DB에 저장, (2) 사용자가 요청하면 주석DB에서 스토리보드를 조회하여 미리보기 기능, (3) 스토리보드에서 장면을 고르면 원래의 장면을 비디오DB에서 조회하여 미리보기 기능.

DFD를 사용하면서 주의할 점은 다음과 같다. 데이터흐름의 관점에서 시스템의 동적인 기능을 설명하는 것으로 구현 독립적이라는 점이다. **데이터사전**이라는 방법을 통해 데이터흐름의 정보항목이 정의될 수 있다(여기서 데이터사전은 상술하지 않음). DFD는 동시적인 프로세스를 표현할 수 있는데 비디오 조회사례에서는 복수의 사용자가 동시에 시스템을 사용할 경우 장면별과 스토리보드 미리보기는 처리순서를 정의하지 않았다. 당연히 그 순서는 장면 식별이 스토리보드 미리보기에 선행되어 처리되어야 하는 것은 당연하다. 이는 **이벤트테이블**(*event table*)에 기술될 수 있다([표 6-1] 참조).

이벤트는 특정 시점과 공간에서 발생하는 것으로 (1) 시간이벤트, (2) 외부이벤트, (3) 상태이벤트로 구분된다. 시간이벤트는 시스템이 특정한 시점에 이르면 발생하는 것으로 매일 특정한 시점에 DB에 있는 신규비디오에 대해 장면인식 기능이 수행될 수 있다. 이 사례에서는 DB에 신규비디오가 추가될 경우 수행되는 것으로 정의했다. 외부이벤트는 시스템의 외부 사용자에 의해 발생하는 것으로 스토리보드 또는 비디오 미리보기 요청이 해당된다. 마지막으로 상태이벤트는 시스템 내부에서의 변화로 인한 결과에 해당된다. 이벤트와 관련된 유발자(*trigger*)는 이벤트의 원인이 된다. 이

표 6-1 비디오 조회사례에 대한 이벤트테이블

이벤트	유발	프로세스	주체
비디오 주석기록	신규 비디오 추가	장면 인식	시스템
스토리보드 미리보기	조회 요청	스토리보드 미리보기	사용자
장면 미리보기	장면 미리보기 요청	장면 미리보기	사용자

벤트는 프로세스를 갖게 된다. 마지막으로 주체(*source*)는 각 이벤트와 관련을 갖고 있는데 이벤트를 유발하는 권한이 있다.

|6.5| ERD

DB는 데이터의 저장, 조회시스템으로 ERD(***Entity Relationship Diagram;* 엔티티관계도**)를 이용하여 객체(엔티티), 속성, 관계를 모델링한다. 엔티티와 관계는 포착할 필요가 있는 특징을 갖는 실제적이고 독특한 것을 말한다. 데이터베이스의 설계는 엔티티, 속성, 관계를 기술하면서 시작할 수 있다. 엔티티는 서로 관계를 맺음으로 유용하게 사용될 수 있다. 예를 들어, 학생목록과 수강과목 목록은 그 자체로는 유용성이 적다. 이 엔티티 간에 관계를 맺게 되면 "공학설계입문 과목에 수강한 학생은 몇 명인가?"와 같은 질문이 가능해진다. ERD에 사용되는 세 가지 요소는 다음과 같다.

1) 엔티티: 만질 수 있는 객체, 역할, 조직단위, 계기, 위치 등을 말하며, 인스턴스는 객체의 표현이다. 예를 들어, 학생은 엔티티, 김갑돌은 인스턴스이다.
2) 관계: 엔티티 간의 관계를 나타냄
3) 속성: 엔티티의 인스턴스를 식별하기 위한 특징

대학의 학사일정을 예로 들어보자. 사용자를 인터뷰하면서 엔티티와 속성관련 요구사항을 취합하게 된다. 그 결과 학생, 과목, 학부 3티의 엔티티를 식별했다고 하자. 엔티티의 관계는 **엔티티관계표**를 통해 인식할 수 있다([표 6-2] 참조). 엔티티는 행과 열, 관계는 행과 열이 만나는 곳에 적어넣는다. 이 방식은 2장의 Pairwise Comparison Matrix와 비슷하다.

[표 6-2]에서 보듯이 '학생–과목 관계'는 '학생'은 복수의 '과목'을 수강할 수 있고, '과목'에는 많은 '학생'이 수강되는 것을 나타낸다. 관계수(cardinality)는 1:1, 1:M, M:N으로 나타낼 수 있다. 학생–과목은 M:N(학생은 복수의 과목을, 과목은 복수의 학생이 수강 가능하므로), 학생–학부는 1:M(학부는 여러 학생을, 학생은 특정 학부에 등록하므로), 과목은 M:M이지만 재귀적 관계(과목은 과목 간에 서로 필수과목을 포함할 수 있으므로)로 나타낼 수 있다. 사례에서는 모든 엔티티 간의 관계가

표 6-2 엔티티관계표

구분	학생	과목	학부
학생		복수의 과정을 수강하다	등록하다
과목	복수의 학생이 수강하다	복수과목이 필요하다 선수과목이 된다	개설되다
학부	복수의 학생이 등록하다	과목을 개설하다	

모두 맺어져 있지만 대학이 학생의 전공을 추적하지 않는다면 학생-학부의 관계는 엔티티관계표에 빈칸으로 남겨둘 수 있는 것이다.

모델링의 결과는 [그림 6-7]에 나타나 있다. 관계는 다이아몬드(마름모)로, 엔티티는 사각형으로 표현된다. 관계수는 엔티티와 관계를 연결하는 선에 표현한다. 속성은 저장해야 할 엔티티의 특징으로 **키값**이 중요하다. 그림에서 보듯이 키값은 밑줄을 쳐놓았는데 인스턴스를 식별하는 기능을 갖는다. 학생의 경우 학번이 키값이 된다.

ERD는 관계와 속성을 도식화하여 이해하기 쉽게 하는 유용한 도구이다. 여기서는 언급하지 않았지만 DB를 자동생성하기 위해서 활용되기도 한다. 또한 DB를 조회하는 용도로 사용할 수 있는데, 예를 들어, 학생-과목의 관계에서 학생의 수강일정을 조회하여 작성할 수 있다.

6.6 UML

UML은 객체지향 소프트웨어 개발프로세스에 있어 가장 실무적인 면을 모델링하기 위해 창안되었지만, 여기에 국한되지 않고 범용적으로 적용할 수 있는 도구를 제공한다. 이 장에서는 UML와 6가지의 시스템뷰를 소개한다. 물론 UML은 이 책에서 모두 다루기에는 제한적이므로 자세한 내용은 6.8절의 문헌을 참고하라.

여기서는 가상편의점(v-Grocer) 사례를 이용하여 UML 모델을 만들어보자. v-Grocer 시스템을 사용하면 자택에서 물건을 주문하고 배달시킬 수 있다. 사용자는 집에 설치된 소프트웨어를 구동해서 인터넷에 연결하여 편의점 웹서버에 접속한다.

<table>
<tr><td>모듈</td><td>성적DB</td></tr>
<tr><td>입력</td><td>– 학생: 학생관련 데이터
– 학부: 학부관련 데이터
– 과목: 과목관련 데이터</td></tr>
<tr><td>출력</td><td>– 학부-학생 관계
– 학생-과목 관계
– 학부-과목 관계
– 과목-필수과목 관계</td></tr>
<tr><td>기능</td><td>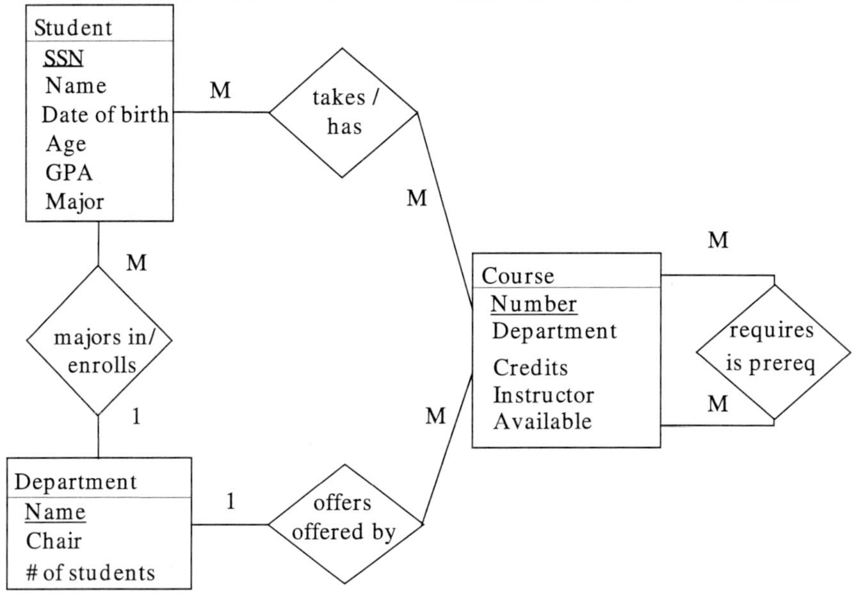
</td></tr>
</table>

그림 6-7 대학 데이터베이스 시스템의 ERD.

주문 항목의 UPC(Universal Product Code)를 바코드 스캐너를 이용해 스캔하고 필요수량을 입력하여 주문을 한다. 주문이 완료되면 결제금액이 계산되고 원하는 시간에 주문품목이 자택으로 배달된다.

6.6.1 정적 뷰

객체지향설계(Object-Oriented Design, OOD)는 기능적인 설계가 기능에 초점을 맞추는 것과 달리 객체에 초점을 맞춘다. **클래스**는 데이터(속성)와 함수로 구성되고, **객체**는 클래스의 인스턴스를 말한다. 이 정의에 따라 구성된 객체는 데이터와 함수를 갖게 되고, 다른 객체는 권한이 주어지지 않는 한 접근할 수 없다. 이러한 특징은 객체지향 방식으로 개발된 소프트웨어가 신뢰성과 유지보수성에 있어 우월한 특징을 갖는다.

정적 뷰는 시스템의 클래스와 관계를 나타내는 것이 목적인데 클래스다이어그램으로 표현된다. [그림 6-8]에는 클래스 하나로 구성된 다이어그램을 보여주고 있다. 클래스는 (1) 명칭, (2) 속성, (3) 메소드의 세 부분으로 구분되어 구성된다. 클래스는 ERD에서의 엔티티처럼 물건 또는 인스턴스를 일반화한 것으로 이해될 수 있는데, 예를 들어 '고객' 클래스는 '김갑돌' 이라는 인스턴스를 가질 수 있다.

클래스는 서로 관계를 가질 수 있다. 예를 들어, 클래스(A)가 하위클래스(B)와 관계를 맺으면, 부모클래스 A는 자녀클래스 B에게 자신의 속성과 함수를 모두 물려준다. UML에서는 (1) 일반화, (2) 포함, (3) 연관관계로 구분될 수 있다. 두 클래스가 상하관계가 있는 경우는 일반화, 서로 포함하는 관계는 포함관계, 서로 메시지를 교환하는 경우에는 연관관계로 나타낼 수 있다. 관계는 연결선을 그려서 나타내고 관계에 따라 그 끝을 다르게 표현한다. 관계수는 ERD와 같이 연결선에 표현될 수 있다. [그림 6-9]는 v-Grocer 사례에 대한 클래스 다이어그램을 부분적으로 나타내고 있다.

클래스다이어그램은 `Customer`(고객), `Delivery`(배달), `Order`(주문), `Item`(항목), `GroceryCart`(주문목록) 5개의 클래스로 구성되어 있다. `GroceryCart`는 `Order`와 Item의 다대다 관계를 나타낸다. 관계수를 표현하는 것은 ERD와 유사하지만 복수의 표현이 *를 사용하여 차이가 있다. 예를 들어, 어느 배달이건 특정 고객에게 배달되어야 하는 반면, 고객은 여러 건의 주문을 낼 수 있다.

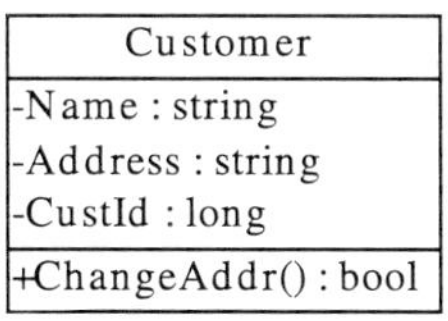

그림 6-8 클래스다이어그램의 표기. 클래스가 이름(Customer)을 갖고 있고 Name, Address, CustId란 속성을, ChangeAddr()이란 메소드를 갖는다.

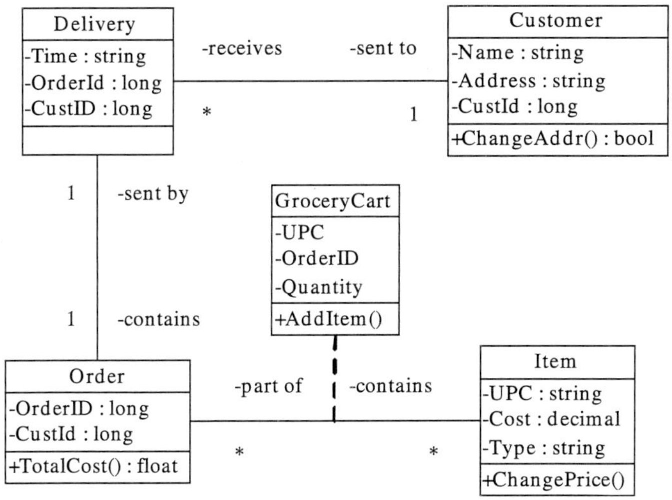

그림 6-9 v-Grocer를 위한 클래스다이어그램.

6.6.2 사용사례 뷰

사용사례 뷰는 사용자의 관점에서 전체적인 시스템의 동적 기능을 모델링하며 말 그대로 시스템이 '사용'되는 '사례'를 기술하는 의도를 가졌다. 사용사례 다이어그램을 그려서 표현하며 v-Grocer 사례에 대한 결과물은 [그림 6-10]에 나타나 있다. 사용사례 다이어그램은 액터와 사용사례 두 가지 기호로 표현되어 있다. 생김새를 본 따 막대기사람(stick figure people)이라고 불리는 액터는 시스템과 상호작용하는 사람 또는 시스템을 말한다. 고객, 배달인, 데이터베이스, 사무원, 웹서버의 예를 들 수 있다.

사용사례는 타원형으로 그리는데 [그림 6-10]에서는 '웹주문(WebOrder)', '배달주문(DeliveryOrder)', '주문품목 준비(AssembleOrder)'의 사용사례가 포함되어 있다. 사용사례는 액터가 시스템을 사용하는 상황을 표현한 것으로 시스템이 수행하는 일련의 기능을 말한다. 여기서 시스템을 사용하는 액터는 사용사례와 선으로 연결되어 표시된다. 사용사례는 그림에서 보듯이 사각형 안에 포함되어 있는데, 이 사각형을 시스템 범위라고 말하며, 시스템의 명칭은 사각형 위에 적어 넣는다.

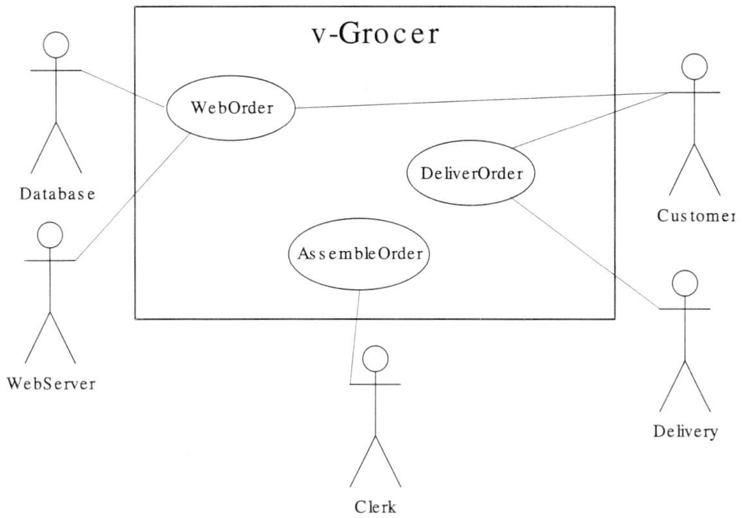

그림 6-10 v-Grocer를 위한 사용자 다이어그램.

[그림 6-10]에서 보면 고객이 '웹주문'을 사용할 때 웹서버와 데이터베이스와 상호작용하고 있다. 사용사례는 [표 6-3]과 같이 기술할 수도 있다.

표 6-3 WebOrder 이용 설명서

사용사례	웹주문
액터	고객, 데이터베이스, 웹서버
설명	사용자가 웹서버를 통해 주문을 하는 사용사례. 신규고객일 경우 계정을 만들어 등록하여 웹서버에 해당 고객정보를 저장한다. 기존 고객인 경우에는 정보 변동사항을 갱신할 수 있다.
시작	GroceryCart를 사용하여 고객 주문
반응	결재 확인, 주문품목이 있는지 확인하고 이상이 없으면 '주문품목준비' 사용사례 시작

사용사례는 상위 수준의 기능적인 측면에 초점을 맞추어 누가, 어떻게 시스템과 상호작용하는지 기술하는 것이다. 이러한 추상화에 따라 구현 상세를 결정할 필요가 없다는 점에서 전자/컴퓨터 분야의 다양한 프로젝트에 적용이 가능하다. 단순하고 이해가 쉽다는 점에서 비기술적인 사람들과 의사소통하기 편할 뿐만 아니라 UML 모델을 이용한 개발에 있어 필수적인 요소이기도 하다.

6.6.3 상태 뷰

상태 뷰는 6.2장에서 설명한 상태다이어그램으로 표현된다. 메모리 기반 시스템을 기술하는 의도로 작성된다는 것을 이미 설명했으며, [그림 6-11]은 고객의 v-Grocer 웹 서버에 로그인하는 것을 상태다이어그램으로 표현한 것이다.

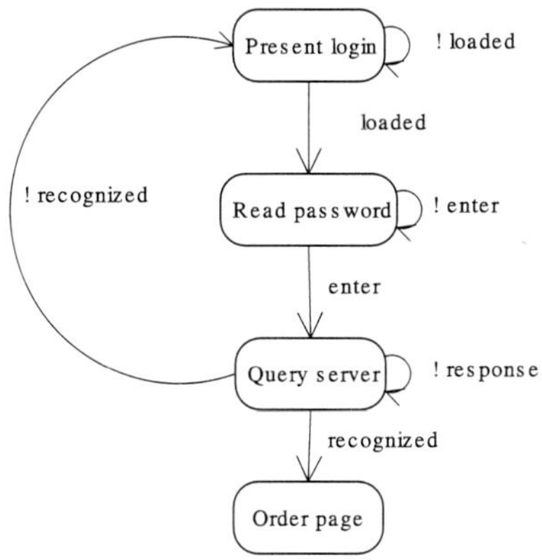

그림 6-11 v-Grocer 고객의 로그인을 위한 상태도.

6.6.4 액티비티 뷰

액티비티 뷰의 의도는 이름에서 함축되어 있듯이 작업의 완료에 필요한 일련의 절차를 기술하는 것이다. UML에서 작업은 사용사례 다이어그램에 표현된 사용사례라고 할 수 있다. 작업을 수행하는 액터는 하나일 필요는 없고 복수일 수 있다. 액티비티 다이어그램은 작업의 동시성을 표현할 수 있다. 여기서는 상태, 변환, 포크(forks), 조인(joins)의 기호를 활용하여 나타낸다. [그림 6-12]는 v-Grocer 배달시스템에 대한 액티비티 다이어그램으로 주문부터 물품을 준비해서 배달하는 것까지 표현하고 있다. 주문이 접수되면 작업은 둘로 나누어져 동시에 수행된다(이를 fork라고 한다). 하나는 주문을 완료하는 것으로 분기, 다른 하나는 일정을 잡고, 배송 또는 배송조정을 위해 필요한 작업을 수행하는 것으로 분기하였다. 분기된 후 완료되면 다시 합쳐져서(다이어그램에서 join으로 표현) 배송이 이루어진다.

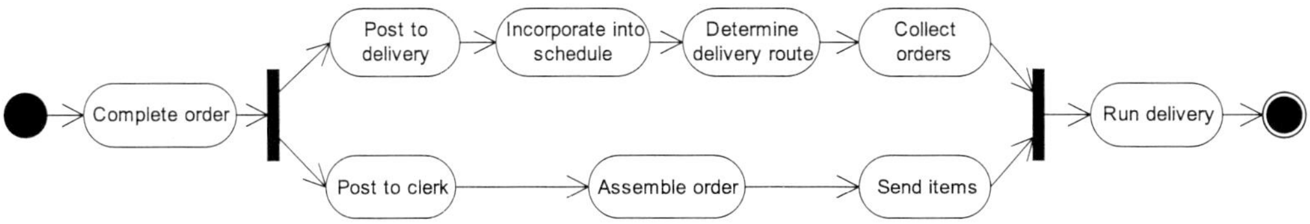

그림 6-12 v-Grocer 에서의 주문 절차와 배달을 위한 액티비티 다이어그램.

6.6.5 상호작용 뷰

상호작용 뷰의 의도는 객체 간의 상호작용을 나타내는 것으로, 협동 또는 순차다이어그램으로 표현된다. 객체지향시스템에서 작업은 객체 간에 메시지를 교환하면서 작업이 수행되는데, 상호작용 뷰는 이와 같이 메시지가 상호 교환되면서 어떻게 작업이 완료되는지 표현하는 데 유용하다. 여기서 작업은 보통 사용사례에 해당한다고 볼 수 있다. 이러한 메시지 교환은 시간에 따라 그 순서가 정해지게 되는데 여기서 협력다이어그램을 살펴보기로 하자.

객체 두 개가 서로 협력한다고 하자. **협력다이어그램**은 (1) 클래스와 (2) 메시지로 구성되어, 작업을 완료하기 위해 클래스 간에 메시지를 서로 전달하는 절차를 나타낸다. 메시지는 송신객체에서 수신객체 사이의 화살표로 나타낸다. 메시지 화살표에는 그 이름과 교환 순서를 번호로 매겨 붙인다. [그림 6-13]은 `WebOrder` 사용사례의 구현에 `Customer`, `WebServer`, `Database` 클래스가 어떻게 협력하는지 보여주고 있다. `WebServer`와 `Database` 클래스는 여기서 처음 만들어져 앞의 [그림 6-9]에는 나타나지 않았다.

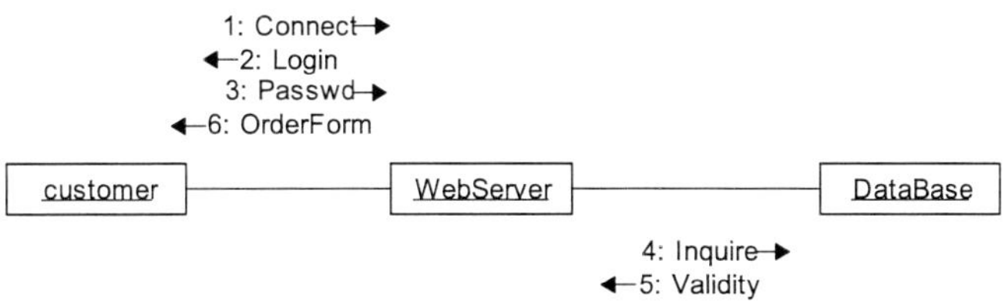

그림 6-13 `WebOrder`를 위한 협력 다이어그램.

협력다이어그램은 클래스다이어그램과 형태가 유사하지만 메시지교환을 나타냈다는 점에서 차이가 있다. 따라서 협력다이어그램이 클래스 간에 사용되는 함수를 이해하고 구현하기 편리하다. 메시지교환의 순서를 강조하기 위해서는 순차다이어그램을 사용할 수 있다.

순차다이어그램은 협력다이어그램과 비교하면 나타내는 정보는 동일하다. 그러나 후자가 서로 협력하는 객체에 초점을 맞춘 반면 전자는 메시지의 교환 순서를 강조한다는 차이가 있다. [그림 6-14]에서 보듯이 우선 구현에 필요한 클래스는 맨 위에 정렬되어 있다. 각 클래스 아래로 그려진 점선은 생명선(lifeline)으로 시간의 흐름을 의미한다. 객체가 다른 객체로부터 정보를 요청하거나 대기할 경우 생명선에 겹쳐서 직사각형이 그려진다. 메시지는 송신객체와 수신객체 사이에 화살표로 나타낸다. 엔티티 간의 상호작용 특히 메시지의 순서를 나타내기 위해 전기-컴퓨터 시스템에서는 활동다이어그램을 사용하기도 하다.

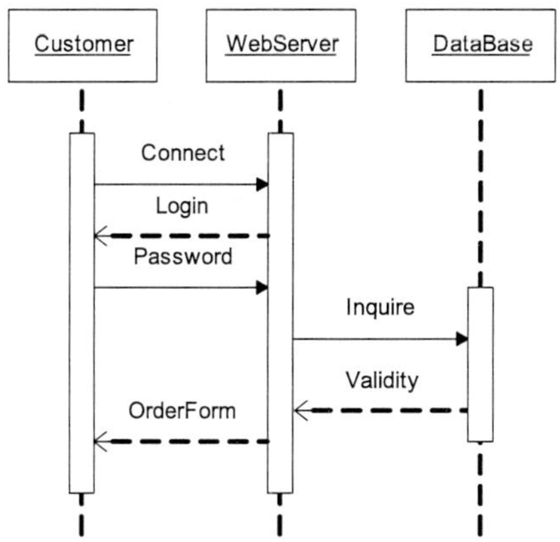

그림 6-14 WebOrder를 위한 순차 다이어그램.

6.6.6 물리뷰

물리뷰의 의도는 시스템의 물리적 요소와 이들과 논리뷰와의 관련성을 보여주는 것이다. 물리뷰는 컴포넌트 다이어그램과 배치다이어그램을 통하여 표현된다. **컴포넌트 다이어그램**은 소프트웨어와 이들이 어떻게 시스템을 구성하는지 연관관계를 보여준다. 여기서 사각형은 소프트웨어 컴포넌트를, 선은 컴포넌트 간의 연관관계 (통신)을 의미한다. **배치다이어그램**은 시스템의 구현에 필요한 하드웨어 및 네트워크 구성을 나타낸다. 육면체는 하드웨어 컴포넌트를 나타내는데 그 명칭은 상단에 적어 넣는다. v-Grocer 사례에 대하여 이들 다이이그램을 작성해 보았다[그림 6-15]. 여기서 소프트웨어컴포넌트는 브라우저, v-Grocer, 아파치, 오라클 그리고 하드웨어컴포넌트는 Customer, WebServer, Database로 구성되어 있다.

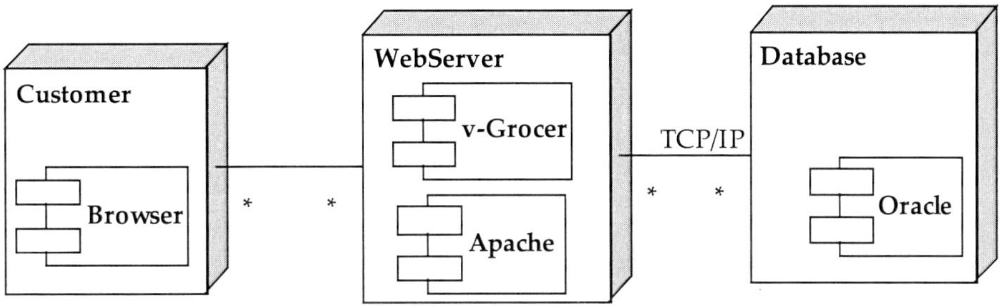

그림 6-15 v-Grocer 사례에 대한 컴포넌트 및 배치다이어그램. 소프트웨어 컴포넌트는 브라우저, v-Grocer, 아파치, 오라클 그리고 하드웨어 컴포넌트는 Customer, WebServer, Database로 구성되어 있다.

|6.7| 프로젝트: 모델의 선정

5장 및 6장에서는 시스템이 어떻게 작동하는지 표현하기 위해 다양한 모델을 소개하였다. 궁극적으로 구현될 시스템을 표현하기 위해서는 이들 가운데 필요한 도구를 선정해야 한다. [표 6-4]에서는 앞서 설명한 모델과 그 의도를 요약하여 놓았다.

표 6-4 모델의 선택 가이드라인

모델	의도
기능분할	시스템에서 사용되는 정보(전기신호, 비트, 에너지 등)에 대해 입력, 출력, 기능요건에 대해 기술한다. 실제 시스템을 구현하는 것과 유사하여 광범위하게 활용되고 있다.
상태다이어그램	메모리가 있는 시스템이 어떻게 작동하는지 기술하는 데 유용하다. 간단한 경우에는 디지털 설계에 적용되기도 하며, 복잡한 시스템의 경우에도 상위차원의 시스템 작동방식을 표현하는 데 적합하다.

(계속)

표 6-4 모델의 선택 가이드라인(계속)

모델	의도
흐름도	절차, 통제 등으로 프로세스 또는 알고리듬을 표현한다. 소프트웨어를 기술하는 것뿐만 아니라 업무흐름을 표현하는 데 유용하다.
데이터흐름도	시스템의 프로세스, 기능, 흐름을 모델링한다. 이벤트와 상응하는 활동을 기술하는 이벤트테이블을 병행하여 사용하는 것이 보통이다. DFD를 작성하면서 시스템이 외부의 사용자 및 이벤트에 어떻게 반응하는지의 관점에서 설계한다는 장점이 있다.
엔티티관계도	간편하게 고안된 표기법에 따라 객체 (엔티티), 속성 및 상호관계를 기술한다. 보통 데이터베이스로 쉽게 변환될 수 있다.

UML은 복잡한 소프트웨어 시스템을 표현하는 경우 많이 사용된다. 그러나 일부 다이어그램은 상위차원을 기술하기도 하지만 다양한 도메인에서 활용되고 있다. 아래와 같이 6개의 다이어그램을 통해 시스템이 작동하는 모습을 다양한 관점에서 작성하게 되면서 상세설계를 간과하는 단점을 피할 수 있다.

모델	의도
클래스 다이어그램	객체지향시스템의 클래스와 그 연관관계를 표현한다. 주로 소프트웨어설계에 적용되며 일반사용자는 이해하기 어렵다(6.6.1절 참조).
사용사례 다이어그램	사용자의 관점에서 시스템이 사용되는 사례를 전반적으로 나타내는데 유용하다(6.6.2절 참조).
상태 머신	상태 다이어그램과 본질적으로 동일한 기능이며 UML뷰의 하나이다(6.2절, 6.6.3절 참조).
활동 다이어그램	작업의 완료에 필요한 일련의 절차를 표현한다. 상태, 변환, 포크, 조인의 표기법이 있으며 절차의 동시성을 나타낼 수 있다(6.6.4절 참조).
상호작용 다이어그램	시스템의 엔티티 간 메시지의 상호작용 및 교환을 표현한다. 협력다이어그램 및 순차다이어그램을 활용한다(6.6.5절 참조).
물리 다이어그램	시스템을 구성하는 물리적 요소의 배치 및 연관관계를 표현한다. 컴포넌트다이어그램과 배치다이어그램을 활용한다(6.6.6절 참조).

6.8 요약 및 참고도서

모델은 시스템의 추상화된 모습을 표현한다. 이런 방식은 시스템을 어떻게 구현되어야 하는지 그 상세한 수준보다는 상위수준에서 표현하는 것이다. 모델은 여러 형태로 표현될 수 있다는 점을 본 장에서 학습하였는데 그 이유는 목적이 서로 다르기 때문이다. 그러나 뛰어난 모델이 갖추어야할 속성은 앞서 배운 공학적 요구사항과 닮아있다. 모델은 구현방식을 결정하지 않아 다양한 대안을 검토할 수 있도록 작성되어 혁신적인 생각이 반영될 수 있는 여지가 있어야 한다. 뿐만 아니라 모델은 실제의 시스템을 대상으로 추상화한 것이기 때문에 비기술적인 사용자와 의사소통이 가능하다. 또한 모델은 추상화된 수준부터 매우 상세한 수준까지 설계하고 이를 문서화하는 도구로서 매우 뛰어나다.

본 장에서는 시스템이 어떻게 동작하는지 표현하는 모델로서 상태다이어그램, 흐름도, 데이터흐름도, 엔티티관계도 및 UML을 학습하였다. [표 6-4]에서는 5장과 6장에서 배운 모델의 목적과 적용성을 요약하여 놓았다.

흐름도는 등장한 지 꽤 되었는데 오랫 참고문헌으로는 Chapin의 저서(1971) Flowcharts를 꼽을 수 있다. Programming Logic and Design (Farrell, 2002)는 흐름도를 자세히 다루고 있으며 프로그래밍에 적용하여 설명하고 있다. 상태다이어그램은 전기-컴퓨터공학 분야에서 꼭 빼어놓지 말아야 할 요소로서 거의 모든 디지털설계 개론서에서 다루어지고 있다. 데이터흐름도와 엔티티 관계도는 정보시스템 분석설계에서 공통적으로 다루어지는 도구이며 참고서적으로는 Systems Analysis and Design (Satzinger, 2002), Fundamentals of Database Systems (Elmasri & Navathe, 1994). UML관련 서적으로는 The Unified Modeling Language Reference Manual (Rumbaugh, 1998)과 Schaum's Outline of UML (Bennett & Skelton, 2001)이 있다.

|6.9| 학습문제

6.1 모델링에서 시스템의 설계와 구현을 분리하는 것이 왜 중요한지 설명하시오.

6.2 보기가 (1) 모델인지, (2) 모델이 아닌지, (3) 경우에 따라서 모델이거나 아닐 수 있는지 구분하시오. 모델의 요건에 비추어 왜 그렇게 구분했는지 설명하시오.

a) 지하철노선도

b) 컴퓨터 프로그램

c) 축구경기

d) 운전면허증
e) 쇼핑센터 안내판(현재 위치 표시)
f) 수식
g) 패션잡지의 긁어서 냄새 맡는 향수 광고
h) 차이코프스키 1812 서곡
I) 이층의 점자표기
j) 브란덴브루크 협주곡(Brandenburg Concerto) 종이악보
k) 미국헌법
l) 자동차 열쇠 꾸러미
m) 메일메시지의 ASCII 인코딩

6.3 보기에서 메모리가 있는 시스템에 해당하는 것을 고르시오. 입력, 출력, 상태 개념을 사용하여 왜 메모리가 있다고 생각하는지 설명하시오.

a) 볼펜
b) 저항(resistor)
c) 축전기(capacitor)
d) 자동으로 작동되는 차고문
e) 아날로그식 팔목시계
f) 공기압축기의 공기압
g) 가정용 보일러 온도자동조절장치
h) 전등스위치
I) 정치시스템
j) 큰 호수 온도
k) 책
l) 컴퓨터 하드드라이브

6.4 탄산음식 캔에 메모리가 있다고 하자. 캔의 어떤 특성이 상태 값이 될 수 있는지 어떤 입력에 의해 변경될 수 있는지 이해하고, 상태다이어그램을 작성하시오. 상태다이어그램에는 변환과 해당정보도 표현해야 한다. 단, 상태변경을 인식하는 특별한 장비가 사용되지 않는다.

6.5 [그림 6-2]에서의 자판기에 대한 상태다이어그램을 참조하여 10원, 100원,

500원을 넣을 수 있고, 구매하고 나서는 거스름돈을 환전할 수 있는 시스템에 대한 상태다이어그램을 작성하시오. 출력신호를 정의하고 각 상태별로 출력값을 포함해야 한다.

6.6 CMR(ChipMunk Recorder)에 대한 상태다이어그램을 작성하시오. CMR은 음성을 녹음하고 다양한 속도로 재생할 수 있는데 고음의 다람쥐 소리를 내기도 한다. 키보드와 오디오로부터 사용자입력을 받는다. CMR 시스템 작동방식은 다음과 같다. 상태다이어그램을 그리고 상태와 출력을 표로 작성하시오.

- 전원이 켜지면 대기상태
- R을 누르면 녹음
- S를 누르면 재생속도 변경이 가능해지고 계속 1~5의 입력숫자로 속도조정
- 재생속도를 조정하는 과정에서 R을 누르면 대기상태
- P는 녹음된 소리를 재생. 전체를 재생하고 하고 나면 되감고 처음부터 반복재생 시작
- 재생하는 과정에 아무 키나 누르면 대기상태가 됨

6.7 회사 네트워크드라이브 백업에 사용되는 테이프카트리지에 대해 상태다이어그램을 작성하시오. 포맷이 되지 않은 카트리지가 접수되면 바로 ID를 붙인다. 테이프가 사용되기 전 미리 포맷을 시켜 공테이프로 준비된다. 매주 첫날 전체백업이 실행되고 테이프는 사용테이프가 된다. 사용테이프는 4주째에는 보관용이 된다. 사용테이프는 3개월이 지나면 다시 분류되어 공테이프로 재포맷된다. 2년 넘은 사용테이프는 재포맷되어 (다른 용도로) 유통된다.

6.8 마이크로제어기(MCU)가 내장된 온도조절장치가 어떻게 작동하는지 흐름도로 표현하시오. 서미스터(온도에 따라 저항치가 달라지는 반도체 회로소자. 출처: 네이버 영어사전)를 사용하여 온도를 추적하고, 선풍기로 조정한다. MCU는 온도를 주기적으로 아날로그 멀티플렉서를 통해 선택된 64개의 개별 서미스터(정전류원에 의해 가동)로부터 읽는다. MCU ATD(Analog To Digital) 변환기가 볼트를 8비트 디지털 값으로 변환한다. 64개의 서미스트 가운데 어느 하나라도 온도임계점을 넘게 되면 자체 알고리듬에 따라 몇 개의 선풍기를 작동해야 하는지 결정하고, 그렇지 않으면 선풍기는 모두 꺼놓는다.

6.9 아래 그림의 흐름도를 알고리듬으로 표현하시오.

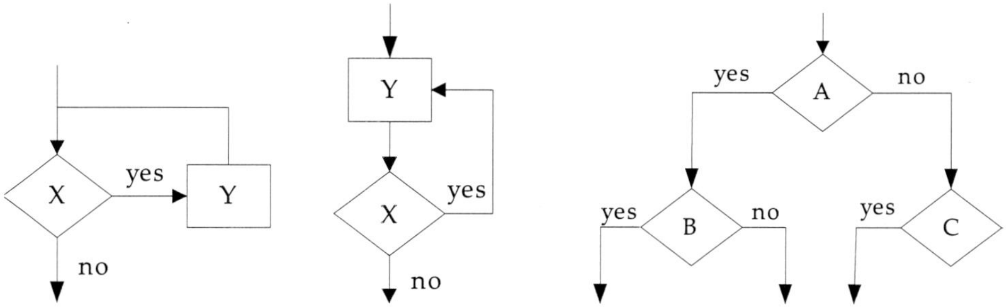

(a) (b) (c)

6.10 그림과 같은 대각선으로 색이 들어간 2색조 담요를 어떻게 뜨개질할 것인지 흐름도를 작성하시오. 담요는 하나씩 하나씩 여러 꼬임을 서로 연결해서 만들어진다(크로쉐 바느질). 옅은 뜨개실이나 짙은 뜨개실이 한 꼬임이 된다. 담요의 너비는 100땀(바늘), 높이는 150땀의 크기다. 대각선 띠는 45도 각도로 넣으면 된다.

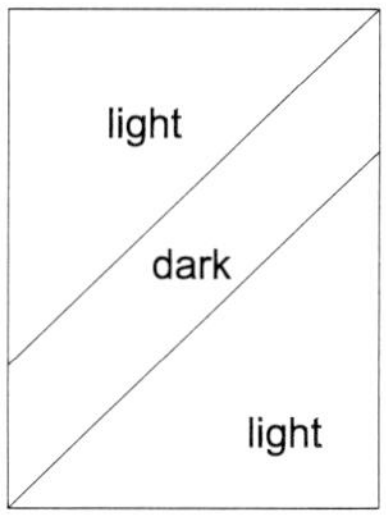

6.11 미술박물관의 영상보관시스템에 대한 데이터흐름도와 이벤트테이블 작성하시오. 미술박물관에는 세계 여러 나라의 박물관에 소장되어 있는 미술품의 디지털영상이 자료화되어 보관되어 있다. 영상DB시스템의 요건은 다음과 같다.

- 영상은 네트워크를 통해 미술관끼리 공유된다. 어느 한 미술관에서 새로운 영상을 공지하면 이메일 첨부로 다른 박물관에 자동 송부된다. 작품명, 작가명은 이메일 내용에 포함된다. 새로 접수된 영상은 미술관 영상DB에 추가된다.

- 미술관DB에 추가되면 모든 영상은 작품명, 작가명이 붙고 이미지분석 프로그램에 따라 인물화, 풍경화, 현대화 등으로 자동적으로 구분이 이루어진다. 영상에서 추출된 주요 특징도 같이 저장된다.
- 주요 특징은 미술관DB에서 조회하기 위해 활용된다. 신규영상은 기존DB의 모든 영상과 비교되어 유사도를 0~100점으로 붙여놓는다.
- 미술관 영상DB는 방문객에게 키오스크 형태로 제공된다. 사용자에게 제공되는 기능은 (1) 작가 또는 작품의 명칭으로 조회, (2) 구분형태로 조회(예: 현대화), (3) 미술품을 조회한 후 유사한 미술품의 추가 조회—이 경우 앞의 유사도에 따라 시각적으로 유사한 영상이 제공된다.

6.12 자전거(틀) 제조회사의 ERD를 작성하시오. 사장의 요구사항은 다음과 같다.

"우리는 자전거 틀을 주문제작합니다. 우선 고객의 키, 다리길이, 팔길이, 상체길이, 몸무게, 허리를 측정합니다. 보통 우리 고객은 만족도가 높기 때문에 몇 년마다 새 틀을 계속 주문을 합니다. 그래서 우리는 고객 체형이 바뀌는 것을 감안하여 이 데이터를 축적해 놓고 있습니다. 물론 자전거 틀은 이 체형데이터를 기반으로 제작됩니다. 고객의 이름, 주소, 전화번호, 이메일주소를 갖고 있어야겠지요. 또 누가 자전거 틀을 만드는지도 관리합니다. 틀을 제작한 종업원의 이름, 주소, 전화번호, 주민번호를 저장합니다. 틀은 자전거 타이타늄 관으로 만드는데 한 명의 종업원이 일괄적으로 제작합니다. 관에 대해서는 재고관리를 하고, 등급, 롯(*lot*)번호, 외관지름, 내관지름, 제조업자를 관리합니다. 롯번호는 식별자로 쓰입니다. 마지막으로 관은 일련번호, 색상, 종류, 규격이 부여되어 관리됩니다."

6.13 앞의 문제 6.7 테이프카트리지에 대해 ERD를 작성하시오. 매주 일요일 저녁 모든 네트워크 드라이브를 백업해서 테이프카트리지에 복사본을 만든다. 대량의 백업이므로 테이프가 많이 필요하게 된다. 다른 날은 조금씩 부분백업이 만들어져서 백업된 이후의 수정된 파일만 백업된다. 이 경우 분량이 적어 여러 부분 백업이라 하더라도 하나의 테이프로 충분하다. 완전백업에 사용된 테이프에 남겨진 부분이 있다 하더라도 부분백업과 겹쳐서 사용되지는 않는다. 이 경우 완전, 부분백업에 대해 ID, 상태를 추적하고자 한다. 완전백업의 경우 생성일, 몇 개의 테이프가 사용되었는지 관리된다. 부분백업의 경우 생성일이

추적된다. 백업종류와 테이프의 연관관계가 어떤 테이프가 어떤 백업에서 사용되었는지 나타내게 된다(상태 값은 테이프 엔티티의 속성이 되어야 한다—포맷되지 않은 테이프, 공테이프 등. 이 값은 그 자체가 속성이 아니라 상태 속성이 갖을 수 있는 값이다).

6.14 [**프로젝트 응용**] [표 6-4]를 참조하여 사용할 모델을 선택하여 현재 수행하고 있는 프로젝트에 대해 설계모델링을 수행하시오.

Chapter 07

테스트

"제때의 한 바늘은 아홉 바늘을 절약한다." —무명씨

대부분의 시스템은 개발 과정뿐만 아니라 소비자에게 전달되기 전까지 테스트과정을 거친다. 테스트는 개발된 시스템이 공학적 요구사항을 충족시키는지 여부를 명백하게 확인하기 위하여 수행된다. 실제로 공학적 요구사항의 바람직한 특징 중의 하나는 확인될 수 있는 혹은 테스트할 수 있도록 하는 것이다. 테스트에 관한 철학은 위의 인용문에 잘 나타나 있다. 나중에 큰 문제가 될 수 있을 때까지 기다리는 것보다 일찍 오류를 수정하는 것이 좋다는 것을 의미한다. 1장에서 살펴본 바와 같이, 문제를 수정하는 데 드는 비용은 프로젝트의 라이프타임과 함께 기하급수적으로 증가한다. 따라서 테스트는 시스템 개발과정 동안에 염두에 두어야 한다.

테스트는 분야에 따라 다른 의미를 갖는다. 현장 수리기술자, 조립라인 생산기술자와 설계담당자는 테스트에 관한 자신의 업무에 대한 정의와 요구사항을 가지고 있다. 이 장에서 '테스트'는 시스템이 공학적 요구사항을 충족하는지를 검증하려는 시스템 설계자의 관점에서 다루어진다. 마찬가지 방법으로 가제어성(controllability)과 가관측성(observability) 같은 기본적인 테스트 개념들을 살펴본다. 시스템을 디버깅하는 접근 방식들이 단위테스트, 통합테스트, 인수테스트를 구성하는 템플릿을 통하여 제공된다.

▶▶ 학습 목표

1. 블랙박스 테스트, 화이트 박스테스트, 가제어성, 가관측성 등에 대한 개념을 이해한다.
2. 디버깅의 원리를 이해한다.
3. 단위테스트가 언제 사용되고, 어떻게 구성되는지를 학습한다.
4. 통합테스트가 언제 사용되고, 어떻게 구성되는지를 학습한다.
5. 인수테스트가 언제 사용되고, 어떻게 구성되는지를 학습한다.

7.1 테스트 원리

설계과정은 공학적 요구사항에서부터 상세설계에 이르기까지 계속적으로 전문성이 증가한다. 먼저 개발 결과물이 설계 요구사항에 충족 여부를 어떻게 테스트할 것인가에 대한 의문을 생각해보자. 한 가지 해결방법은 [그림 7-1]에서와 같은 일반적인 테스트모델인 '테스트 V'를 이용한 방법이다. 이 모델은 공학적 요구사항으로 출발하여 구현, 테스트 등으로 진행된다. 이는 설계의 모든 단계가 대응하는 테스트 단계를 가진다는 것을 의미한다.

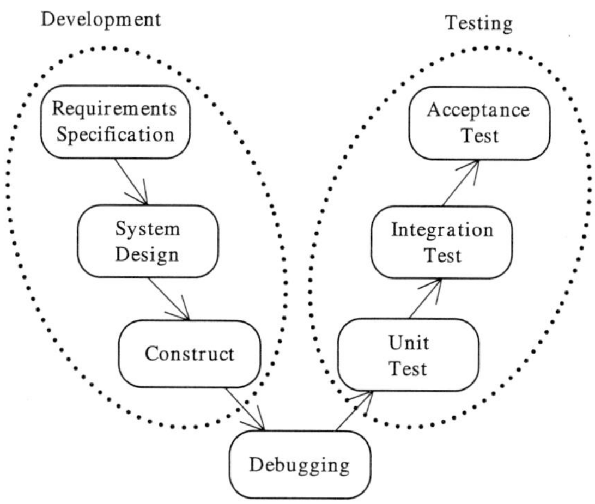

그림 7-1 테스트 V. 설계 단계는 왼쪽에, 대응되는 테스트는 오른쪽에 위치한다.

이 모델은 테스트 과정이 테스트 V의 두 개의 반쪽으로 나누어져 있으나 실제로는 확실하게 나누어지지는 않는다. 학생들은 일반적으로 테스트를 테스트 V에서 오른쪽 반에만 국한된 것으로 생각한다(구현한 후에 테스트하기). 그렇지만 테스트 V의 오른쪽 반에서 수행되는 각 테스트는 테스트 V의 왼쪽 반에서 시스템의 개발을 하는 과정에서 주의 깊게 도출되어야 한다. 인수 테스트 계획은 요구사항규격, 정의된 통합테스트 등으로 시스템 설계 동안 작성되고, 계속 진행되어야 한다.

프로젝트를 완성하기 위해 대부분의 사람들은 '스모크 테스트(smoke test: 시스템을 켜서 동작 여부를 알아보는 것)' 에 너무 많이 의존한다. 이 테스트의 이름은 테스트가 실패하면—연기가 나는지—나타나는 현상으로부터 생겨났다. 근본적으로 시스템을 테스트하는 비용적인 측면을 떠나 스모크 테스트는 시스템이 제대로 동작하는지를 알아보는 체계적인 방법이 아니다. 사용자들은 테스트 결과로 "이것은 불이 나지 않았어!"로 감동하지 않을 것이다. 다음과 같은 이유로 테스트가 명백하게 개발될 필요가 있다.

- 테스트 케이스들은 모듈이 무엇을 수행해야만 하는지를 정확하게 정의한다.
- 모듈의 개발은 테스트에 통과된 후에 종료되기 때문에 테스트는 고객 요구사항 변경을 금지한다.
- 테스트 케이스들은 즉각적인 피드백을 통해 개발자들에게 동기부여를 한다.
- 테스트 케이스들은 설계자에게 극단적인 경우들도 생각하게 한다.
- 테스트 케이스들은 문서화된 형태이다.
- 테스트 케이스들은 설계자에게 구현하기 전에 모듈의 설계를 생각하게 한다.

테스트 슈트(suite)와 이에 따르는 문서는 시스템과 관련 모듈의 동작과 구성에 관한 중요한 정보를 포함하고 있다. 이것은 테스트가 어떤 조건에서 합격했다는 것을 보여주는 것 이상으로 중요하다. 개별 테스트 케이스들은 기술자들에게 모듈을 어떻게 인터페이스시키고, 모듈을 어떻게 재사용 가능하게 만드는가를 알려준다. 또한 테스트 문서들은 기술문서 저작자, 운용 기술자 및 기술 교육자들과 같은 조직에서 개별 개인들에게 사용될 수 있다.

테스트는 어떻게 실행되어야 하는가? 충분한 시간이 주어지면 시스템은 단순히 모든 의심되는 입력들에 대하여 출력을 관찰함으로써 이루어질 수 있다. 그렇지만 어떤 경우에는 이러한 테스트가 가능하지만 일반적으로 많은 시간이 든다. 따라서 테스트는 오류를 찾는 가능성을 최적화시키도록 고안되어야 한다.

7.1.1 테스트의 종류, 가관측성 및 가제어성

테스트는 두 가지 종류로 구분된다. 블랙박스 테스트와 화이트박스 테스트이다. 블랙박스 테스트는 시스템 내부 구조에 대한 어떠한 지식도 없이 행해지는 테스트이다. 블랙박스 테스트에서는 일반적으로 입력을 변화시키면서 시스템의 출력을 예상값과 비교해가면서 행한다. 입력과 출력은 (1) 일반적인, (2) 경계 부근의, (3) 극단적인, (4) 유효하지 않은 값 등으로 구분된다. 이러한 구분의 전형적인 예는 온도를 섭씨에서 화씨로 바꾸는 시스템에서 찾아볼 수 있다. 일반적인 입력은 실내온도와 같은 정상 동작하는 동안에 경험할 수 있는 값들이다. 경계값들은 입력과 출력이 중요하게 바뀔 때마다 발생한다. 예를 들면, 0°C 와 –33.3°C는 각각 섭씨와 화씨에서 영하와 영상 사이의 경계를 표시하는 값이다. 절대온도 0도는 온도가 그 이하로 내려갈 수 없는 극단적인 값을 나타낸다.

이러한 테스트를 시스템에 대한 모든 가능한 입력에 대하여 출력값을 비교하면서 실행할 수 있지만 시간이 너무 많이 걸리는 방법이다. 따라서 테스트 작성자는 모든 가능한 입력범위 내에서 시스템의 동작을 나타낼 수 있는 후보 입력들을 뽑아야 한다. 테스트 작성자의 중요한 목표 중의 하나는 입력 영역의 범위를 최대화하면서 동등한 효과를 주는 대표값의 수를 최소화하는 것이다. 시스템의 내부 구조에 대한 지식이 없으면 이것은 어려운 목표가 된다.

화이트박스 테스트는 시스템의 내부 동작에 대한 지식을 가지고 수행된다. 화이트박스 테스트의 기본 개념은 시스템 내부의 어느 특정 노드가 예상대로 동작되는지를 알아보기 위한 테스트를 작성하는 것이다. 테스트는 노드가 일반적인, 경계 부근의, 극단적인 그리고 유효하지 않은 상황에 대처할 수 있는지를 테스트하도록 작성된다.

시스템을 설계하는 데 있어서 많은 목표 중의 하나는 테스트 가능성을 증가시키는 것이다. 설계는 하나의 부품이나 서브시스템이 고장난 부분의 위치를 파악할 수 있을 때 테스트 가능하다고 한다. 테스트 가능한 설계는 디버깅, 생산 및 현장에서 서비스를 더 쉽게 만든다. 시스템의 테스트 가능성을 증가시키는 방법은 **가제어성**(*controllability*)과 **가관측성**(*observability*)을 증가시키는 것이다. 가제어성은 시스템의 어떤 노드도 미리 정해진 값으로 설정할 수 있는 능력이다. 가관측성은 시스템의 어떤 노드도 관측할 수 있는 능력이다. 블랙박스 테스트에서 가제어성과 가관측성은 낮다. 화이트박스 테스트에서 가제어성과 가관측성은 설계에 따라 더 높아질 수도 있다.

[그림 7-2]에 있는 단순한 트랜지스터 증폭기의 예제를 통해 살펴보자. Common-emitter 증폭기로 알려진 이 회로의 용도는 입력신호 v_i를 선형 비례 출력신호 $v_0 = A \times v_i$로 증폭하는 것이다. 그림에서 직사각형의 경계는 시스템의 블랙박스 관점의 영역을 나타낸다. 이러한 관점에서 시스템의 출력 V_{cc}와 접지는 회로를 동작시키기 위해 인가된다. 블랙박스 테스트는 전원과 접지전압을 점검하고, 입력신호를 변화시키면서 출력신호를 관측하는 것으로 구성된다. 다시 말하면, 이것은 낮은 가제어성과 가관측성 상황이다.

화이트박스 테스트는 설계의 내부 동작에 대한 지식을 이용한다. 트랜지스터 증폭기를 설계하는 데 있어서 고려되어야 할 두 가지 점이 있다. 회로에서의 직류(DC) 바이어스 전압과 교류(AC), 즉 시변 증폭기 동작이다. 두 가지 동작은 연관되어 있는데, AC 동작이 회로의 적당한 DC bias에 의존하기 때문이다. 상세 회로설계 동안, 회로에서 다른 노드들에 대한 예상되는 DC 전압이 결정된다. 따라서 화이트박스 테스트는 먼저 블랙박스 테스트에서 한 것과 같이 전원, 접지 전압을 점검하는 것이다. 그

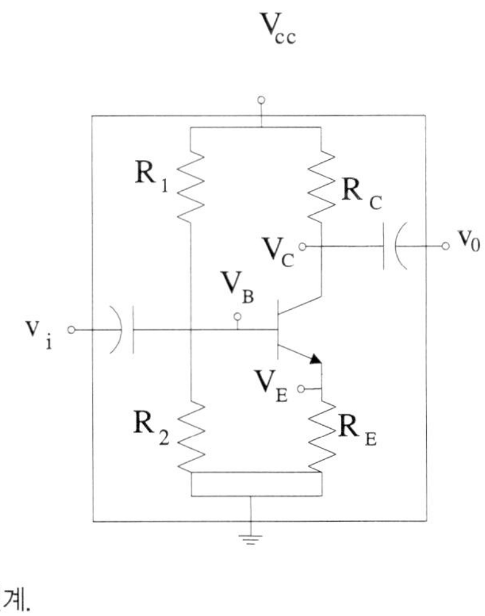

그림 7-2 트랜지스터 증폭기 설계.

다음은 노드 전압(V_B, V_C, V_E)들이 예상값과 같은지를 점검해야 한다. 이것은 높은 정도의 가관측성이다. 그렇지만 가제어성은 블랙박스 테스트에서보다 훨씬 더 좋아지지는 않는다. 이것은 회로에서의 내부 DC 노드 전압이 회로를 정상적으로 동작시키면서 임의로 변화시킬 수 없기 때문이다.

7.1.2 스터브

스터브(***Stubs***)는 시스템의 부속 요소를 시뮬레이션하는데 사용되는 장치이다. 이것은 두 가지 이유 때문에 행해질 수 있다. 부속 요소는 아직 만들어지지 않았거나 실제로 사용함으로써 부속 요소에 충격을 줄 수 있는 위험 때문이다. 일반적으로 스터브는 입력을 시뮬레이션하거나 **테스트 시료**(***unit under test, UUT***)의 출력을 관측하기 위하여 사용된다. 하드웨어와 소프트웨어 스터브는 시스템을 설계하는 데 사용될 수 있다. 소프트웨어 테스트에서, 스터브 루틴은 다른 함수를 호출하거나 테스트 시료에 의해 호출되는 것처럼 동작시키기 위하여 개발된다.

하드웨어의 예로, [그림 7-2]의 트랜지스터 증폭기를 고려해보자. 회로는 최종적으로는 큰 시스템에 정합될 것이라고 가정하자. 시스템의 입력은 어떤 전기적인 특성을 가진 시변 입력이다. 반면 출력은 알려진 입력 저항 범위를 가진 다른 시스템에 연결되어 있다. 이 시스템에서 테스트에 사용된 스터브는 [그림 7-3]에 나타난다. 최종 시스템의 예상 특성을 모델링한 저항과 콘덴서에 연결된 테스트 장비인 함수발생기(function generator)는 입력단에 위치하고 있다. 출력단 스터브는 단지 저항이다.

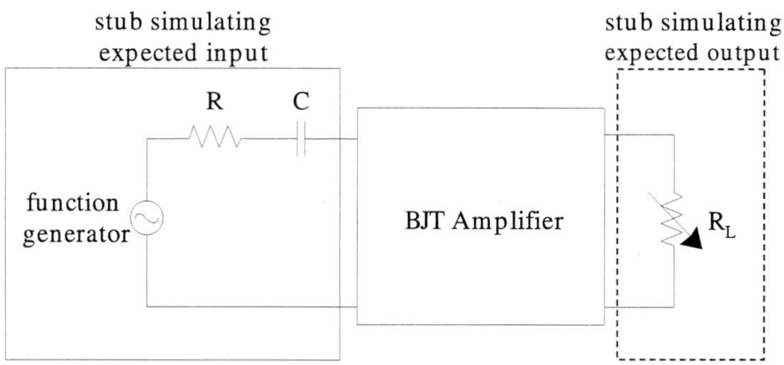

그림 7-3 트랜지스터 증폭기 회로의 테스트를 위한 스터브의 사용.

이 값은 예상 부하에 따라 달라질 수 있다.

7.1.3 테스트 케이스 특성

앞에서 여러 가지 다른 수준의 테스트들을 보았지만 효율적인 테스트 케이스들을 작성하는 것이 필요하다. 효율적인 테스트 케이스들은 수준에 관계없이 공통의 속성을 가지고 있다. Dianne Runnels [Run99]는 효율적인 테스트 케이스들을 다음과 같은 특성으로 정의한다.

- 정확성: 테스트는 의도한 범위 내에서 무엇이 가정되고, 수행되었는지 확인해야 한다.
- 경제성: 테스트는 최소한의 단계로 수행되어야 한다.
- 제한된 복잡도: 테스트는 적당한(10~15) 단계로 구성되어야 한다.
- 재연가능성: 테스트는 다른 사람에 의해 수행되고 재연 가능해야 한다.
- 적당한 복잡도: 테스트의 복잡도는 테스트 업무에 할당된 다른 개인에 의해 수행될 수 있을 정도여야 한다.
- 추적 가능성: 테스트는 특정한 요구사항을 검증해야 한다. 다른 종류의 테스트에 대한 대응하는 요구사항은 [그림 7-1]의 테스트 V에서 관련된 개발단계로부터 추출된다.
- 자율정제성: 시스템은 테스트를 완료한 후 테스트 이전 상태로 돌아와야 한다.

7.2 테스트 구축

이 절은 [그림 7-1]에서 보이는 네 개의 다른 종류의 테스트인 디버깅, 단위테스트, 통합테스트, 인수테스트에 관한 내용이다. 이것은 테스트가 시행되는 순서로부터 반대 방향으로 제공된다. 아마도 독자들은 디버깅과 같은 기본적인 테스트 기술에 가장 친숙할 것이다. 이 절에서는 가장 친숙한 것으로부터 시작하여 가장 추상적인 것으로 나아가면서 설명한다. 다음 절에서는 반대 방향, 즉 인수 테스트에서 단위테스트로 진행하는 케이스 사례연구를 다룬다.

7.2.1 디버깅

설계 과정의 한 단계로서 구현 단계에 이른다. 이 단계에서 회로를 구성하고 집적회로를 연결하고 코드를 적는 것이 수행된다. 5장에서 소개된 함수분해 개념을 적용하면 입력, 출력, 구현된 모듈의 동작 등에 대한 명확한 개념을 알 수 있다. 콤포넌트를 구현해나가는 과정에서 불가피하게 예상대로 기능하지 않는 경우를 만나게 된다. 이런 경우를 일반적으로 **버그**(***bug***)라고 부른다. 이때 문제의 원인을 찾아내 고치는 디버깅 기술의 적용이 필요하다. 누구나 매우 다양한 버그들을 만나게 되고 이러한 버그들이 두 종류—보어버그(Bohrbug), 하이젠버그(Heisenbug)—중에 하나일 것으로 추측하는 것은 좋은 시도이다.

보어버그는 전자가 공간상의 특정한 위치에 존재한다고 가정하는 보어의 원자 모델에서 이름 붙여졌다. 보어버그는 언제나 같은 위치에 있는 버그를 나타낸다. 이것은 전자가 특정 위치에 존재하는 것과 유사하다. 특정한 입력이 주어지면 보어버그는 같은 방법, 같은 위치에 자신을 나타낼 것이다. 보어버그를 찾는 것은 정확한 덫을 설치하는 일과 같다. 좋은 덫은 설치가 쉽고, 빠르게 오류를 발생시키고, 오류의 원인을 보여준다. 이것은 어려운 요구이나 오랜 숙련을 통해 이루어지는 과정이다.

하이젠버그는 전자의 위치는 불확실하다는 하이젠베르그의 불확실성 원리에서 이름이 붙여졌다. 유사하게도 하이젠버그는 같은 입력에 대해 언제나 같은 출력을 제공하지 않을 수 있다. 그것들은 시스템 내에서 움직이는 것처럼 보이고, 결과적으로 위치를 알아내는 것이 어렵다. 하이젠버그를 찾는 일은 그것들이 기대하지 않았던 동작원리에 따라 나타나므로 시스템 외적인 부분에 대한 지식이 필요하다. 하이젠버그의 한 가지 예는 때때로 시스템 스택에 쓰기동작을 일으키는 포인터 오류를 가진 컴퓨터 프로그램이다. 이것은 서브프로그램의 귀환값(return value)을 부정확하게 만든다. 이러한 경우, 틀린 귀환값 때문에 서브프로그램이 문제가 있는 것처럼 보인다. 그렇지만 서브프로그램만을 그 자체로 테스트할 경우 잘 동작하고 있는 것을 확인할 수 있다. 또 다른 좋은 예는, 항상 잘 동작하다가도 특정한 날은(주로 교수가 근처에 있을 때) 동작하지 않는 회로이다. 불완전한 접지와 같은 문제는 사람을 함정에 빠뜨리는 문제이기 때문에 종종 책망을 받을 수도 있다.

버그 종류에 관계없이 디버깅 과정은 반복적이다. 테스트를 하면 그 결과를 바탕으로 다시 새로운 테스트를 반복하는 과정을 거친다. 디버깅 과정에서는 전략을 세

우고 임해야 한다. 이 전략은 종종 프로그램에서 if-then 구조와 유사하다. "if 테스트 불량, then 집중 공략 otherwise 오류는 다른 서브시스템에 있을 수 있다." 일반적으로, 디버깅 과정은 과학적인 방법과 같다. 디버깅 과정의 단계는 다음과 같다.

- **관찰**: 다른 동작 조건하에서 문제를 관찰한다.
- **가설**: 근본적인 문제가 무엇인가에 대한 가설을 만든다.
- **실험**: 가설로 만든 문제의 근원을 확인하고 제거하는 실험을 수행한다.
- **반복**: 문제가 제거될 때까지 반복한다.

가설을 세울 때, 먼저 가장 단순하고 가장 쉬운 근본적인 문제인지를 확인하라. 이렇게 하는 것은 다음과 같은 두 가지 이유 때문이다. 가설들이 실행하기 쉽고 더 많은 테스트가 주어진 시간 동안에 수행될 수 있다. 또한 설계는 추상의 가장 낮은 단계부터 가장 높은 단계로 검증되어야 한다. 예를 들면, 전압 확인과 같은 기본적인 문제는 더 복잡한 기능을 가진 높은 단계의 기능을 검증하기 전에 확인되어야 하는 부분이다. 이 같은 방식에 대한 이유는 명백하다. 높은 단계의 기능은 모든 낮은 단계들이 동작하지 않으면 정상적으로 동작할 수 없기 때문이다.

7.2.2 단위테스트

단위테스트는 모듈의 기능에 관한 완벽한 테스트이다. 완벽한 테스트가 되기 위하여 단위테스트는 모듈이 규격에 대한 단일 기능성을 수행하도록 만들어진 각각의 테스트사례의 집합으로 구성되어야 한다. 테스트사례들은 확인되지 않은 오류를 밝혀내기 위한 의도로 작성된다. 예를 들면, 섭씨온도를 입력 받아 화씨온도로 출력하는 하드웨어 모듈을 생각해보자. 모듈의 동작은 다음과 같은 의사코드로 나타낼 수 있다.

```
If (16 < input < 32)
   Output = ROM[input - 16];
Else
   Output = (2 * input) + 32;
```

입력온도가 16에서 32°C 사이일 때, 출력은 ROM에 쓰인 룩업(look-up) 동작에 의해 결정된다. 입력온도가 16에서 32°C 사이가 아니면 입력은 유사한 섭씨-화씨 변환 근사식을 이용하여 변환할 수 있다. 이 하드웨어 모듈에 대한 각각의 테스트사례는 의도한 단일 분야를 시행하면 된다. 명백히, 적어도 두 개의 테스트사례가 필요하다. 하나는 if문에 해당하는 사례이고, 다른 하나는 else분에 해당하는 사례이다. 추가로, if문과 else문 사이의 경계값에 대해 확인해보는 것은 좋은 생각이다. 마지막으로 입력의 극단적인 값을 고려해야 한다. 예를 들어, 입력이 signed 8-bit integer이면 –128에서 128까지를 확인해야 한다. 입력이 부호가 있을 경우에 0은 경계값이므로 확인되어야 한다.

다음 예는 **프로세스경로**의 개념을 설명하기 위한 예제(프로세스의 시작에서 끝까지 만나는 연속적인 명령문과 상태들의 일련의 순서)이다. 온도변환의 예는 두 개의 프로세스경로를 가진다. 하나는 if문이 수행되는 때이고 또 다른 하나는 else문이 수행되는 때이다. 시스템을 통한 이러한 프로세스경로는 근본적인 **테스트 사례**를 나타낸다. 테스트 사례가 모든 가능한 프로세스경로를 포함하는 정도를 테스트 범위라고 부른다. 적은 테스트 사례로 가능한 넓은 테스트 범위를 갖도록 테스트 세트를 설계하는 것이 바람직하다. 범위에 관한한 최종 목표는 모든 가능한 경로가 하나의 테스트를 가지는 **완전경로범위**에 의해 달성된다. 그렇지만 이러한 수준의 범위는 프로세스경로의 수가 내부 중첩분기의 수에 따라 기하급수적으로 증가하기 때문에 가능하지 않을 수도 있다. 검증 가능한 경로보다 많은 수의 경로가 존재하는 경우에 부분경로범위에 만족하여야만 한다. 이러한 경우는 오류를 가장 잘 나타낼 것 같은 경로들이 테스트되어야 한다.

테스트 사례들은 일반적으로 한 개인이나 그룹에 의해 작성되고 다른 그룹에 의해 수행되기 때문에 단위테스트에 대한 문서화는 매우 중요하다. 테스트 사례는 매트릭스, 단계적 테스트 혹은 자동화 스크립트를 이용하여 구성될 수 있다.

매트릭스 테스트

매트릭스 테스트는 제공된 입력이 구조적으로 같고 그 값만이 다를 때 가장 잘 어울리는 테스트이다. 테스트과정은 입력과 예상출력의 목록을 추출하는 factored out방식이다. 테스트는 하나의 그룹이 작성하고 다른 그룹이 수행하기 때문에 테스트 작성자들은 테스트를 수행하는 사람들이 시스템의 동작에 대하여 코멘트와 관찰한 결과를 기록할 수 있는 공간을 남겨두어야 한다.

5장(5.7절, [그림 5-7] 참조)의 온도측정 시스템에 사용된 아날로그-디지털 변환

표 7-1 아날로그-디지털 변환기를 위한 매트릭스 테스트

테스트 작성자: Sue L. Engineer

테스트 사례 이름:	ADC 단위테스트	Test ID#:	ADC-UT-01
내용	출력의 각 비트가 다른 출력 비트에 독립적으로 설정될 수 있는지 검증	유형:	☐ 화이트박스 ☑ 블랙박스

테스터 정보

테스터 이름		날짜:	
하드웨어 버전:	1.0	시간:	
시험 준비	시스템에서 연결 jumper를 제거하여 ADC를 분리한다. clock 입력을 10-kHz clock에, Din 입력을 고정밀 전압원에 연결한다. ADC의 출력을 Logic Analyzer에 연결한다.		

항목	시험 전압(V_T)	예상 출력		Pass	Fail	N/A	Comments
		Decimal	Hexadecimal				
1	0.000 V	0	0x000				
2	0.004887 V	1	0x001				
3	0.00977 V	2	0x002				
4	0.01955 V	4	0x004				
...	...	...	...				
10	2.502 V	512	0x200				
전체 테스트 결과:							

기(ADC)에 대한 테스트를 생각해보자. ADC의 클럭 주파수는 10 kHz이고 입력범위는 0~5 V이다. 단위테스트는 ADC에 다른 입력값들을 인가하고 출력을 검증하는 것으로 구성된다. 각 테스트는 테스트절차는 변하지 않고 단지 입력만이 변하기 때문에 [그림 7-1]의 테스트 매트릭스가 만들어질 수 있다.

이 테스트 사례는 다른 출력 비트에 관계없이 ADC 출력의 각각의 비트를 테스트한다. 다른 테스트 사례들은 부적합한 입력뿐만 아니라 극단적인 입력도 조사한다. 부적합한 입력은 제조사 권고범위를 너머 ADC에 충격이 가해져서는 안 된다는 점을 주의해야 한다. 그렇지 않으면 테스트는 ADC에 비정상적인 충격을 가할 수도 있다.

단계적 테스트

단계적 테스트 사례는 테스트 항목을 만들고 결과를 확인하는 것에 대하여 서술된 규정이다. 이러한 서술은 테스트가 복잡한 단계로 구성되어 있을 때 가장 효과적이다. 단계적 테스트를 위한 테스트 템플릿은 매트릭스 테스트 템플릿에 포함된 모든 정보를 가지고 있다. 차이점은 테스트 수행자가 테스트과정의 각 단계에서 필요한 행동에 대한 서술이 추가되어 있는 점이다.

예를 들어 6장([그림 6-2] 참조)의 사탕자동판매기에 대한 상태다이어그램을 생각해보자. 상태 머신은 동전이 적립되는 순서와 조합에 따라 다른 프로세스경로를 가진다. 테스트 사례는 시스템을 통해서 각 프로세스경로에 대하여 쓸 수 있다. 하나의 특정한 프로세스경로에 대한 예는 [표 7-2]에 나타난다.

표 7-2 자판기를 위한 단계적 테스트

테스트 작성자: Sue L. Engineer

테스트 사례 이름:	Finite State Machine Path Test #1	Test ID#:	FSM-Path-01
내용	5센트와 10센트가 섞인 동전을 투입한다. FSM이 총 30센트의 투입에 대하여 캔디를 제공하는지를 검증	유형:	☑ 화이트박스 ☐ 블랙박스

테스터 정보

테스터 이름		날짜:	
하드웨어 버전:	1.0	시간:	
시험 준비	시스템이 리셋되어 초기 상태가 0인지 확인하라.		

Step	Action	예상 출력	Pass	Fail	N/A	Comments
1	5센트 투입	State는 5센트가 된다.				
2	10센트 투입	State는 15센트가 된다.				
3	대기	State는 15센트 그대로이다.				
4	5센트 투입	State는 20센트가 된다.				
5	10센트 투입	State는 30센트가 된다.				
6	동작 없음	State는 0센트가 된다.				
전체 테스트 결과:						

자동화된 테스트 스크립트

자동화된 테스트 스크립트는 사용자 개입 없이 테스트 시료(UUT)에 제공되는 명령문들의 집합이다. 일반적으로 출력은 모듈에 오류가 있는지를 결정하기 위한 예상 출력에 대하여 자동적으로 비교된다. 자동화된 스크립트는 테스트 하네스(harness), 테스트장치 혹은 테스트 벤치(test bench)라고 불리는 장치에서 수행된다.

자동화된 스크립트는 설치하는 데 요구되는 시간 관점에서 많은 선행 비용을 요구하는 반면, **회귀테스트**(*regression testing*)를 수행할 때에는 약간의 비용만을 추가 지불한다. 회귀테스트는 의도하지 않은 어떤 오류도 존재하지 않는다는 것을 보증하기 위하여 시스템의 관련 부분을 보완한 후에 모듈을 다시 테스트하는 과정이다. 회귀테스트에서 소모되는 시간을 줄이는 것은 전체 시스템 개발시간에 긍정적인 효과를 가진다. 따라서 자동화된 스크립트의 이점은 테스트 주기에서 최종적으로 실현되는 것이다. 또한 설계 결정은 회귀테스트에 소모되는 시간에 영향을 끼친다. 이것은 매우 연관성이 많은 모듈로 구성된 시스템은 광범위하고, 많은 시간을 소비하는 회귀테스트를 필요로 하기 때문이다.

매트릭스 테스트를 위한 템플릿은 자동화된 스크립트가 실행하는 것을 표현하는데 사용될 수 있다. 그렇지만 자동화된 스크립트가 어떻게 이러한 동작을 수행하는가에 대한 정확한 내용은 구현하는 시스템마다 다를 수 있다. 예를 들어 하드웨어 서술언어에서 스티뮤러스(stimulus)와 UUT의 반응은 테스트 벤치에 의해 진행된다. 테스트 벤치는 그 자체로 테스트 시료를 서술하는 데 사용된 같은 하드웨어 서술언어로 만들어진 하드웨어의 부분이다.

7.2.3 통합테스트

개별 서브시스템들은 각각의 단위테스트를 거친다. 그 다음에 큰 서브 콤포넌트로 결합되고, 최종적으로 전체 시스템을 완성하게 된다. 그래서 **통합테스트**는 전체 시스템의 중요 모듈이 함께 정상적으로 동작하는지를 검증하는 테스트이다. 통합테스트를 위한 테스트 사례는 상위 설계에까지 추적 가능해야 하고, 테스트 사례들은 설계 구조의 특성을 기반으로 작성되어야 한다. 통합에 대한 테스트 사례는 다음 질문들로부터 도출될 수 있다.

- 시스템을 통하여 모든 실행경로들이 수행되는가?
- 모든 모듈들이 최소한 한 번은 실행되는가?
- 모든 인터페이스 신호들이 테스트되는가?
- 모든 인터페이스 방식들이 실행되는가?
- 시스템은 타이밍 요구사항을 만족하는가?

통합테스트는 앞서 언급한 매트릭스 혹은 단계적 테스트 템플릿을 이용하여 문서화할 수 있다.

인수테스트

인수테스트는 고객이 시스템을 인수하는 조건을 명시한 공식적인 문서이다. 일반적으로 사용자 환경에 따라 시스템을 실행하는 테스트 사례들로 구성된다. 테스트 사례들은 공학적 요구사항이 충족되는 것을 보증하도록 작성되어야 한다. 좋은 요구사항의 네 가지 속성(추상적이고, 명백하고, 추적 가능하고, 검증 가능한)은 좋은 인수테스트를 구성하는 데 중요하다. 명확한 요구사항은 모든 사람이 동의하는 테스트를 가능하게 한다. 검증 가능한 요구사항은 인수테스트를 할 때에 합격 또는 불합격을 결정하는 기준을 설정한다. 추적 가능한 요구사항을 기반으로 한 테스트는 프로젝트의 필요성을 평가하는 것을 의미한다. 그렇지만 인수테스트는 테스트 사례들을 포함하는 것 이상이다. 일반적으로 다음을 포함하고 있다.

- 테스트 접근방법: 시스템을 테스트하는 데 사용되는 종류, 수준, 방법
- 테스트 일정: 개별 테스트의 시작일과 종료일
- 문제점 보고: 테스트 결과들을 기록되는 방법
- 자원 요구사항: 테스트에 요구되는 하드웨어, 소프트웨어 및 인력에 대한 요구사항
- 테스트 환경: 테스트를 수행하는 데 필요한 준비
- 테스트 장비: 테스트를 수행하는 데 필요한 특수 장치 혹은 장치구성들
- 설치 후 테스트: 설치된 시스템에서 실행되는 테스트
- 테스트 식별: 테스트 사례와 각각의 식별자의 집합
- 교정 행위: 인수 가능하도록 하기 위하여 시스템에서 이루어진 수리목록

시스템이 인수되도록 모든 테스트 사례가 당연히 합격일 필요는 없다. 인수테스

트는 각 테스트에 관련된 중요한 정도를 규정해야 한다. 인수테스트를 위한 테스트 사례를 상상하여 작성하기는 쉽지만 그 과정은 닭과 달걀 문제와 같다. 즉 테스트과 정을 규정하려는 것은 결과적으로 시스템에서 아직 구현되지 않은 것을 요구한다. 이것은 설계주기에서 나중에 인수테스트의 보완을 필요로 하게 된다.

7.3 사례연구: 보안로봇 설계

테스트에 관련된 개념을 살펴보기 위해 사무실에서 외부 침입자를 감시하는 보안시스템의 설계를 고려해보자. 설계팀은 사무실 공간을 자동적으로 운항하는 이동 로봇을 설계할 필요성을 제기하기로 결정하였다. 설계팀은 고객과 함께 다양한 요구사항을 작성하였다. 이로부터 기본적 운영 문제를 언급하는 두 가지에 초점을 맞춘다.

- 로봇의 중심은 *3 m* 이상 되는 경로를 벽과 평행하게 운행하면서 경로의 *90%* 이상을 벽의 *12~18 cm* 사이에서 존재해야 한다.
- 로봇이 향하는 점은 *3 m* 이상 되는 경로를 벽과 평행하게 운행하면서, 벽의 축으로부터 *10°* 이상 벗어나지 말아야 한다.

이 사례연구는 이러한 두 가지 요구사항에 관련되는 인수, 통합, 단위테스트에 대한 테스트 사례로 확장된다. 테스트 사례의 개발은 [그림 7-1]에서 예시된 순서를 따른다. 이는 요구사항, 통합테스트와 결합되어 개발된 인수테스트 항목은 시스템 설계기간 동안 작성되고 단위테스트 항목은 시스템 구현 기간 동안에 작성된다는 것을 의미한다.

인수테스트

먼저 언급된 요구사항을 로봇이 달성할 수 있는가를 검증하기 위하여 인수테스트 사례를 작성하는 것으로 시작한다. 많은 테스트들이 만들어질 필요가 있으나 공학적 요구사항에 대한 테스트만을 만든다. 테스트는 로봇이 벽을 따라 움직이는 것을 관찰하고 기준선을 벗어날 때마다 바닥에 표시를 함으로써 수행된다. 이러한 테스트는 사람마다 "범위를 벗어난" 것을 다르게 판단할 수 있기 때문에 쉽게 반복 가능하지는 않을 수 있다. 속도가 있는 로봇이 경계값을 벗어나는 시간이나 조건을 결정하는 것이 어렵기 때문에 이러한 테스트의 정확성은 문제가 될 수 있다.

결과적으로, 고객이 테스트가 통과되었다는 것을 실질적으로 검증하는 것을 어렵게 만드는 것은 확고한 테스트 결과에 대한 기준이 존재하지 않는다는 점이다. 이러한 문제를 다루는 방법은 로봇이 벽으로부터 거리를 스스로 관측하게 하는 것이다. 이것은 시간상으로 로봇의 위치를 관측하고 그 값을 저장하는 프로그램에 의한

표 7-3 자동로봇을 위한 단계적 인수테스트 사례

테스트 작성자: Sue L. Engineer

테스트 사례 이름:	로봇 인수테스트 #1	Test ID#:	Robot-AT-01
내용:	공학적 요구사항 검증: 로봇의 중심이 경로의 *90%* 이상에서 벽에서 *12~18 cm* 이내로 유지하면서 *3 m* 이상을 벽과 평행하게 진행한다.	유형:	☐ 화이트박스 ☑ 블랙박스

테스터 정보

테스터 이름:		날짜:	
하드웨어 버전:	1.0	시간:	
시험 준비:	완성된 로봇을 충분히 충전하여 3 m 길이의 test track에 놓는다.		

Step	Action	예상 출력	Pass	Fail	N/A	Comments
1	벽으로부터 로봇의 위치를 관찰하는 프로그램 작성	프로그램은 통계적으로 정확성을 시험한다. 속도를 고려하여 충분한 비율로 벽을 샘플링해야 한다.				
2	로봇을 test track에 놓고, 주행, 데이터 다운로드 수행	로봇은 test track의 모든 구간을 주행한 후 정지해야 한다.				
3	테스트 결과를 스프레드시트 프로그램에 그림으로 나타냄	시간에 따른 위치에 대한 그림에서 시간의 90% 이상에서 12~18 cm 이내여야 한다.				
전체 테스트 결과:						

경우에 이루어진다. [표 7-3]의 단계적 인수테스트에 대한 규격으로부터 테스트 프로그램은 로봇이 벽을 따라 이동할 때 거리 데이터를 기록하도록 구성되었다. 이 데이터들은 로봇으로부터 다운로드된 후에 필요한 메트릭을 결정하고 미래의 참고자료로 저장되도록 스프레드시트 프로그램에서 분석될 수 있다.

통합테스트

고객의 의뢰를 받은 팀은 요구사항을 분석하고 [표 7-3]에 있는 테스트에 추가하여 완벽한 인수테스트 항목을 작성한다. 다음에 요구사항을 충족시키는 상위 설계서를 개발한다. 작성된 설계는 [그림 7-4] 자동로봇의 레벨 1 구조에 나타난다.

설계의 핵심은 센서값을 읽고, 결정을 하고, 두 개의 모터 속도를 제어하는 마이크로콘트롤러(MCU)이다. 로봇은 MCU로부터 진폭변조(pulse-width modulated, PWM) 신호를 이용하여 각 모터의 상대속도를 조절함으로써 움직이고 방향전환을 한다. PWM 신호의 듀티사이클(duty cycle)은 모터의 속도와 비례한다. H-bridge는 MCU 출력을 증폭하고 모터에 전원을 인가한다. MCU는 LCD로 문장을 전송하기 위한 신호를 출력한다. MCU와 디지털 컴퍼스 간의 신호는 쌍방향이다. 이는 MCU가 디지털 컴퍼스를 사용하기 전에 동작모드를 설정해야 하기 때문이다. MCU는 신호의 전압이 물체까지의 거리에 비례하는 영역탐색기(range finder)로부터 아날로그 입력을 받는다. 마지막으로, 스위치들은 수동 입력으로 로봇을 테스트하도록 만들어진다.

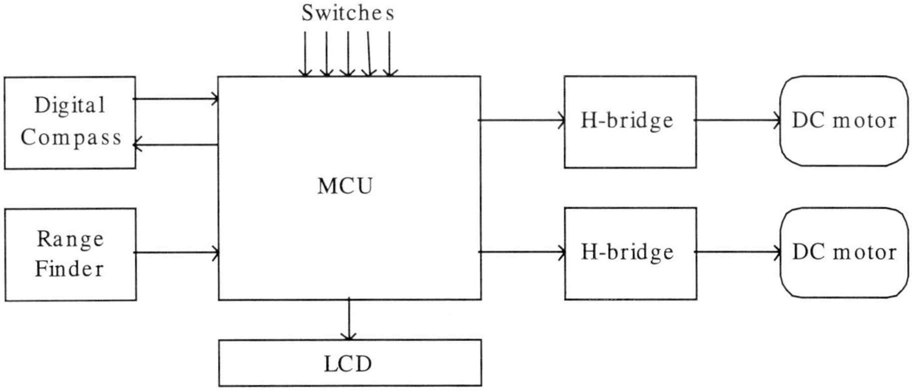

그림 7-4 이동 로봇을 위한 레벨 1 설계구조.

MCU와 다른 부가장치들과의 상호작용이 명백하게 검사되어야 한다. 하지만 이 부분은 MCU로 입출력장치로부터 입력을 가하고 출력을 확인하는 테스트장치를 만들 수 있기 때문에 단위테스트로 넘길 것이다. 더구나 이러한 테스트를 위한 많은 프로그램들은 나중에 개발과정에서 재사용될 수 있다.

통합테스트 동안에 테스트될 수 있는 많은 서브시스템 간의 상호작용들이 있다. 시스템을 주의 깊게 조사하면 어떤 하부시스템의 조합이 문제를 일으킬 가능성이 큰가를 알 수 있다. 경험과 콤포넌트 선정이 목표를 설정하는 데 중요한 역할을 할 것이다. 예를 들면, DC 모터에 전선을 감아서 만들어진 자기장은 컴퍼스에서 만들어진 데이터값에 영향을 줄 수 있다. 이러한 상호작용은 근본적으로 MCU가 읽은 진행방향에 영향을 주고, 로봇이 허용된 10도 이상으로 경로를 벗어나게 하는 원인이 될 수 있다. 따라서 단계적 통합 테스트를 위하여 자성 컴퍼스를 가진 모터의 동작을 테스트하는데 사용하는 [표 7-4]를 만든다.

이 테스트 사례로부터 사용자가 로봇을 정렬하고, 컴퍼스 값을 읽어 저장하고, 그 값을 사용자에게 제공하도록 작성된 테스트 프로그램이 필요하다는 것을 의미한다. 컴퍼스 값이 10° 이상 벗어나면 안 되는 요구사항은 로봇이 복도를 운항하면서 벽의 축으로부터 10° 이상 벗어나면 안 되는 공학적 요구사항에 근거를 두고 있다.

단위테스트

레벨 1 구조와 설계 요구사항을 만족시키는 구조를 확인하는 테스트 사례가 개발되면 설계팀은 설계에 사용할 콤포넌트를 선정하는 작업으로 이동한다. 설계팀은 최종 시스템이 공학적 요구사항을 만족하도록 각각의 부품을 선정해야 한다. [그림 7-4]에 있는 각각의 개별 콤포넌트는 단위테스트를 위한 대상으로 생각할 수 있다. 일반적으로 각 기능 단위는 단위테스트를 구성하는 몇 가지 테스트 사례들을 가지고 있다. 디지털 컴퍼스를 위한 단위테스트도 여기에 포함된다. 테스트 사례가 제공되기 전에 단위 부품에 대한 기능 설계 요구사항은 [표 7-5]에 주어진 것과 같다.

전체 설계에 유용하게 사용하기 위하여 컴퍼스 모듈은 로봇의 진행방향을 정확하게 기록할 수 있어야 한다. 요구사항은 로봇의 진행방향에서 최대 10°의 오류를 허용한다. 따라서 [표 7-6]의 매트릭스 테스트 사례는 컴퍼스를 구성하고, 진행방향 데이터를 읽도록 만든다. 이 단위테스트는 10° 이상의 진행방향 오류를 찾는 것이다.

표 7-4 컴퍼스와 모터에 대한 단계적 통합테스트 사례

테스트 작성자: Sue L. Engineer

테스트 사례 이름:	로봇 인수테스트 #1	**Test ID#:**	Robot-IT-01
내용:	마그네틱 컴퍼스에서 DC 모터들의 상호작용을 검증	**유형:**	☐ 화이트박스 ☑ 블랙박스

테스터 정보

테스터 이름:		**날짜:**	
하드웨어 버전:	1.0	**시간:**	
시험 준비:	목재 턴테이블을 격자형 지도 위에 놓는다. 이 지도는 마그네틱 컴퍼스와 정렬되어야 한다. 정렬이 되는 동안 어떤 금속도 없어야 한다. 다음에, 부분적으로 조립된 로봇을 턴테이블에 놓는다. 관측과 데이터 기록을 위해 MCU를 터미널에 연결한다.		

Step	Action	예상 출력	Pass	Fail	N/A	Comments
1	모터를 구동하면서 컴퍼스 값을 기록하는 프로그램 작성	프로그램은 통계적으로 정확성을 시험한다. 속도를 고려하여 충분한 비율로 컴퍼스 값을 샘플링해야 한다.				
2	인수 테스트를 진행	테스트 프로그램은 사용자가 로봇의 방향을 맞추고 모터를 최대 속도까지 수행하도록 해야 한다.				
3	테스트 결과를 스프레드시트 프로그램에 그림으로 나타냄	컴퍼스가 설정점에서 10° 이상 차이가 나는지를 알아보기 위해 그림을 분석해야 한다.				
전체 테스트 결과:						

7.4 길잡이

테스트는 서브시스템의 적절한 동작, 시스템의 통합 그리고 시스템의 전체 성능을 검증하는 것 이상으로 중요하다. 테스트 사례들은 시스템이 동작하는 방법을 문장으로 서술한다. 테스트 사례들은 진단방법을 개발하고, 기술문서를 작성하는 것을 지원하고 마케팅과 영업 지원부서가 시스템 성능을 이해하는 데 도움이 되도록 사용한

표 7-5 디지털 컴퍼스를 위한 기능 요구사항

모듈	디지털 컴퍼스–Geosensor version 2.3
입력	• 지구 자기장: 지구 자기 극점에 시작점과 끝점을 가지는 방향을 가지는 자기장 • SClk: 모듈을 통하여 데이터를 인가되는 클락 신호. 최대 주파수는 10 MHz이다. • SDIn: 컴퍼스 모듈로 전송되는 직렬데이터 입력. 데이터는 positive SClk edge에서 유효하다.
출력	• SDOut: 컴퍼스 모듈로 출력되는 직렬데이터 출력. 데이터는 negative SClk edge에서 유효하다.
기능	지구 자기장을 감지하여 자기장에 대한 컴퍼스의 방향을 결정한다. 이 방향은 내부 레지스터에 저장되고 SPI 인터페이스를 통하여 읽을 수 있다.
테스트	Comp-UT-01

다. 테스트는 설계에 있어 가치를 더해가는 과정이다. Burke와 Coyner는 시스템에서 버그를 제거하려는 시도뿐만 아니라 다음과 같은 것들이 테스트를 수행하는 이유들이라고 지적한다.

- 테스트는 현존하는 혹은 새로운 기능을 가진 시스템에 존재하는 버그를 제거한다. 테스트로 모든 버그가 제거되지는 않지만 제품에 버그가 들어갈 가능성을 줄인다.
- 테스트는 좋은 문서화이다. 테스트는 테스트를 수행하는 사람들에게 테스트 시료의 동작과 인터페이스 방법에 대한 통찰력을 제공한다.
- 테스트는 설계 변경비용을 줄인다. 테스트를 거치지 않은 복잡한 설계에 대한 변경은 추적하기 힘든 버그를 만들 수 있다. 여러 가지 회귀테스트 방법들은 변경에 의해 주입된 버그의 영향을 국한시키는 데 도움이 될 수 있다.
- 테스트는 설계를 개선한다. 테스트 가능한 설계를 만들기 위해 응집도를 높인 느슨하게 결합된 단위 모듈들을 만들 필요가 있다.
- 테스트는 재설계를 하도록 한다. 테스트 가능한 설계의 서브콤포넌트는 새로운 오류를 생산할 가능성을 줄이면서 변경되거나 최적화될 수 있다. 이것은 테스트가 재설계된 모듈이 정확하게 동작하는 것을 검증하도록 만들어졌기 때문이다.
- 테스트는 기능 특성들을 제한한다. 테스트는 관련된 모듈을 구현하기 전에 정확한 요구사항이 정의하여 작성된다. 따라서 하나의 단위 모듈이 테스트에 통과하면 그 모듈에 관련된 요구사항이 충족되었음을 확인하게 된다.
- 테스트는 다른 설계자들에 대해 방어한다. 종종 하나의 설계는 특수한 경우들을 다루

표 7-6 디지털 컴퍼스를 위한 매트릭스 단위테스트

테스트 작성자: Sue L. Engineer

테스트 사례 이름:	컴퍼스 단위테스트 #1	Test ID#:	Comp-UT-01
내용:	컴퍼스가 정확한 각도 측정을 MCU에 전달하는지 검증한다. 테스트 프로그램은 ./test/compass_unit_test_1.c 에 있다.	유형:	☐ 화이트박스 ☑ 블랙박스

테스터 정보

테스터 이름:		날짜:	
하드웨어 버전:	1.0	시간:	
시험 준비:	컴퍼스 모듈은 SPI 인터페이스를 통해 MCU에 연결되어야 하고 MCU는 SCI 인터페이스를 통해 RS232 터미널에 연결되어야 한다. 터미널은 96 baud로 동작하도록 구성되어야 한다. 격자 방향 지도는 마그네틱 컴퍼스를 이용하여 정렬되어야 한다.		

Step	Action	예상 출력	Pass	Fail	N/A	Comments
1	/test 디렉토리에 있는 compass.c를 컴파일한다.	IDE는 warning이나 error가 없어야 한다.				
2	다운로드	MCU는 'download successful' 을 표시해야 한다.				
3	실행	MCU는 터미널에 실행 중임을 알리는 표시를 해야 한다.				
4	컴퍼스를 0°로 조정	터미널 인터페이스는 0 +/– 10을 표시해야 한다.				
5	컴퍼스를 30°로 조정	터미널 인터페이스는 30 +/– 10을 표시해야 한다.				
6	컴퍼스를 45°로 조정	터미널 인터페이스는 45 +/– 10을 표시해야 한다.				
...	...	...				
12	컴퍼스를 315°로 조정	터미널 인터페이스는 315 +/– 10을 표시해야 한다.				
전체 테스트 결과:						

는 회로를 가질 필요가 있다. 이러한 특별한 경우를 검증하는 테스트의 필요성은 미래의 보완이 이 회로를 제거하지 않도록 만들 것이다.

- 테스트는 재미이다. 테스트를 작성하는 것은 복잡한 설계 문제에 대한 창조적인 해결책을 요구한다.
- 테스트는 차분하게 생각을 하게 한다. 기능 특성을 설계에 반영하기 전에 테스트를 작성하면서 새로운 기능 특성이 현재의 설계 구조에 어떻게 맞는지를 확인하게 된다.
- 테스트는 개발을 더 빠르게 한다. 콤포넌트 수준에서 테스트는 개발을 느리게 한다. 그렇지만 설계가 크고 복잡할수록 테스트를 통과한 모듈은 현재의 콤포넌트에 이상 동작을 일으키지 않으면서 쉽게 통합될 수 있다.
- 테스트는 두려움을 감소시킨다. 당신은 테스트 절차가 있는 것과 없는 것 중에 어느 쪽의 단위 모듈을 개선시키고 싶은가?

7.5 요약 및 참고도서

테스트는 시스템이 정상적으로 동작한다는 것을 확인하는 데 도움을 주는 설계과정의 중요한 부분이다. 이 장에서는 블래박스 테스트, 화이트박스 테스트, 가제어성, 가관측성 등을 포함하는 테스트의 기본 원리에 대해 알아보았다. 이것들은 테스트가 수행되고, 제어되며, 시스템의 상태가 관측되는 방법을 나타낸다. 테스트 사례들의 특성뿐만 아니라 시스템의 입력과 출력을 시뮬레이션하기 위해 사용되는 스터브에 대해서도 학습했다. 단위테스트에서 통합테스트를 통한 인수테스트까지의 여러 가지 테스트 단계들도 조사되었다. 테스트는 시스템의 가장 상세한 수준부터 가장 일반적인 부분으로 진행되고, 각 단계에서 수행된 테스트는 설계 개발과정에 대응하는 단계에 따라 추적 가능하다.

테스트 분야는 소프트웨어 공학 영역에서 잘 개발되었다. Software Engineering: An Engineering Approach[Pet00]은 블랙박스 테스트와 화이트박스 테스트와 같은 테스트원리에 대한 개요를 잘 설명한다. 또한 이 책에서 고려된 것 이상으로 수많은 테스트 전략을 포함한다. 오울루 대학 전자정보공학과의 Glossary of

Vunerability Testing Terminology[Oul04]는 소프트웨어 분야에서 테스트와 관련된 방대한 양의 용어들을 제공한다. Gray의 1985년 논문 <Why Do Computers Stop and What Can Be Done About It?>[Gra85]는 하이젠버그와 보어버그란 용어를 만들었다. 이 논문은 어떻게 슈퍼컴퓨터가 실패하는가에 대한 많은 흥미로운 사실들을 소개하며 슈퍼컴퓨터 회사의 내부를 들여다 볼 기회를 제공한다. 단위테스트에 대한 많은 주제들은 Daianne L. Runnel의 논문 <How to Write Better Test Cases>[Run-99]를 참고하였다. 이 논문에서 저자는 단위테스트를 정의하고 단위테스트를 구현하는 확실한 방법을 제공한다. 테스트에 관한 많은 논문들과 함께 이 논문은 *www.stickyminds.com*에서 찾을 수 있다. 미 공군의 시스템공학 프로세스그룹부터 매우 우수한 문서와 템플릿을 구할 수 있다. 소프트웨어 개발을 목적으로 하지만 단위테스트와 통합테스트에 대한 점검목록은 많은 통찰력 있는 주제를 포함한다. 이것들은 *http://ossg.gunter.af.mil/applications/sep/menus/Main.aspx* 에서 구할 수 있다. 인수테스트 항목에 관한 목록은 부분적으로 *http://www.tbs-sct.gc.ca/emfcag/acceptance/outline/atpo-vper_e.asp* 에서 구한 정보에서 나왔다.

7.6 학습문제

7.1 블랙박스 테스트와 화이트박스 테스트의 차이점을 설명하라.

7.2 익숙한 회로 시뮬레이터(아날로그 혹은 디지털)를 명시하라. 회로가 시뮬레이션하는 회로의 가관측성과 가제어성을 증가시키는 이 시뮬레이터의 특징을 설명하라.

7.3 이동하는 로봇이 만들어졌다. 차등 구동구조를 가진 두 개의 DC 모터를 사용한다. 움직임을 조정하는 마이크로콘트롤러와 장애물을 검출하는 초음파센서이다. 로봇은 물체를 부딪치지 않고 돌아다니도록 만들어졌다. 불완전한 서브시스템을 대상으로 어떻게 스터브를 이용하여 테스트를 수행할 수 있는 이유를 명확하게 설명하라.

7.4 LM741과 같은 OP 앰프가 있다고 가정하자. 이 장치를 테스트하기 위하여 어떤

종류의 테스트가 적합한가? 그렇게 하기 위한 간단한 테스트계획을 작성하라.

7.5 어떤 상황에서 매트릭스 테스트가 적합한가를 설명하라.

7.6 어떤 상황에서 단계적 테스트가 적합한가를 설명하라.

7.7 단위테스트, 통합테스트와 인수테스트 단계들을 고려하자. 각 단계에서 각 테스트가 추적 가능하도록 만드는 대응 요구사항을 명시하라.

7.8 첫 번째 시스템 요구사항에 대한 인수테스트를 제공하는 7.3절의 로봇 설계 사례연구를 고려하자. 두 번째 시스템 요구사항에 대한 인수테스트를 작성하라.

7.9 7.3절의 로봇 설계 사례연구를 고려하자. DC 모터, MCU, 영역검출기의 결합된 동작을 보여주는 통합테스트를 작성하라.

7.10 7.3절의 로봇 설계 사례연구를 고려하자. 디지털 컴퍼스, MCU, LCD의 결합된 동작을 보여주는 통합테스트를 작성하라.

7.11 7.3절의 로봇 설계 사례연구를 고려하자. 영역검출기, DC 모터, H-bridge, LCD에 대한 단위테스트를 작성하라.

7.12 [**프로젝트 응용**] 프로젝트에 대한 인수테스트 슈트를 작성하라. 인수테스트는 시스템을 위하여 개발된 공학적 요구사항에 적용되어야 한다.

7.13 [**프로젝트 응용**] 프로젝트에 대한 통합테스트 슈트를 작성하라. 통합테스트는 설계구조의 상위 수준에 적용되고, 기능 단위들 사이의 상호작용을 나타내야 한다.

7.14 [**프로젝트 응용**] 프로젝트에 대한 단위테스트 슈트를 작성하라. 단위테스트는 설계에서 가장 낮은 수준 단위들에 적용되어야 한다.

Chapter 08 시스템 신뢰성

"품질은 결코 우연이 아니다. 이것은 언제나 지적 노력의 산물이다."
—존 러스킨

재학 중에 진행된 전형적인 설계 프로젝트는 실험실에만 국한될 수도 있다. 그렇지만 대다수의 산업계에 종사하는 기술자들은 많은 사람들이 사용하는 시스템을 개발하고, 시스템의 성공을 위하여 신뢰성, 안전, 유지보수 등과 같은 기능 이외의 문제들이 중요한 요소가 되었다. 지난 20년 동안 산업계는 품질기능전개(quality function deployment, QFD), 6시그마(six sigma), 강건한 설계 등과 같은 공정의 채택을 통해 신뢰성을 중시하는 방향으로 진화하고 있다. 이러한 공정들의 몇 가지 요소를 차후 설명하겠지만, 이 장의 목표는 시스템 신뢰성을 조사하는 것이다. 신뢰성은 시스템이 고장 없이 얼마나 오랫동안 동작할 수 있는가라는 질문에 대한 대답을 제공한다. 이 질문에 대한 대답은 근본적으로 불확실성이고 확률과 통계의 사용을 요구한다. 이 장은 기본적인 확률이론을 살펴보고, 확률이론을 실제 생활에서 시스템의 동작을 추정하는데 적용한다. 신뢰성은 콤포넌트와 시스템 수준에서 검증된다.

▶▶학습 목표

1. 확률의 기본적인 원리에 익숙해지고, 확률을 신뢰성이론에 적용하는 방법을 이해한다.
2. 실패율, 신뢰성, 평균 가동시간의 수학적 정의와 의미를 학습한다.
3. 콤포넌트의 신뢰성을 결정하는 방법을 배운다.
4. 다양한 동작 온도에서 전자 콤포넌트의 출력을 내려서 사용하는 법을 이해한다.
5. 다양한 시스템 구성의 신뢰성을 결정하는 방법을 공부한다.

8.1 확률이론

확률이론은 우연히 발생한 사건을 연구하는 체계적인 구조를 제공한다. 이것은 공학적 시스템을 모델링하는 데 강력한 도구이고, 신뢰성 추정을 하는 데 필수적이다. 이 절은 확률의 몇 가지 중요한 개념을 검토하게 되며, 독자들은 기본적인 확률이론에 익숙한 것으로 가정한다.

확률을 적용하기 위해, 먼저 일반적인 확률정의들을 알아보자. 시행(*experiment*)은 상태를 측정하고 정량화하는 과정이다. 시행에서의 특정한 결과물을 사상(*event*,

그림 8-1 Dogbert의 식스시그마 프로그램. (Dilbert © Scott Adams / Dist. By United Feature Syndicate, Inc.)

e_i)이라고 하고, 사상공간(*event space*, E)은 시행에 의한 모든 가능한 결과물의 집합이다. 예를 들어, 6개 면을 가진 주사위를 굴리는 시행을 고려하자. 시행은 주사위를 굴리고 결과를 관찰하는 것이다. 이때 관찰된 결과를 사상이라고 하고, 사상공간은 집합 $E = \{1, 2, 3, 4, 5, 6\}$이다. 결과물이 숫자일 필요는 없다. 또 다른 시행의 예는 동전던지기인데, 사상공간 $E = \{$앞면, 뒷면$\}$이다. 두 경우는 시행의 결과물이 유한한 수가 존재하기 때문에 이산 사상공간이다. 이산 사상공간에서 모든 가능한 시행결과의 합집합은 사상공간을 정의한다. 만일 e_i가 이산 사상공간에서 i번째 사상이라면, 사상공간은 다음과 같이 합집합으로 표현될 수 있다.

$$E = \bigcup e_i \tag{1}$$

사상에 대한 확률은 그 사상에 대하여 얼마나 자주 발생할 것인가를 나타낸다. 이것은 사상에 0과 1 사이의 실수값을 부여하는 확률연산자 $P(\ )$에 의해 정량화된다. 확률은 시행이 무한히 반복된다면(거대수 법칙: law of large numbers) 사상이 발생할 시간의 비율이다. 확률이론이 만들어진 세 가지 기본적인 공리 중 두 개는 다음과 같다.

$$P(e_i) \geq 0 \tag{2}$$

$$P(E) = 1 \tag{3}$$

첫 번째 공리는 모든 확률은 음수가 아니라는 것을 가리키고, 두 번째 공리는 사상공간의 정의를 재언급하는 것이다. 시행의 결과물은 사상공간의 원소여야만 한다. 이러한 정의와 공리로 몇 가지 중요한 확률 개념을 알아보자.

8.1.1 확률밀도함수

주사위를 굴리거나 동전을 던지는 것처럼 모든 사상공간이 이산은 아니다. 온도를 측정하는 시행을 생각해보자. 이러한 측정은 가능한 측정값의 연속적인 범위를 갖는 변수를 필요로 한다. 확률변수(random variables)는 연속적인 값을 갖는 변수를 필요로 한다. 확률변수는 **확률밀도함수**(*probability density function*, PDF)라고 알려진 수학적 함수를 가진다. 확률밀도함수를 어느 구간 내에서 적분을 하면 그 범위에서의 확률이 된다. PDF는 보통 $p_X(x)$로 표시한다. 이때 X는 사상공간에서 취하는 값이 된다. 표준 표기는 확률변수를 PDF에 대한 아래첨자와 같은 대문자 변수로 구분한다. 괄호 안의 변수는 확률변수에 대응되지 않는 소문자의 형식적인 변수이지만 일반적으로 같은 변수로 대응을 시킨다. PDF에 대한 질문은 "확률변수가 일정한 범위 내에 존재할 확률은?"과 같은 것이다. 확률변수 X가 두 개의 값 a와 b 사이에 놓일 확률을 결정하는 경우를 고려해보자. 확률연산자를 이용하면 $P(a \le X \le b)$로 표시되게 할 수 있다. 이것은 PDF로부터 다음과 같이 결정된다.

$$P(a \le X \le b) = \int_a^b p_X(x)\, dx \tag{4}$$

개념적으로 [그림 8-2]에 보이는 바와 같이 PDF 아래 두 점 사이의 적분한 면적을 나타낸다.

확률밀도함수에 대한 몇 가지 중요한 특성을 알아보자. 첫 번째는 식 (3)과 마찬가지로, 발생하는 모든 사상의 확률은 1과 같다는 사실을 의미한다. 이것은 정규화특성이라고 하고, 다음과 같이 표현한다.

$$\int_{-\infty}^{\infty} p_X(x)\, dx = 1 \tag{5}$$

또 다른 재미있는 결과는 확률변수가 특정한 값, 예를 들면 $P(X = a)$일 확률을 결정하는 과정에서 얻어진다. 그것은 적분으로부터 다음과 같이 얻을 수 있다

$$P(X = a) = \int_a^a p_X(x)\, dx = 0 \tag{6}$$

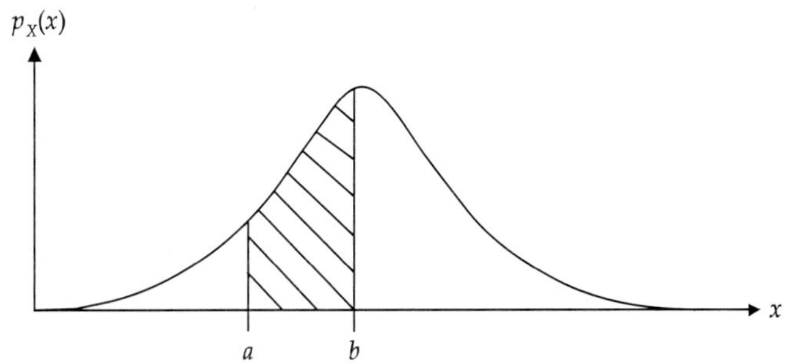

그림 8-2 확률밀도함수. 곡선 아래 있는 면적이 확률변수 X가 구간 $[a, b]$ 사이에 놓일 확률을 나타낸다.

이것은 다소 직관적이지 않은 결과이다. 확률변수가 특정한 값을 취할 확률은 0이다. 이것이 타당한가? 확률변수 V에 대한 전압을 측정하는 시행을 고려해보자. 이제 "전압의 측정값이 π(무리수) 볼트인 확률은 얼마인가?" 실제로, 이 질문은 측정기의 정밀도가 무한대이고, 이는 구현에 모순이 되므로 대답하는 것이 불가능하다. 따라서 수학적 결과가 실제의 결과와 일치하게 된다. 다음과 같이 확률변수가 특정값 근방의 작은 범위에 대한 확률을 결정해야 하는 딜레마가 존재한다.

$$P(\pi < V < \pi + \Delta v) = \int_{\pi}^{\pi+\Delta v} p_V(v)\,dv \approx p_V(\pi)\ \Delta v \tag{7}$$

이는 확률변수가 주어진 값 근방의 작은 범위에 대한 확률은 그 값에서 평가된 PDF와 범위의 크기의 곱으로 근사적으로 구할 수 있다.

8.1.2 평균과 분산

PDF로부터 결정되는 두 개의 유용하고 잘 알려진 통계들은 평균 μ과 분산 σ^2이다. 다음과 같이 PDF로부터 구할 수 있다.

$$\mu_X = \int_{-\infty}^{\infty} x p_X(x)\,dx \tag{8}$$

$$\sigma_X^2 = \int_{-\infty}^{\infty} (x-\mu)^2\, p_X(x)\,dx \tag{9}$$

평균은 PDF의 무게 중심과 유사하다. 분산은 평균과 PDF의 값들 사이의 차를 제곱하여 평균을 구한 것이다. 이때 제곱항은 분산이 언제나 양수값으로 결정된다는 의미를 갖는다. 분산의 제곱근은 표준편차 σ라고 한다.

8.1.3 일반적인 확률밀도함수

정규분포

물리과학과 공학에서 가장 일반적인 밀도함수가 정규분포이다. 많은 개체의 차이들을 정규분포로 나타낼 수 있다. 예를 들면, 여러 개의 2.2 kΩ 저항이 있는 상자 중에서 실제 저항값들은 정규분포를 이룬다. 정규분포는 다음과 같이 정의된다.

$$p_X(x) = \frac{1}{\sqrt{2\pi}\sigma} e^{-\frac{1}{2}\left(\frac{x-\mu}{\sigma}\right)^2} \tag{10}$$

평균 μ과 표준편차 σ는 PDF 정의의 부분이고 특정한 용도에 따라 분포의 모양을 바꾸는 데 사용된다. 정규분포의 PDF는 [그림 8-3]에 나타난다. μ을 변화시키는 것은 전체함수를 x축으로 이동하게 하고, σ를 증가시키는 것은 함수를 넓게 퍼지게 한다. 정규분포로부터 확률의 계산이 가능하다(수학적 계산이 들어가지만). 일반적으로 확률은 누적분포함수로부터 계산된다.

균등분포

[그림 8-4]에 그려진 균등분포의 확률밀도함수는 모든 결과물이 발생 가능성이 같은 시행의 산출물을 모델링한다. 수학적으로 균등분포의 PDF는 다음과 같이 나타낼 수 있다.

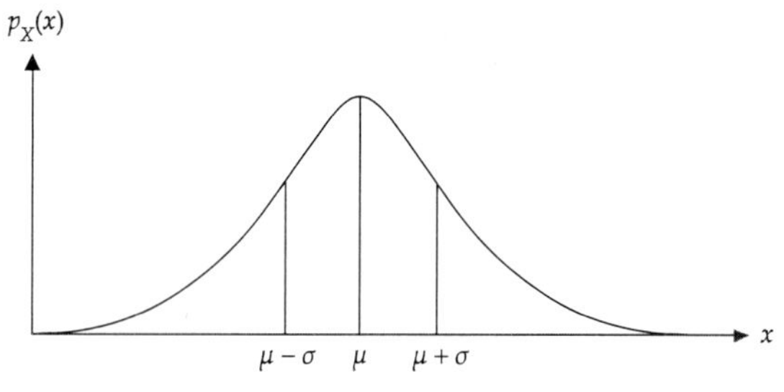

그림 8-3 평균 μ과 표준편차 σ를 가진 정규분포의 확률밀도함수.

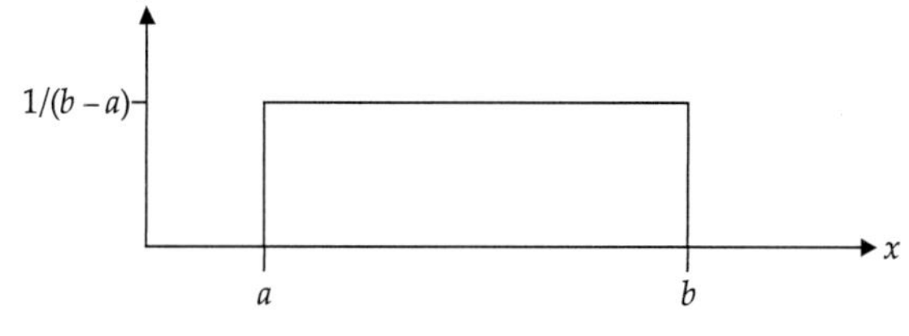

그림 8-4 구간 $[a, b]$ 사이의 균등분포의 확률밀도함수.

$$p_X(x) = \frac{1}{b-a}, \quad a \le x \le b \tag{11}$$

이때 a와 b는 특정한 문제에 대한 요구를 만족하도록 선정된다.

지수분포

지수분포는 통신시스템에서 데이터 패킷 사이의 도착간격시간과 같은 시간의존적인 함수를 모델링하는 데 사용될 수 있다. 나중에 설명되겠지만, 지수분포는 콤포넌트 고장의 유형을 시간의 함수로 나타낼 수 있다. 지수분포의 수학적 표현은 다음과 같다.

$$p_X(x) = \lambda e^{-\lambda x}, \ x \ge 0, \lambda \ge 0 \tag{12}$$

PDF는 모수 λ에 의하여 구분되고, 이것은 [그림 8-5]에서 보는 바와 같이 곡선의 모양에 영향을 준다.

8.1.4 누적분포함수

확률에 관한 질문 중 대표적인 것은 "확률변수 X가 a 값보다 작을 확률은 얼마인가?"와 같은 것들이다. 예를 들면, 목표 중에 하나는 전자제품이 2년 안에 고장 날 확률을 결정하는 것이다. 첫 번째 의문으로 돌아가서, PDF를 적분하여 구할 수 있는 $P(X < a)$를 구하는 것은 확실한 목표이다. 이러한 결과는 적분 구간의 상한값을 확률

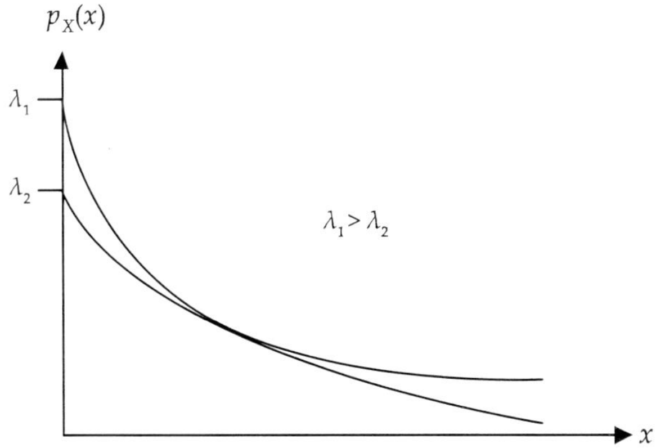

그림 8-5 두 개의 다른 모수 λ 값에 대한 지수분포의 확률밀도함수.

변수의 범위를 정하는 임의의 값까지 구함으로써 일반화될 수 있다. 이것은 **누적분포 함수**(*cumulative distribution function*, CDF)라고 불리는 새로운 함수를 만들어낸다. 이 함수는 PDF를 적분하는 함수이고 다음과 같이 정의된다.

$$\mathrm{CDF}(x) \equiv \int_{-\infty}^{x} p_X(y)\, dy \tag{13}$$

|8.2| 신뢰성 예측

확률을 연구하는 데 있어 중요 관심사는 시스템의 신뢰성을 정량화하기 위한 부분에 있다. 다음은 **신뢰성**에 대한 공식적인 의미의 수학적 정의이다.

정의: 신뢰성 $R(t)$는 장치가 시간 t에서 정상적으로 동작(고장 없이)할 확률이다.

$R(t)$를 결정하기 위해 먼저 수학적 도구와 관련된 것과 그 의미를 소개하는 것이 필요하다. 장치의 **고장률** $\lambda(t)$는 단위시간의 예상 고장 수이다. 고장률은 주어진 시간 동안 여러 개의 장치를 가동하고 그 시간 동안 얼마나 많은 고장이 있는지를 점검하여 측정된다. 시간에 대한 고장률의 전형적인 그래프는 [그림 8-6]의 욕조 모양이다. 높은 초기 고장률은 제작의 오류 결과이고, 이는 영아생존율과 유사하다고 언급된다. 결과적

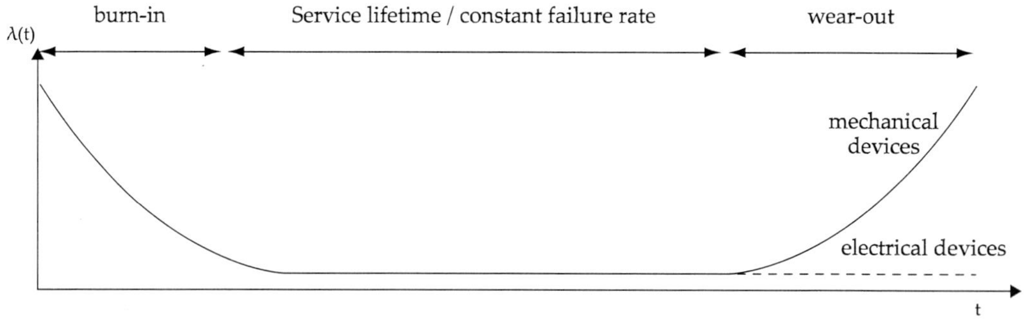

그림 8-6 욕조곡선으로 알려진 시간의 함수로서의 고장률.

으로, 많은 생산자들은 공장에서 제품을 판매하기 전에 문제를 알아내기 위한 'burn-in' 테스트를 한다. 영아생존 단계 후에 장치들은 일정한 고장률을 갖는 단계, 즉 $\lambda(t) = 1$인 서비스 단계로 진입한다. λ에 대한 추정은 많은 수의 제품들을 테스트하여 경험적으로 얻어진다. 추정치는 보통 주어진 시간당 한 단위 고장, 예를 들면 $\lambda = 1$ 고장/10^6 시간 등과 같이 나타낸다. 어느 정도 시간이 흐른 후 장치는 노후되어 고장률이 증가한다. 이것은 보통 노후와 사용에 따른 기계적인 열화의 결과이다. 잘 설계된 전자장치는 노후 영역이 없이 계속해서 일정한 고장률을 지속할 수 있다. 이것은 기계적인 장치를 포함하는 모든 시스템에 해당하는 것은 아니고 전자장치에 해당하는 말이다.

고장률에 추가하여, 장치의 고장시간에 대한 PDF $f_T(t)$가 정의되고, 이때 시간 T가 확률변수이다. 이 함수는 "하나의 장치가 시간 t_1과 t_2 사이에 고장이 발생할 확률은 얼마인가?"라는 물음에 대한 해답을 줄 수 있다. $\lambda(t)$와 $f_T(t)$ 사이의 차이점을 구별하는 것은 중요하다. 고장률은 동일한 장치의 집합이 주어진 시간 t에서 고장나는 평균 비율을 나타내는 반면, $f_T(t)$는 주어진 장치가 특정한 시간 구간 내에서 고장나는 확률을 결정하는 데 사용된다. $f_T(t)$에 대한 CDF는 다음과 같이 결정된다.

$$F(t) = \int_0^t f_T(\tau)\, d\tau. \tag{14}$$

$F(t)$는 "장치가 시간 t까지 고장날 확률은 얼마인가?"에 대한 답을 제시하고, 고장함수(*failure function*)라고 한다. 앞서 나왔던 $R(t)$의 정의를 살펴보자. $R(t)$는 $F(t)$와 직접적으로 관련이 있고, $F(t)$의 보수라는 것을 알 수 있다. 둘 사이의 관계는 다음과 같다.

$$R(t) = 1 - F(t) \tag{15}$$

$F(t)$는 누적확률분포이기 때문에 [그림 8-7]에서 보이는 바와 같이 시간이 무한대로 갈 때 초기값 0에서부터 최대값 1까지 단조 증가한다. 반대로 $R(t)$는 시간 0일 때 1의 값에서 출발하여 0값까지 단조 감소한다.

$\lambda(t)$는 경험적으로 측정된 데이터를 나타내는 것이기 때문에 $\lambda(t)$와 최종목표인 신뢰성 $R(t)$ 사이의 관계식을 세우는 것이 유용하다. 그렇게 하기 위하여 $\lambda(t)$, $R(t)$, $f_T(t)$ 사이의 관계식은 다음과 같이 수립한다. 작은 시간구간 t와 $t + \Delta t$를 고려하고, 이 시간 동안에 장치의 고장확률을 구해보자. 식 (7)에서 얻어진 근사식으로부터 이 확률은 다음과 같이 주어진다.

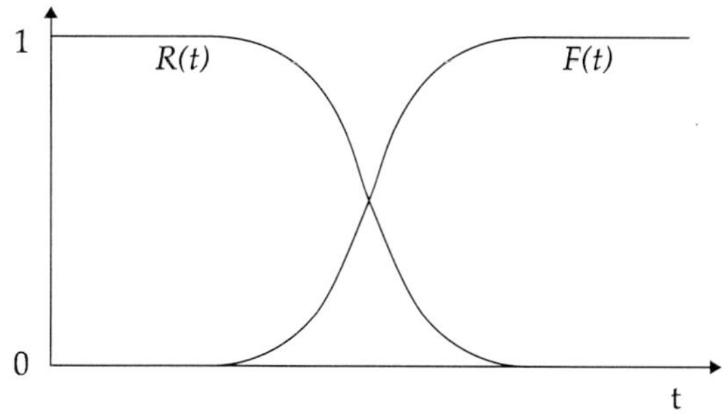

그림 8-7 신뢰함수와 고장함수의 예.

$$P(\text{failure between } t \text{ and } \Delta t) \approx f_T(t)\ \Delta t \tag{16}$$

위의 식이 어떻게 $R(t)$와 $\lambda(t)$와 관계있는 확률인가? $R(t)$는 장치가 시간 t에서 동작할 확률이고, $\lambda(t)$는 시간 t에서 고장 날 확률이다. $R(t)$, $\lambda(t)$, Δt의 곱은 식 (16)에서와 같은 고장확률을 제공한다.

$$P(\text{failure between } t \text{ and } \Delta t) = R(t)\lambda(t)\ \Delta t \tag{17}$$

식 (16)과 (17)을 같게 두면, 세 가지 함수 사이의 원하는 관계를 다음과 같이 얻을 수 있다.

$$f_T(t) = R(t)\lambda(t) \tag{18}$$

이것은 $R(t)$와 $\lambda(t)$ 사이의 연관성을 세우는 기본식이 된다. 그렇지만 $f_T(t)$에 대한 PDF는 식(18)로부터 제거될 필요가 있다. 이것은 CDF $F(t)$와 $R(t)$에 대한 관계를 통해서 다음과 같이 이루어진다.

$$f_T(t) = \frac{d}{dt}F(t) = \frac{d}{dt}[1 - R(t)] = -\frac{d}{dt}R(t) \tag{19}$$

위의 결과를 식 (18)과 같게 놓으면, 다음과 같이 전개된다.

$$-\frac{d}{dt}R(t) = R(t)\lambda(t) \ \Rightarrow\ \frac{-\frac{d}{dt}R(t)}{R(t)} = \lambda(t) \tag{20}$$

양변을 적분하면

$$\int_0^t \left(\frac{-\frac{d}{d\tau}R(\tau)}{R(\tau)} \right) d\tau = \int_0^t \lambda(\tau)\, d\tau \;\Rightarrow\; -\ln(R(t)) = \int_0^t \lambda(\tau)\, d\tau \tag{21}$$

또한 $R(t)$에 대하여 풀면 $\lambda(t)$의 함수로서 신뢰성에 대한 최종 결과를 얻을 수 있다.

$$\boxed{R(t) = \exp\left(-\int_0^t \lambda(\tau)\, d\tau\right)} \tag{22}$$

서비스 생명주기 단계 동안 고장률은 일정하고, 식 (22)를 단순화하면 다음과 같이 된다.

$$\boxed{R(t) = \exp(-\lambda t)} \tag{23}$$

이 중요한 결과는 [예제 8.1]에 적용된다.

예제 8.1 트랜지스터 신뢰성

문제: $\lambda = 1/10^6$시간이라는 일정한 고장률을 가진 트랜지스터를 고려하자. 트랜지스터가 5년 동안 정상적으로 동작할 확률은 얼마인가?

풀이: 이 문제는 식 (23)에서 일정한 고장률에 대한 신뢰성 함수를 이용하여 구할 수 있다.

$$\begin{aligned}
R(t) &= \exp(-\lambda t) \\
R(5\text{ years}) &= \exp\left(-\frac{1}{10^6\text{ hours}} \times \frac{24\text{ hours}}{\text{day}} \times \frac{365\text{ days}}{\text{year}} \times 5\text{years}\right) \\
&= \exp(-0.0438) \\
&= 0.957 \\
&= \underline{95.7\%}
\end{aligned}$$

8.2.1 평균가동시간

평균가동시간(***mean time to failure, MTTF***)은 "장치가 고장 날 때까지 평균적으로 얼마나 오래 걸리는가?"라는 물음에 대한 해답으로 사용될 수 있는 정량적인 값이다. 정의로부터 MTTF는 확률변수 T(고장시간)의 평균값이다. 이것은 식 (8)의 정의와 PDF로부터 다음과 같이 구할 수 있다.

$$\text{MTTF} = \int_0^\infty t f_T(t)\,dt \tag{24}$$

위의 식에서 $f_T(t)$는 식 (19)로부터 $R(t)$를 미분하여 얻을 수 있다. 식 (23)의 일정한 고장률을 갖는 $R(t)$에 대하여 $f_T(t)$는 다음과 같이 얻어진다.

$$f_T(t) = -\frac{d}{dt}R(t) = \lambda e^{-\lambda t} \tag{25}$$

이것은 일정한 고장률이라는 조건하에서 고장률 PDF는 지수분포를 따른다는 사실을 의미한다. MTTF는 적분을 이용하여 다음과 같이 구할 수 있다.

$$\boxed{\text{MTTF} = \int_0^\infty t e^{-\lambda t}\,dt = \frac{1}{\lambda}} \tag{26}$$

λ은 하나의 장치에 대한 단위시간 동안에 평균 고장 횟수이므로 직관적인 상식과 일치함을 보여준다. 결과적으로 λ의 역수는 고장 사이의 평균시간, 즙 MTTF이다. 몇 가지 예를 들어보자.

예제 8.2 **트랜지스터에 대한 MTTF**

문제: 예제 8.1의 트랜지스터에 대하여 (a) MTTF, (b) 시간 MTTF에서의 신뢰성을 구하라.

풀이:

(a) 식 (26)으로부터

$$\text{MTTF} = \frac{1}{\lambda} = \frac{1}{(1/10^6 \text{ hours})} = 10^6 \text{ hours}$$
$$= \underline{114 \text{ years}}$$

(b) 식 (23)으로부터 114년에 대한 신뢰성은

$$R(t) = \exp(-\lambda t)$$
$$R(114 \text{ years}) = \exp\left(-\frac{10^6 \text{ hours}}{10^6 \text{ hours}}\right) = \exp(-1) = 0.368$$
$$= \underline{36.8\%}$$

이것은 약간 직관과 배치되는 결과이다. 트랜지스터 고장 사이의 평균시간은 114년이지만 각각의 트랜지스터가 114년 동안 동작할 확률은 36.8%밖에 되지 않는다. 114년에 대한 신뢰도는 50%이고, 트랜지스터가 고장 날 확률이 반반이라는 것이 더 논리적으로 보인다. 이는 $f_T(t)$가 평균을 중심으로 좌우 대칭이면 그럴 수 있으나 지수분포에서는 그렇지 않다.

예제 8.3 사람 수명 추정

문제: 조사에 의하면 30살 인구에 대하여 사망률은 연간 1000명당 1.1명 사망의 비율로 일정하다. 이 데이터를 이용하여 사람의 MTTF를 추정하라.

풀이: MTTF를 계산하기 위하여, 주어진 정보로부터 l은 다음과 같이 계산된다.

$$\lambda = \frac{(1.1/1000) \text{ failures}}{1 \text{ year}} = \frac{1.1 \text{ failure}}{10^3 \text{ years}} = \frac{1 \text{ failure}}{909 \text{ years}}$$

따라서 MTTF를 계산할 수 있다.

$$\text{MTTF} = \frac{1}{\lambda} = 909 \text{ years}$$

장수를 기원하는 사람들에게 위의 결과는 희소식이 될 수 있지만 최대 인간수명은 경험적으로 120살 정도로 알려져 있기 때문에 위의 계산은 명백하게 틀렸다. 왜 이런 결과가 나왔을까? 가정이 유효하지 않은 상황에서 $R(t)$가 사용되었기 때문에 심각한 오류가 발생한 것이다. 식 (23)과 (26)의 결과는 고장률(여기에서는 사망률)이 일정한 상황에만 적용된다. 20~30대의 사람들에게 이 가정은 거의 일치하지만 나이든 사람에게는 사실이 아니다. 사람들은 노쇠하고 사망률은 나이가 들어감에 따라 증가한다.

8.2.2 고장률 추정

이 장의 목표는 전기전자 및 컴퓨터 스템에서 사용되는 장치들의 미래 동작을 예측하는 것이다. 특히 관심 있는 것은 장치의 동작 상태—장치가 동작하는지 혹은 고장난 상태인가—에 대한 신뢰성이다. 식 (23)은 고장률(λ)이 일정하게 주어지면, 신뢰성은 바로 계산될 수 있다는 것을 의미한다. 어떤 요소가 장치의 고장률에 영향을 끼치는가에 대한 문제는 중요한 문제 중의 하나이다. 많은 사람들은 실험실에서 정상동작 영역 이상의 조건, 즉 과도한 전류, 전압, 온도 등을 인가할 때 장치가 고장났던 경험들을 했을 것이다. 그러한 경우 장치는 허용된 조건을 벗어나는 상황에서 과열되어 고장이 발생한다. 하지만 장치의 동작조건 내에서 동작하는 경우에도 전력, 동작 전압, 온도 등과 같은 요소들의 변화는 고장률(λ)에 영향을 끼친다는 사실이다.

미국의 군대는 장치가 동작되는 조건과 현장에서의 장치 고장에 대한 기록들을 많이 보유하고 있다. 이러한 기록들은 Reliability Prediction of Electronic Equipment [MIL-HDBK-217F]라고 명명된 핸드북에 서술되어 있다. 이 책은 동작 조건, 환경, 장치의 품질 등의 조정요소와 함께 다양한 아날로그, 디지털 콤포넌트에 대한 고장률을 제공한다. 핸드북에 포함된 장치의 분야는 스위치, 퓨즈, 다이오드, 광전자 장치와 마이크로 전자장치(OP 앰프, 논리회로, 마이크로콘트롤러, 마이크로프로세서)들이다. 핸드북은 1991년에 마지막으로 발간된 후 발간이 중단되었다. 그러나 이 책은 아직도 널리 받아들여지고 사용되고 있다. 미국 회사인 Bellcore(후에 Telcordia로 변경)는 MIL-HDBK-217F를 근거로 더 새로운 모델을 개발했고, 더 정확하게 콤포넌트의 신뢰성을 예측하는 데 사용되고 있다. 이 장에서는 MIL-HDBK-217F를 사용하는데, 그 이유는 이 핸드북은 무료로 이용할 수 있기 때문이다.

각각의 장치에 대하여 기본고장률은 λ_b이고, p로 표현되는 많은 조정요소들을 곱하여 장치의 고장률(λ)을 추정한다. 각 조정요소들은 구별할 수 있는 첨자로 표시되고, 각 요소들의 값은 핸드북의 표와 공식으로부터 구할 수 있다.

예를 들면 저주파용 전계 효과 트랜지스터(field-effect transistor)를 검토해보자. 전체 고장률은 공식 $\lambda = \lambda_b \pi_T \pi_A \pi_Q \pi_E$ failures/10^6hours으로부터 구할 수 있다. λ_b는 표로부터 구한 기본고장률이고, π_T 지수공식으로부터 계산되는 온도요소이고, π_A는 장치가 어떻게 사용되는가에 따른 응용요소이고, π_Q는 품질요소이고, π_E는 환경요소이다. 품질요소 표는 0.7부터 8.0까지의 값을 가진다. 품질요소는 출고 전에 검사되는 수준을 표시한다. Joint Army/Navy(JAN, JANTX, JANTXV)는 최고 수준의 표준이고 우주선에만 요구되는 품질 수준이다. 까다로운 검사 절차를 따르는 JAN 부품은 비싸고, 대부분의 JAN 부품은 출고 전에 엄격한 검수를 거친다. 표에 있는 장치에 대한 고장률을 결정할 때 성능을 측정하는 최악의 조건에서의 분석이 되도록 하는 것이 일반적인 방법이다. 부품이 시스템에 장착될 때 높은 신뢰도를 가지고 동작하여, 동작 중에 만족감을 얻을 수 있어야 한다. 마지막으로 π_E는 다른 동작 환경에 기반을 두고 있다. [예제 8.4]는 신뢰성 추정을 위한 MIL-HDBK-217F 표준의 응용사례를 보여준다.

요약하면 고장률이 주어지고, 일정하면 장치의 고장률을 추정하는 것이 가능하다. 미군과 Telcordia의 핸드북은 고장률과 콤포넌트의 신뢰성을 추정하는 지침을 제공한다. 지침을 이용하여 고장률을 추정하는 것이고, 정확한 성능의 예측을 보장하는 것은 아니라는 점을 알아야 한다. 또한 시스템의 많은 부품이 있을 때에는 많은 시간이 걸리는 작업이 될 수 있으므로 신뢰성 추정 소프트웨어 패키지의 사용을 권장한다.

예제 8.4 MIL-HDBK-217F를 이용한 신뢰성 추정

문제: 양극성 접합 트랜지스터(bipolar junction transistor, BJT)를 가진 아래의 회로가 있다. 이 전자회로는 단순한 논리인버터이다. 입력전압 V_I에 0이 인가될 때 BJT는 OFF 상태가 되고, 전류가 흐르지 않아 출력전압은 5 V가 된다. 입력이 5 V일 때, 낮은 저항 R_B에 대해 높은 베이스 전압 때문에 BJT는 포화 상태가 된다. 이때 50 mA의 콜렉터 전류가 흐르고, R_C를 통해서 많은 전압강하가 이루어져 출력전압은 0 V가 된다. 두 상태에 대한 평균 콜렉터 전류는 25 mA이고, 평균전력은 125 mW(25 mA × 5 V)이다. 회로가 미사일 발사기에 사용되고, 동작온도는 25°C이고, JANTX급 부품이 사용된다고 가정한다. 저전력, 저주파 BJT인 2N3904 BJT 부품에 대하여 MTTF와 20년에 대한 신뢰도를 계산하라.

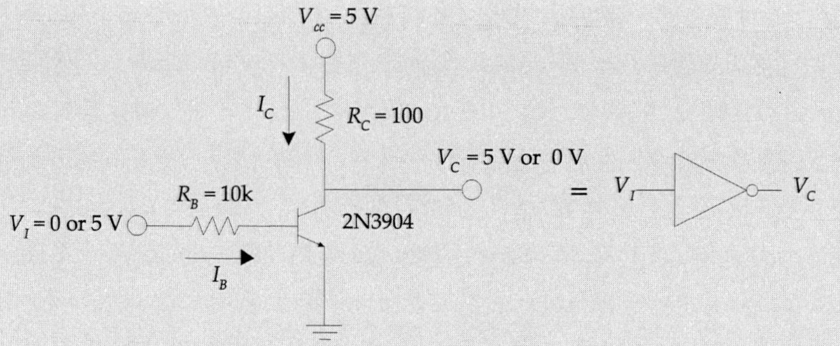

풀이: 이 문제의 목적은 고장률을 계산하고, 그것으로부터 MTTF와 신뢰도를 추정하는 것이다. MIL-HDBK-217F로부터, 고장률은 다음과 같다.

$$\lambda = \lambda_b \pi_T \pi_A \pi_R \pi_S \pi_Q \pi_E \frac{\text{failures}}{10^6 \text{ hours}}$$

기본고장률 λ_b= 0.00074는 직접 주어진다. π_τ는 온도 요소이고, 그 값은 다음의 관계식으로부터 구할 수 있다.

$$\pi_T = \exp\left[-2114\left(\frac{1}{T_J + 273} - \frac{1}{298}\right)\right]$$

여기서 T_J는 정합온도이다. 다음의 식으로 계산된다.

$$\begin{aligned} T_J &= T_A \ + \ \theta_{JA} P_D \\ &= 25°\text{C} + \left(200 \frac{°\text{C}}{\text{W}}\right)(125 \times 10^{-3}\ \text{W}) = 50°\text{C} \end{aligned}$$

온도저항 θ_{JA}는 2N3904 데이터시트로부터 얻을 수 있다(다음 절에서 좀 더 상세히 다룬다). 온도요소는 다음과 같다.

$$\pi_T = \exp\left[-2114\left(\frac{1}{50 + 273} - \frac{1}{298}\right)\right] = 1.73$$

π_A는 응용요소(스위치 혹은 선형증폭기)이고, 스위치 논리 인버터는 π_A = 0.70이다. π_R은 2N3904의 최대전력소모량에 근거한 다음과 같은 전력등급 요소이다.

$$\pi_R = (P_R)^{0.37} = (0.625)^{0.37} = 0.84$$

π_S는 장치의 최대 허용값에 대한 최대 V_{CE}의 비율로부터 계산되는 스트레스 요소이다. 회로에서 V_{CE}의 최대값은 5 V(회로가 off되고 전류가 흐르지 않을 때), 반면에 V_{CE}의 최대허용값은 2n3904 데이터시트로부터 40 V이다.

$$V_S = \frac{\text{applied } V_{CE}}{\text{rated } V_{CE}} = \frac{5}{40} = 0.125$$

$$\pi_s = 0.045\exp(3.1\times V_s) = 0.045\exp(3.1\times 0.125) = 0.066$$

π_Q는 품질요소이며, JANTX급 부품이 사용되기 때문에 $\pi_Q = 1.0$이다. π_E는 환경요소이고, 미사일 발사 분야에서는 $\pi_E = 32.0$이다.

이 모든 값들은 고장률을 계산하기 위해 준비한 것이다. 조정요소의 곱은 다음과 같이 계산된다.

$$\lambda = \lambda_b \pi_T \pi_A \pi_R \pi_S \pi_Q \pi_E \frac{\text{failures}}{10^6 \text{ hours}}$$

$$= \left(\frac{7.4 \times 10^{-4} \text{ failures}}{10^6 \text{ hours}}\right)(1.73)(0.7)(0.84)(0.066)(1.0)(32.0)$$

$$= \frac{1.59 \times 10^{-3} \text{ failures}}{10^6 \text{ hours}}$$

이 값으로부터 MTTF와 신뢰성을 계산할 수 있다.

$$\text{MTTF} = \frac{1}{\lambda} = 6.3 \times 10^8 \text{ hours} = \underline{71{,}804 \text{ years.}}$$

$$R(20 \text{ years}) = \exp\left(-\frac{20 \text{ years}}{71{,}804 \text{ years}}\right) = 0.9997$$

$$= \underline{99.97\%}$$

결론적으로, BJT는 20년 동안 사용하는데 매우 신뢰성이 높을 것으로 예상된다.

8.2.3 Themal Management and Power Derating

[예제 8.4]에서 계산된 요소 중 하나는 장치에서 소모되는 전력과 온도저항인 θ로부터 계산되는 정션온도(junction temperature) T_J이다. 이것은 전자제품의 신뢰성에 영향을 주기 때문에 좀 더 상세한 이해가 필요하다. 더구나 정션온도가 일정한 값을 넘어가면 부품에 고장이 발생한다. 따라서 온도관리 문제는 신경 써야 할 필요가 있다. [그림 8-8(a)]의 주변의 온도가 상온을 유지하는 조건에서 케이스에 싸여 있고, 정션을 가진 물리적 모델로부터 먼저 시작하자. [그림 8-8(b)]에서는 열을 전달하는데 도움이 되는 열배출기가 포함된다. 각 요소는 특정한 요소가 다른 요소로 열을 전달하는 능력을 측정하는 열저항이라는 것과 관련이 있다. 온도변화(ΔT)는 전력소모(P_D)와 열저항의 곱에 비례한다는 사실은 전자제품에서 열전달의 효과를 의미한다. 이 관계식은 다음과 같다.

$$\Delta T = P_D \theta \tag{27}$$

온도, 전력 및 열저항(단위 = °C/W)에서의 변화는 각각 전압, 전류 및 전기저항으로 근사시킬 수 있다는 점에서 옴의 법칙과 유사한다. 상온과 정션온도 같은 두 개의 요소 사이의 전체 열저항은 모든 열저항의 합이다. 열배출기가 없을 경우 이것은 정션-상온 저항(junction-to-ambient resistance) $\theta_{JA} = \theta_{JC} + \theta_{CA}$를 발생한다. 열배출기가 있는 경우에는 $\theta_{JA} = \theta_{JC} + \theta_{CS} + \theta_{SA}$를 발생한다. 열배출기가 있는 경우, θ_{CA}는 더 낮은 열저항과 더 큰 열소모력의 합 $\theta_{CS} + \theta_{SA}$로 대치된다.

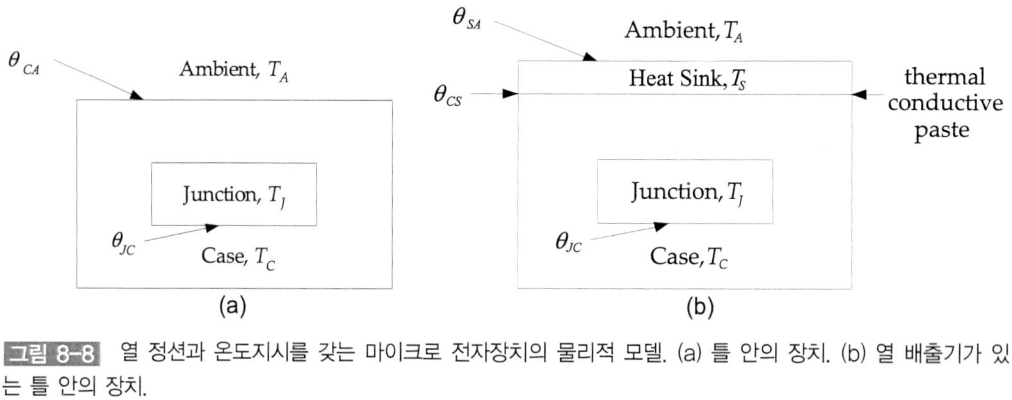

그림 8-8 열 정션과 온도지시를 갖는 마이크로 전자장치의 물리적 모델. (a) 틀 안의 장치. (b) 열 배출기가 있는 틀 안의 장치.

옴의 법칙 형식의 관계식은 열전달이 [그림 8-9]의 익숙한 저항회로에 의해 모델링될 수 있다는 것을 의미한다. 이 회로모델로부터, 온도는 열저항과 전력소모로부터 다른 지점에서도 측정될 수 있다. 가장 중요한 점은 정션온도가 다음과 같이 얻어지는 것이다.

$$T_J = T_A + P_D \theta_{JA}. \tag{28}$$

이 결과를 적용해보자. 제조사에서 제공하는 데이터시트는 일반적으로 최대 전력소모를 나다낸다. 부품은 실내온도보다 높은 주변온도(T_A = 25°C)에서 동작한다면 부품의 전력소모 등급이 낮아질 것이다. 데이터시트는 부품에 대한 최대 정션온도도 제공한다. 저항모델로부터 고정된 전력소모에 대하여 정션온도는 주변온도에 따라 증가한다는 것은 자명하다. 다시 말하면, 주변온도가 증가할 때 부품이 소모하는 최대 전력은 감소하게 될 것이다. 이와 같이 온도 증가에 따른 최대 전력소모의 감소를 **등급감소(*derating*)**라고 한다. 식 (28)로부터 주변온도가 정해지면 부품에서 소모되는 최대 전력은 다음과 같다.

$$P_{D,\max} = \frac{T_{J,\max} - T_A}{\theta_{JA}} \tag{29}$$

위의 식으로부터 전력 등급감쇄곡선(power derating curve)은 최대 전력과 주변온도와의 관계가 [그림 8-10]에 표시된다. [예제 8.5]는 [예제 8.4]의 인버터에 이것을 적용한 결과를 보여준다.

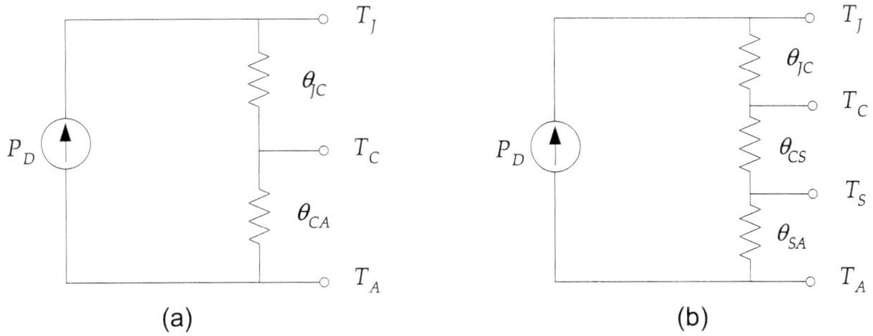

그림 8-9 마이크로 전자장치에서의 열 전달을 위한 저항 모델. (a) 열 배출구가 없는 장치. (b) 열 배출구가 있는 장치.

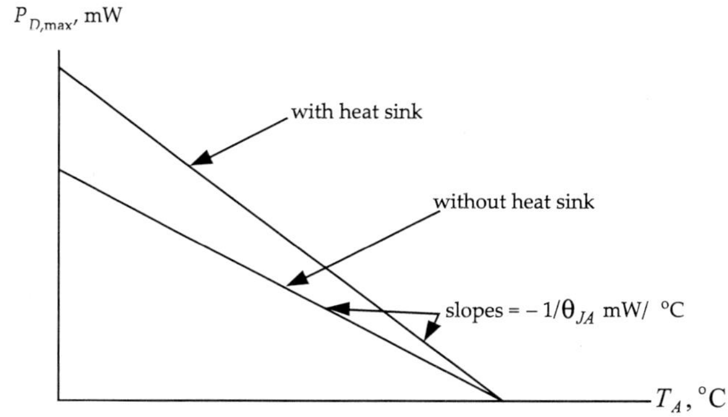

그림 8-10 파워 감쇄 곡선 예시.

예제 8.5 인버터 회로에서의 전력등급감쇄

문제: [예제 8.4]의 회로가 주변온도 $T_A = 120°C$에서 동작하고 열배출기가 사용되지 않을 때를 가정하자. (a) 등급감쇄된 전력을 구하고, 이 온도에서 전력소모에 대한 제작사의 제한 내에서 설계가 이루어지고 있는지 확인하라. (b) 이와 같이 상승한 온도 조건에서 20년에 대한 신뢰성을 재계산하라.

풀이:

(a) 2N3904 BJT는 열저항 $\theta_{JA} = 200°C/W$이고 최대 정션온도는 150°C를 가진다. 이로부터 최대전력은 식 (29)로부터 다음과 같이 계산된다.

$$P_{D,max} = \frac{(150 - 120)°C}{200° C/W} = 150\text{ mW}$$

이 온도에서의 등급감쇄된 최대 전력은 150 mW이다. [예제 8.4]에서 계산된 125 mW의 전력소모는 이 등급감쇄 범위에 들어간다.

(b) 정션온도에서의 고장률과 π_T가 재계산된다.

$$T_J = T_A + P_D\theta_{JA} = 120°C + (125\times10^{-3}\,W)\left(\frac{200°C}{W}\right) = 145°C$$

$$\pi_T = \exp\left[-2114\left(\frac{1}{145+273} - \frac{1}{298}\right)\right] = 7.66$$

이 새로운 값으로 $\lambda = 7.00 \times 10^{-3}/10^6$ 와 신뢰성은 약간 감소하여 99.88%이다. 그렇지만 정션온도는 145°C로 상당히 높고 더구나 온도의 증가는 장치에 손상을 입히기 쉽다는 점을 명심해야 한다.

8.2.4 신뢰성 추정의 한계

신뢰성 추정은 단지 추정이라는 점과 그것의 사용에 제한이 있다는 점을 분명하게 알아야 한다. 먼저 고장률 데이터는 가속된 스트레스 테스트로부터 구하고, 이때 부품은 정상동작조건을 넘어 스트레스를 가한 상태에서 고장률이 추정된다(아무도 부품이 고장 날 때까지 20년 동안 앉아 있을 수는 없다!). 테스트는 고장률과 부품의 라이프타임에 대한 수학적 모델에 기반한다. 둘째, 신뢰성에 영향을 끼치는 λ로 언급되지 않고 사용된 제작과정, 제작기술의 품질, 충격, 부식 등과 같은 다른 요소들이 있다. 신뢰성 추정값의 일부는 다른 설계사양들을 평가할 비교 목적으로 구한다. 이러한 방법을 적용하면 설계자는 동작조건을 생각하고, 그것들을 설계에 반영할 요소들을 고려하게 된다.

8.3 시스템 신뢰성

이제까지 단일 부품의 신뢰성을 결정하는 데 주안점을 두었다. 그러면 "많은 부품으로 구성되는 시스템의 신뢰성은 어떻게 결정되는가?"라는 질문을 받게 될 것이다. 다종 부품으로 이루어진 시스템의 전체 신뢰성을 유도하기 위하여 전체 시스템의 구조를 생각해보자.

8.3.1 직렬시스템

[예제 8.4]의 인버터회로를 생각해보자. 회로에서 어느 하나의 콤포넌트만 고장나도 회로의 전체 시스템의 고장을 유발하게 된다. 개념적으로, 하나의 콤포넌트(혹은 서브시스템)의 고장이 전체 시스템의 고장을 일으킬 때 이러한 시스템을 **직렬시스템(Series System)**이라 한다. [그림 8-11]은 콤포넌트 혹은 큰 시스템의 서브시스템을 나타내는 박스 $S_1, S_2, \ldots, S_n$으로 구성된 직렬시스템의 블록다이어그램을 보여준다.

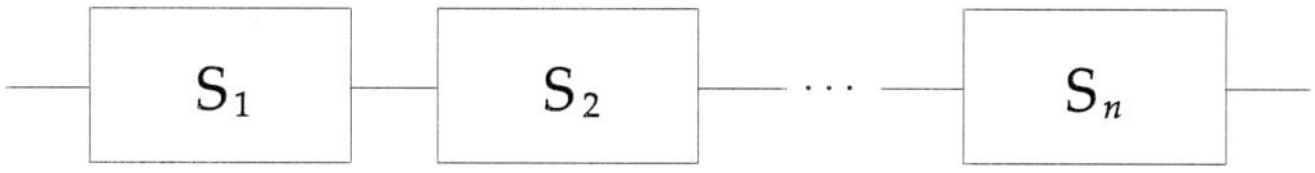

그림 8-11 서브시스템 $S_1, S_2, \ldots, S_n$ 또는 구성요소로 구성된 직렬시스템.

직렬시스템의 전체 신뢰성 $R_s(t)$를 계산하기 위하여 서브시스템 혹은 콤포넌트의 고장률은 서로 독립 사상이라고 가정한다. 시스템은 서브시스템 $S_1, S_2, \ldots, S_n$들이 동시에 동작할 때에만 동작가능하다. 그러므로 전체 시스템의 동작 확률은 모든 서브시스템에 대한 신뢰성의 곱으로 다음과 같이 주어진다.

$$\boxed{R_s(t) = R_1(t)R_2(t) \cdots R_n(t) = \prod_{i=1}^{n} R_i(t)} \tag{30}$$

동전을 두 번 던질 때 두 개의 독립된 사상으로 다루는 것처럼 고장은 독립된 사상으로 가정한다는 점이 중요하다. 전체 시스템의 신뢰성은 모든 신뢰성의 값이 1보다 작거나 같기 때문에 임의의 하나의 서브시스템의 신뢰성보다 작거나 같다. 따라서 $R_s(t)$는 서브시스템의 수가 증가할수록 감소한다. 모든 시스템 콤포넌트에 대한 일정한 고장률을 가정하면 전체 시스템 신뢰성에 대한 다음과 같은 결과를 얻을 수 있다.

$$R_s(t) = e^{-\lambda_1 t} e^{-\lambda_2 t} \cdots e^{-\lambda_n t} = \exp\left(-\sum_{i=1}^{n} \lambda_i t\right) \tag{31}$$

이로부터 다음과 같은 직렬시스템의 고장률과 MTTF를 구할 수 있다.

$$\lambda_s = \sum_{i=1}^{n} \lambda_i \quad \text{and} \quad \text{MTTF}_s = \frac{1}{\lambda_s} \tag{32}$$

[예제 8.6]은 전체 시스템의 신뢰성 추정을 위하여 모든 콤포넌트의 고장률을 고려하는 인버터 문제를 다시 다룬다.

예제 8.6 인버터 회로 신뢰성

문제: [예제 8.4]의 시스템에 대하여 (a) 20년 후에 전체 시스템의 신뢰성, (b) MTTF를 추정하라. 실내온도와 1/4 Watt 고정 복합저항이 사용된다고 가정하라.

풀이:

(a) 개념적으로 이것은 직렬시스템—각각의 콤포넌트 중에서 하나라도 고장이 나면 전체

시스템이 고장이 나는—문제이다. 앞서 계산된 트랜지스터에 대한 고장률 값에 추가로 두 개의 저항에 대한 고장률의 계산이 필요하다. 이것은 각 저항에서 소모되는 전력에 영향을 받고, 각각 콜렉터 저항에 125 mW, 베이스 저항에 0.9 mW의 전력이 소모된다. 고정 복합 저항에 대한 고장률은 MIL-HDBK-217F에서 다음과 같이 구해진다.

$$\lambda_{\text{resistor}} = \lambda_b \pi_R \pi_Q \pi_E \ \text{ failures}/10^6 \text{ hours}$$

콜렉터 저항 R_C는 기본고장률이 다음과 같이 계산된다.

$$\begin{aligned}\lambda_b &= 4.5\times10^{-9}\exp\left[12\left(\frac{T+273}{343}\right)\right]\exp\left[\frac{S}{0.6}\left(\frac{T+273}{273}\right)\right]\\ &= 4.5\times10^{-9}\exp\left[12\left(\frac{25+273}{343}\right)\right]\exp\left[\frac{0.125/0.25}{0.6}\left(\frac{25+273}{273}\right)\right]\\ &= 3.77\times10^{-4}\end{aligned}$$

S항은 최대 전력에 대한 소모된 전력의 비율이다. $\pi_R = 1.0$, $\pi_Q = 15.0$과 $\pi_E = 27.0$은 표로부터 직접 구한다. 따라서 콜렉터 저항에 대한 전체 고장률은 다음과 같다.

$$\lambda_{\text{resistor1}} = (3.77\times10^{-4})(1.0)(15.0)(27.0) = 1.53\times10^{-1} \ \text{failures}/10^6 \text{ hours}$$

베이스 저항 R_B에 대한 과정도 유사하다. 그 결과는 다음과 같다.

$$\lambda_{\text{resistor2}} = 6.1\times10^{-2} \ \text{failures}/10^6 \text{ hours}$$

전체 고장률은 식 (32)로부터 다음과 같다.

$$\lambda_s = \lambda_{BJT} + \lambda_{\text{resistor1}} + \lambda_{\text{resistor2}} = 0.215 \ \text{failures}/10^6\text{hours}$$

$$\begin{aligned}R_S(t) &= \exp(-\lambda_s t) = \exp\left(-\frac{0.215}{10^6\text{ hours}}\times\frac{24\text{ hours}}{\text{day}}\times\frac{365\text{ days}}{\text{year}}\times 20\text{ years}\right) = 0.963\\ &= \underline{96.3\%}\end{aligned}$$

저항은 매우 신뢰할 만한 부품이기 때문에 전체 시스템의 신뢰성은 BJT 자체의 신뢰성에 비해서 작게 감소한다.

(b) MTTF는 $1/\lambda_s$에 의해 주어진다. 이 경우는 531년이다.

8.3.2 병렬시스템

식 (30)으로부터 더 많은 콤포넌트가 직렬시스템에 추가되면 신뢰성은 감소한다는 것은 명백하다. 그러면 신뢰성은 증가시킬 수 없는가? **중복성**(**redundancy**)의 사용이 이 질문에 대한 해답이 될 수 있다. 설계가 하나의 시스템으로 충분한 경우에 여러 개의 같은 기능을 수행하는 모듈이 있다면 중복성을 가지게 된다. 중복성의 특성 때문에 고장난 기능의 모듈은 시스템에서 스위칭되어 동작에 영향을 주지 않는다. 중복성을 가지고 전체 시스템의 기능은 서브모듈이 하나라도 작동하면 정상 동작하게 된다. [그림 8-12]는 서브시스템 $S_1, S_2, \ldots, S_n$으로 구성된 **병렬시스템**의 개략적 그림이다.

병렬시스템의 신뢰성을 계산하기 위하여 서브시스템 $S_1, S_2, \ldots, S_n$ 중에 하나라도 정상 동작을 하면 병렬시스템이 정상 동작한다는 사실을 기억하자. 이것을 식으로 표현하면 $R_S(t) = R_1(t) + R_2(t) + \ldots + R_n(t)$이다. 이때 +는 논리적 OR 연산자이다. 안타깝게도 확률이론에서 OR연산자를 계산하는 직접적인 방법이 없다. 대신에 고장 함수 $F(t)$를 다루어 풀 수 있다. 시스템이 시간 t에서 고장날 확률 $F(t)$는 서브시스템 S_1이 고장나고, 서브시스템 S_2가 고장나고, 계속해서 서브시스템 S_n 등 모든 서브시스템들이 고장나는 확률과 같다. 이것은 수학적으로 다음과 같이 표현될 수 있다.

$$F_s(t) = F_1(t)F_2(t)\ldots F_n(t) = \prod_{i=1}^{n} F_i(t) = \prod_{i=1}^{n}[1 - R_i(t)] \tag{33}$$

병렬시스템의 전체 신뢰성은 위 식으로부터 다음과 같이 구해진다.

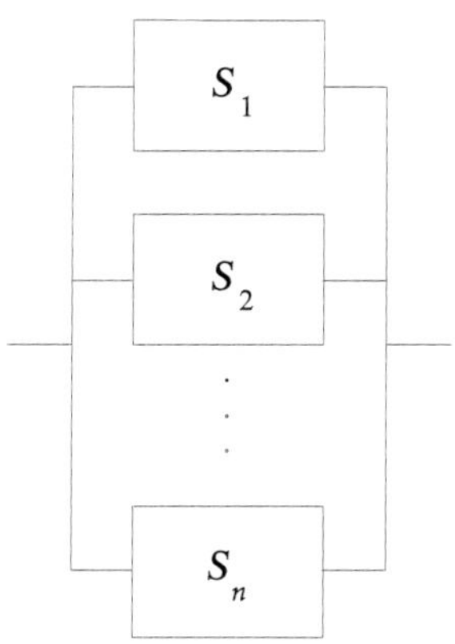

그림 8-12 서브시스템 S_1, S_2, . . . , S_n 으로 구성된 병렬시스템.

$$R_S(t) = 1 - F_s(t) = 1 - \prod_{i=1}^{n}[1 - R_i(t)] \tag{34}$$

병렬시스템에 더 많은 중복된 콤포넌트가 더해지면, 식 (34)의 곱셈항에 $1 - R_i(t)$ 항이 추가된다. 더 많은 중복되는 시스템이 추가되면 곱셈항의 값을 감소시키고, 전체 시스템의 신뢰성은 증가하게 된다.

병렬시스템이 동작하기 위하여, 각각의 서브시스템들이 정상적으로 동작하고 있는지 감시하는 장치가 있어야 한다. 고장을 검출하고 서브시스템 간의 스위치를 조정하는 제어를 하는 회로의 개발은 복잡할 수 있어 여기에서는 다루지 않는다. 스위칭 회로는 특별히 주의를 기울여야 한다. 이 회로의 오동작은 전체 시스템의 고장으로 나타난다. 병렬시스템 신뢰성의 예가 [예제 8.7]에 주어진다.

예제 8.7 RAID의 신뢰성

문제: RAID(Redundant Array of Independent Disks)에서, 다중 하드드라이브가 같은 데이터를 저장하기 위하여 사용된다. 따라서 중복성을 얻고 신뢰성을 증가시킨다. 시스템의 하나 이상의 디스크는 고장날 수 있고, 그 데이터는 복원될 수 있다. 그렇지만 모든 디스크가 고장난다면 데이터는 소실된다. 이러한 문제를 풀기 위하여 각각의 디스크드라이브는 λ = 10 failures/10^6 years를 가진다고 가정한다. 시스템이 10년에 신뢰성 98%를 달성하기 위하여 몇 장의 디스크를 필요로 하는가?

풀이: 중복성을 가진 병렬시스템의 신뢰성은 식 (34)에 의해 주어진다. 모든 디스크가 동일하기 때문에 식은 단순히 다음과 같이 전개된다.

$$R_S(t) = 1 - [1 - R_i(t)]^n$$

$$0.98 \le 1 - \left[1 - \exp\left(-\frac{10}{10^6 \text{ hours}} \times \frac{24 \text{ hours}}{\text{day}} \times \frac{365 \text{ days}}{\text{year}} \times 10 \text{ years}\right)\right]^n$$

$$0.98 \le 1 - [1 - 0.42]^n$$

$$\Downarrow$$

$$0.02 \le (0.58)^n$$

$$\Downarrow \qquad \text{(양변의 log를 취하면)}$$

$$\log(0.02) \le n\log(0.58)$$
$$\Downarrow$$
$$n \ge 7.2$$

이 신뢰성을 달성하기 위하여 <u>$n = 8$</u> 디스크가 필요하다. 각각의 디스크의 신뢰성은 42%로 낮다. 그러나 중복성을 이용하여 전체 시스템의 신뢰성을 상당히 높일 수 있다.

8.3.3 조합시스템

많은 실제 시스템들은 [그림 8-13]에서 보이는 바와 같이 병렬이나 직렬시스템으로 정확하게 맞지 않는다. 대개 두 개의 조합으로 구성되고 이러한 시스템을 조합시스템(Combinations Systems)이라고 부른다. 조합시스템의 신뢰성을 결정하는 방법은 식 (30)과 (34)에 있는 직렬과 병렬시스템의 결과를 이용하는 것이다. 시스템 연결은 병렬 서브시스템의 조합을 하나의 단일 블록으로 하여 단순화하고, 이것의 신뢰성은 식 (34)를 이용할 수 있다. 여기에서 직렬 서브시스템은 하나의 단일 블록으로 하고, 식 (30)에 의해서 신뢰성을 계산할 수 있다. 이것이 개념적으로 전기회로에서 직렬 및 병렬 저항을 조합하는 것과 유사하다. 회로망에서 하나의 단일 블록이 남을 때까지 계속적으로 감소시킨다. 이때 신뢰성은 모든 서브시스템의 조합으로부터 구할 수 있다.

이러한 방법을 보여주기 위해 [그림 8-13]을 살펴보자. 신뢰성을 결정하기 위해 3개의 서브시스템으로 구성된 병렬시스템으로부터 시작한다. 이때 결합된 신뢰성은 식 (34)의 응용으로 $R_{S_{2\text{-}4}}(t)=1-(1-R_2(t))(1-R_3(t))(1-R_4(t))$로 주어진다. 이 결과는

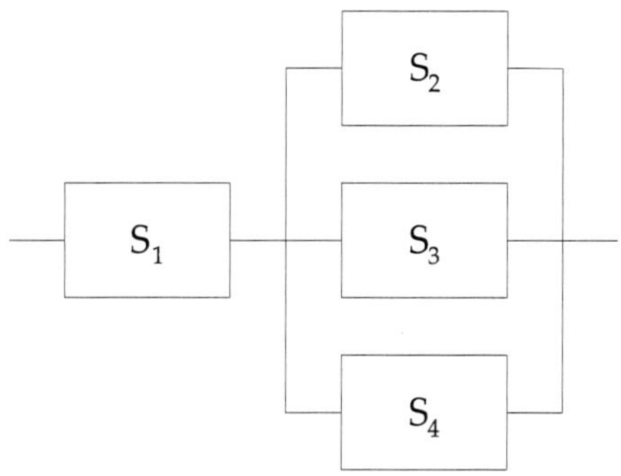

그림 8-13 직렬-병렬 결합시스템. S_2, S_3, S_4는 병렬 시스템이다.

S_1과 직렬로 결합하여 전체 시스템 신뢰성 $R_s(t)=R_1(t)[1-(1-R_2(t))(1-R_3(t))(1-R_4(t))]$를 얻는다. 조합시스템의 신뢰성에 관한 [예제 8.8]을 풀어보자.

예제 8.8 조합시스템 신뢰성

문제: 고정시간 t에서 신뢰성 $R_1 = R_2 = 80\%$를 가진 아래 그림과 같은 시스템에 대하여, 전체 시스템의 신뢰성이 95% 이상이 되도록 서브시스템 R_3와 R_4의 신뢰성을 결정하라.

풀이: 병렬시스템을 하나의 시스템으로 결합하고, 신뢰성을 구하면 다음과 같다.

$$R_{s_{1,2}} = 1-(1-R_1)(1-R_2)$$
$$R_{s_{3,4}} = 1-(1-R_3)(1-R_4)$$

위의 식은 직렬로 결합하여 전체 시스템의 신뢰성은 다음과 같다.

$$R_s = \left[1-(1-R_1)(1-R_2)\right] \times \left[1-(1-R_3)(1-R_4)\right]$$

$R_3 = R_4$를 가정하고 주어진 값을 대입하면

$$0.95 = \left[1-0.2^2\right] \times \left[1-(1-R_{3,4})^2\right]$$

위의 식을 풀면 결과는

$$R_3 = R_4 = 0.90$$

이 예제는 중복된 시스템의 위력을 보여준다. S_1과 S_2는 전체 시스템의 목표보다는 다소 낮은 신뢰성을 갖지만 S_1과 S_2의 병렬결합의 신뢰성은 96%이다. 시스템 3과 시스템 4에 대한 신뢰성은 각각 $R_3 = R_4 = \underline{90\%}$이지만 시스템 3과 시스템 4의 결합 신뢰성은 99%로 증가한다.

|8.4| 요약 및 참고도서

이 장에서는 확률이론의 기초와 콤포넌트와 시스템의 신뢰성을 추정하는 방법을 설명했다. 고장률은 경험적으로 결정되고, 콤포넌트와 시스템을 사용하는 동안 고장 비율을 추정하는 중요한 요소이다. 신뢰성의 수학적 정의는 일정한 고장률이 가정되는 경우에 단순한 지수함수 형태로부터 유도된다. 이것은 특히 MIL-HDBK-217F에서 고장률을 이용하여 하나의 콤포넌트의 신뢰성을 추정하는 데 적용된다. 또한 이 장에서 열전달과 전력감소 등도 살펴보았다. 신뢰성 추정은 직렬 및 병렬 형태의 여러 개의 콤포넌트로 구성된 더 실제적인 시스템으로도 확장할 수 있다. 전체 시스템의 신뢰성을 증가시키기 위하여 병렬시스템과 같은 중복성의 사용도 언급되었다.

확률이론에 관한 많은 좋은 책들이 있다. Practical Reliability of Electronic Equipment and Products[Han03]은 전기시스템의 신뢰성에 대한 상세한 내용을 다루고 있다. 인쇄회로기판의 열관리, 조달업무 및 전자파 간섭 등과 같은 여기에서는 다루지 않은 부분들이 포함된다. Circuit Cellar 잡지 [Nov00, Nov01]에서 George Novacek은 임베디드 시스템의 응용 분야에 대한 신뢰성과 중복성에 대한 설계의 응용사례를 보여주는 두 개의 논문을 발표했다.

|8.5| 학습 문제

8.1 균일한 분포이고 0에서 5까지 변화하는 확률변수를 가정하자. (a) 확률변수의 평균과 분산을 구하라. (b) 확률변수가 2에서 3 사이일 확률은 얼마인가? (c) CDF를 그려라.

8.2 [그림 8-7]에서 CDF 함수가 단조 증가한다고 가정하자. 즉 $F(t) < F(t + \Delta t)$이다. 식 (13)을 이용하여 이렇게 되는 이유를 설명하라.

8.3 고장률, 고장률함수, 신뢰성을 설명하라.

8.4 $\lambda = 50/10^6$ hours를 가진 집적회로가 있다. (a) MTTF를 구하라. (b) 5, 10, 15, 20년에서의 신뢰성을 구하라.

8.5 CD4001BC two-input quad NOR Gate가 glass-sealed dual-in-package(DIP)로 구현되고, 15년 동안 생산되었다. qJA = 70°C/W, 평균 소모전력 10 mW, B-1 품질을 가지고 있다. 주변온도 25°C의 실험실 장비로 운용된다. MIL-HDBK-217F를 이용하여 MTTF를 구하고 25년의 신뢰성을 추정하라.

8.6 32-bit CMOS 마이크로프로세서의 신뢰성을 추정하기 위해 MIL-HDBK-217F 데이터를 이용하라. 주변온도는 120°C인 미사일 발사기에 사용되고, 64핀, 6개월 동안 생산되었고, B-1 품질의 부품을 사용하였고, 밀봉하지 않은 DIP로 패키징되어 있다. MTTF와 20년의 신뢰성을 구하라[예제 8.5]의 BJT에 대하여 사용된 운용환경과 동일하다).

8.7 1N4001 다이오드가 아래 그림의 스위칭회로에 사용되고 있다. 사용된 부품 품질은 더 낮고, 메탈 본딩이 되어 있고, 주변온도가 50°C인 항공 카고 환경에서 사용된다고 가정한다. MIL-HDBK-217F를 이용하여 MTTF를 구하고 25년의 신뢰성을 추정하라.

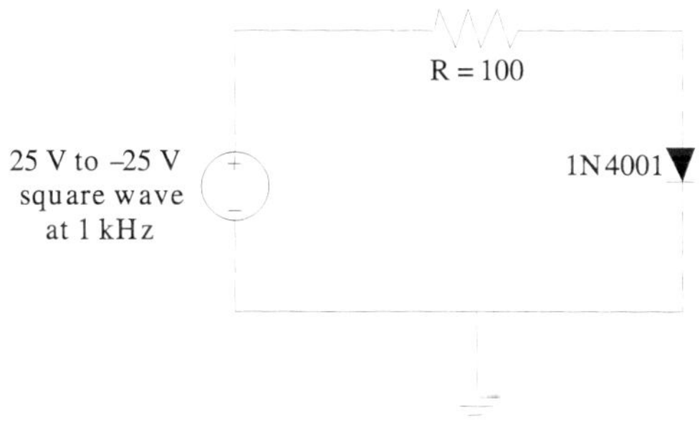

8.8 다음 그림의 인버팅 OP 앰프회로의 15년의 신뢰성을 MIL-HDBK-217F 데이터를 이용하여 구하라. 자동차 분야(환경 요소 = GM) 부품으로 사용되고, 주변온도는 80°C이며, 산업품질(industrial quality)수준의 부품이 사용되고, 저항은 가장 낮은 품질의 1/4-Watt 부품이 사용된다. OP 앰프 LM741에 대한 데이터시트가 있다. LM741은 선형 마이크로회로이고, DIPdual-in-package 형태로 제조되고, 25개의 트랜지스터로 구성된 S품질 수준으로 20년 이상 생산되고 있다.

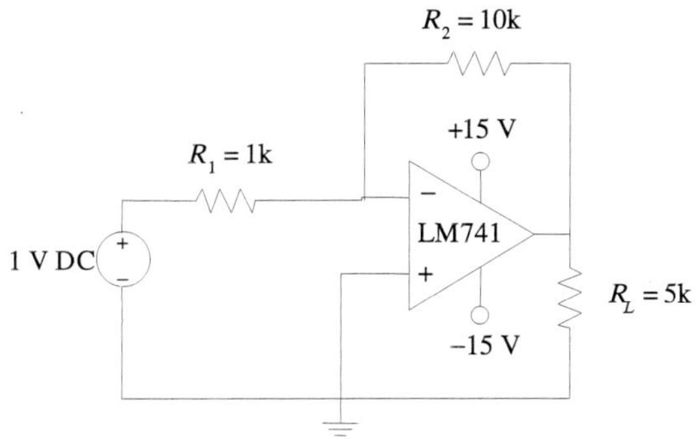

8.9 [예제 8.4]의 회로에서 2N3904 BJT에 열배출기가 부착되어 있고, 다음과 같은 열저항값 qCS = 10℃/W, qSA = 8℃/W를 가진다고 가정하자. 회로가 주변온도 130℃에서 동작한다면 BJT의 최대 전력소모와 50년의 신뢰성을 계산하라.

8.10 네트워크 서버용으로 새로운 RAID를 설계, 생산, 판매하려고 한다. 시스템은 사용자 데이터용 500 GB를 저장할 수 있어야 하고, 10년의 신뢰성이 95% 이상이어야 한다. RAID시스템의 개발을 위하여 20 GB 드라이브가 설계되고 사용될 것이다. 요구사항을 만족시키기 위해 25개의 디스크로 이루어진 뱅크(25 × 20 GB = 500 GB)를 사용하기로 결정하였다. 시스템의 중복성은 4로 설계하였다. 25개의 디스크들은 각각 4개의 중복을 가진다. 전체 시스템의 신뢰성 요구사항을 만족하기 위하여 20 GB 드라이브의 10년의 신뢰성은 얼마 이상이어야 하는가?

8.11 S_1은 2%의 고장률을 가지고 있고, S_3는 3%의 고장률을 가지고 있다. $S_{2,1}$, $S_{2,2}$, $S_{2,3}$, $S_{2,4}$는 동일한 중복 시스템이다. 전체 시스템의 94%의 신뢰성을 가지도록 하려면 중복 시스템의 필요한 신뢰성을 결정하라.

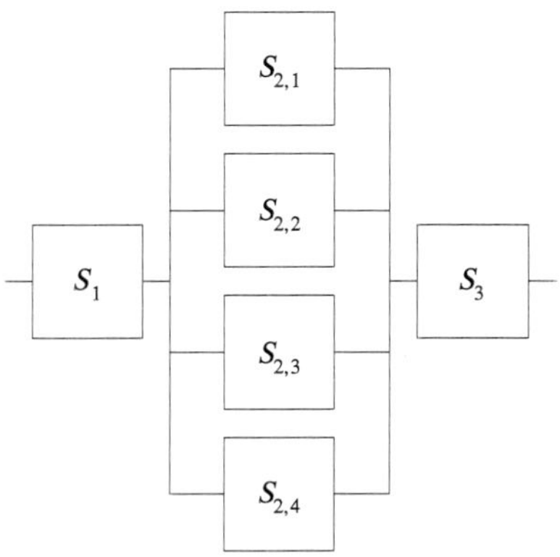

8.12 아래 그림의 이진입력 a, b, c를 가진 3중 중복 다수결 투표시스템(majority voting system)의 설계를 하려고 한다. 입력은 각각 독립적으로 발생되고, 입력비트의 값의 다수가 논리값으로 0인지 혹은 1인지 결정하는 데 사용된다. 각각의 다수결회로는 입력의 다수값을 출력한다. 각 다수결회로의 출력은 저항과 LED(light-emitting diode)로 구성된 회로로 인가된다. LED들은 다수결회로의 출력이 논리 1이면 불이 켜지고, 논리 0이면 불이 꺼진다. 이론적으로 입력의 다수결이 1이면 모든 세 개의 LED가 불이 켜지고, 그렇지 않으면 모든 LED가 꺼진다. 그러나 시스템의 부품이 고장이면 LED의 값을 신뢰할 수 없다. 따라서 다수결원칙이 LED에도 사용된다. 두 개 이상의 LED가 불이 켜지면 입력의 다수결은 논리 1이고, 그렇지 않으면 입력의 다수결은 논리 0이다. 시스템에서 사용된 각각의 콤포넌트(게이트, 저항, LED)가 90%의 신뢰성을 가지면 LED값을 잘못 읽을 확률은 얼마인가?

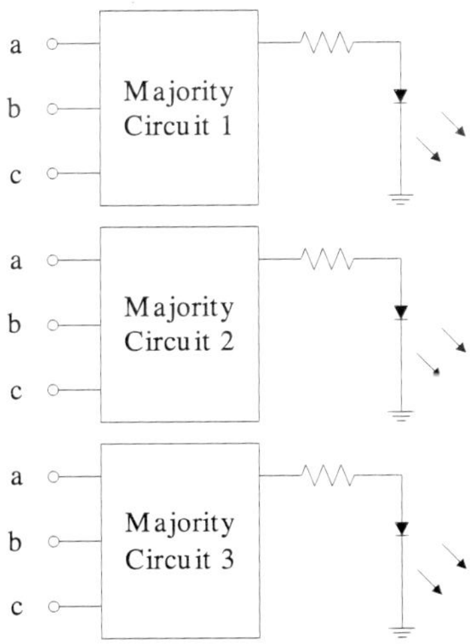

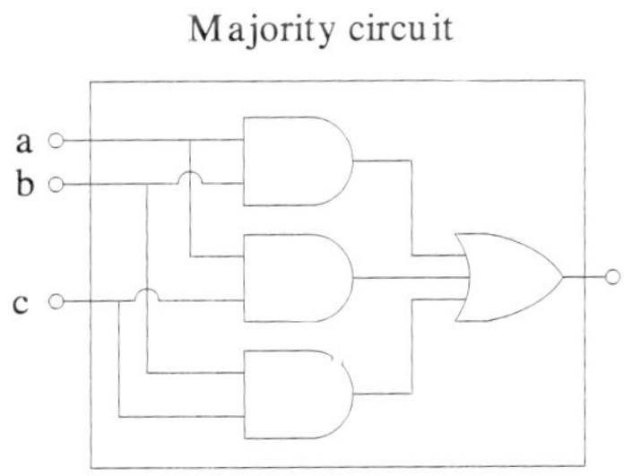

PART III

전문가 기술

Chapter **09**

팀과 팀워크

> "일반적으로 팀 운영 방식이 프로젝트의 성공 여부를 결정한다. 세상에서 가장 유능한 사람들이 모여도 함께 작업할 수 없으면, 그 팀은 전혀 가치가 없다."
> —베이브 루스

앞으로 여러분은 많은 공학 프로젝트에 참여하면서 전문 경력을 쌓게 된다. 그런데 공학 프로젝트는 대개 규모가 크고 매우 다양한 기술을 요구하므로 일반적으로 팀을 구성하여 프로젝트를 진행한다. 따라서 고용주들은 잠재적인 직원으로 공학 졸업자들을 평가할 때 팀워크 능력을 매우 중요하게 고려한다. 혼자서는 도저히 완성할 수 없는 임무라도 팀으로 작업하면 가능하다. 그러나 팀을 구성하는 것이 항상 효율적으로 작업하는 것을 의미하지는 않으며 실패한 팀의 사례도 많다. 과거의 나쁜 경험들 때문에 사람들은 팀으로 작업하는 것을 두려워한다. 그러나 팀 운영 원칙에 대해 관심을 가지고 적극적으로 노력한다면 팀에서 일하는 것은 유익한 경험이 될 수 있다. 팀과 팀워크에 관해 많은 연구들이 진행되어 발표되고 있다. 이 장의 목적은 팀을 구성하는 것이 무엇인지를 설명하고, 대표적인 팀 개발 모델을 바탕으로 효율적인 팀의 특성을 분석하여 효과적인 팀워크에 대해 안내하는 것이다.

▶▶ 학습 목표

1. 팀의 정의 및 특징과 팀을 구성하는 이유를 이해한다.
2. 팀 개발 단계에 대한 여러 모델을 이해한다.
3. 효과적인 팀의 특징을 이해한다.
4. 팀 운영 지침을 개발할 수 있다.

9.1 팀이란 무엇인가?

팀은 매우 다양한 의미로 사용되는데, 이 장에서는 Katzenbach와 Smith가 〈팀워크의 지혜〉 [Kat93]에서 제안한 다음 정의를 바탕으로 팀에 대해 설명한다.

> 상호간의 책임질 수 있는 공동의 수행 목표, 수행, 접근방법을 약속한 상호보완적인 기술을 가진 사람들의 소집단

이러한 팀의 정의는 공학설계 프로젝트와 매우 관련이 깊다.

첫째, 팀은 두 명에서 열 명 정도로 구성된 소규모 집단으로 구성된다. 팀원이 증가할수록 팀원 사이의 관계 또한 급속도로 증가하기 때문에 이보다 더 큰 규모의 팀은 관리하기가 매우 어렵다. 팀원이 n명이면 개인 대 개인으로 관련된 경우의 수는 $n(n-1)/2$인데, 이 중 일부에서 문제가 발생할 수 있다. 그리고 팀원이 증가할수록 의견일치를 보기 어렵다.

둘째, 팀은 숙련된 기술을 가진 팀원으로 구성된다. 즉 성격이나 교우관계가 아닌 팀에 필요한 기술 및 경험을 바탕으로 팀원을 선택해야 한다. 그리고 **다양한 전문 분야**와 **상호기능적인 특성**을 고려하여 팀을 구성해야 한다. 상호기능적인 팀은 기술직, 영업직, 제조와 같이 서로 다른 조직의 직무를 수행하는 사람들로 구성된다 [Wil95]. 일반적으로 제품은 개념, 제조, 최종 마케팅까지 고려해서 여러 기능을 요구하므로 상호기능적인 팀은 새로운 제품개발에 특히 중요하다. 다양한 전문 분야를 가진 팀은 서로 다른 전문 분야를 가지고 있는 팀원으로 구성된다. 기술 집단에서 다양한 전문 분야를 가진 팀에 대한 명확한 정의는 없다. 일반적으로 팀이 다양한 전문 기술 분야를 포함하면 상호보완적인 기술을 적용할 수 있다. 예를 들어 로봇개발은

전산학, 전자학, 기계학에서 다양한 전문성을 가진 팀원들을 필요로 한다.

셋째, 팀은 공동의 수행 목표를 가진다. 그 목표는 시간과 노력을 투자하여 달성할 수 있다. 그러나 구체적인 목표가 없다면 팀은 필요가 없다. 프로젝트 설계에서 팀 목표는 문제 정의와 구체적인 요구사항들이 된다(이 내용은 2장과 3장에서 다루었다). 이 장에서는 전체적으로 팀이 목표를 성취하기 위해 무엇을 시도해야 하며 목표가 달성되었는지를 확인하는 방법을 제시한다.

마지막으로, 팀은 상호간에 책임이 있는 공통된 접근방법을 가진다. 이는 설계 과정처럼 문제해결 과정에 대한 공통된 접근방식이 있어야 한다는 것이다. 그리고 팀원들이 책임감을 가질 수 있는 내용도 함께 다루어야 한다. 팀워크에서 가장 큰 문제 중 하나는 팀의 목표 달성에 실패한 상황을 다루는 것이다. 이는 일부 구성원이 각자의 임무를 수행하는 데 실패했기 때문일지도 모른다. 이러한 상황에서도 팀은 구체적인 태도로 상호간에 책임을 질 수 있어야 한다.

9.2 팀 개발 모델

Bruce Tuckman은 구성기(forming), 시련기(storming), 안정기(norming), 활동기(performing), 해산기(adjourning)의 다섯 단계로 구성된 팀 개발모델[Tuc65]을 만들었다. 팀 개발모델은 팀이 발전하면서 어떤 역학관계가 발생하는지 이해하는 데 도움을 주며, 각 단계를 다음과 같이 설명할 수 있다.

- 구성기(*forming*): 이 시기에 팀이 만들어진다. 이때 팀원은 서로 상난점 및 특징을 모를 수 있다. 팀이 잘 정의되지 않고 팀원의 역할이 모호한 경향이 있다.
- 시련기(*storming*): 팀 목표를 달성하기 위한 각 팀원의 역할을 정의한다. 이때 팀원들이 자기 이익만 주장하면 서로 싸우게 된다. 명백하게 권력 투쟁하거나 싸울 수 있지만 대부분의 경우 미묘하게 서로 충돌한다. 예를 들어 프로젝트의 개념을 설정할 때 일부 팀원은 자신의 생각을 강하게 주장할 것이다. 시련기에 팀원들의 의견을 잘 조율하지 못하면 팀은 안정기에 이르지 못하고 다시 시련기로 돌아온다.
- 안정기(*norming*): 팀은 긴밀하게 협력한다. 팀원은 팀 목표와 각자 역할 및 작업진행 순서에 동의한다. 이때 서로 의견을 조정하고 문제를 해결하기 위한 공통된 접

근방법을 개발한다.

- 활동기(*performing*): 팀은 팀 목표를 달성하기 위해 임무를 수행한다. 팀은 함께 일하면서 쉽게 결정을 내린다. 활동기에 발생하는 의견 차이는 팀 운영지침을 바탕으로 조율한다.
- 해산기(*adjourning*): 성공적으로 프로젝트를 마무리 짓고 해산할 수 있다. 그러나 프로젝트가 취소되거나 팀이 더 이상 함께 작업할 수 없어서 갑자기 해산하는 경우도 발생할 수 있다.

[그림 9-1]과 같이 Katzenbach와 Smith는 팀이 유효하게 유지되면 성과가 어떻게 바뀌는지를 보여주는 팀 수행곡선을 제안하였다. 팀 수행곡선에 나타난 팀 유형은 작업집단, 유사팀, 잠재팀, 실제팀, 고성과팀이다. Tuckman의 팀 개발모델의 다섯

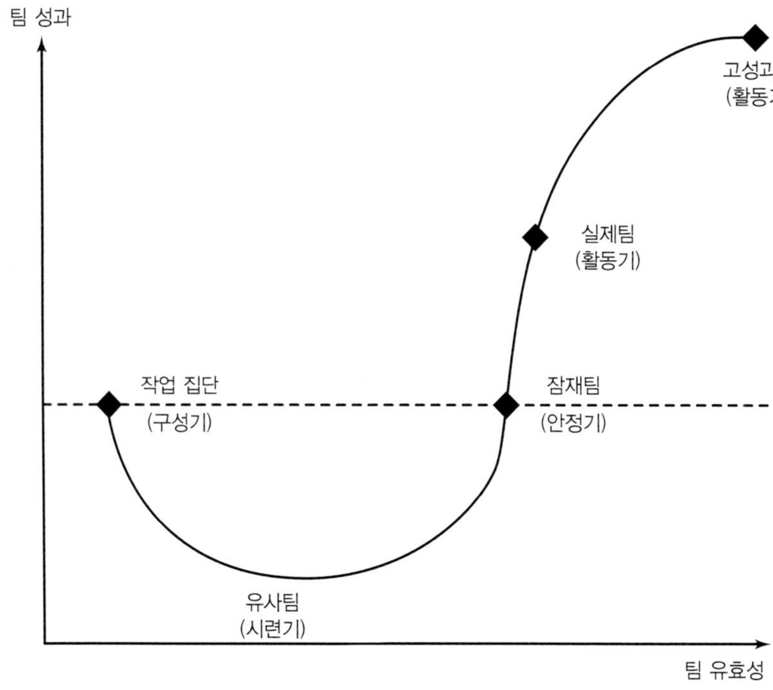

그림 9-1 Katzenbach와 Smith가 제안한 팀 수행곡선으로 팀 유효성에 대한 팀 성과의 변화를 보여준다[Kat93]. 팀 수행곡선에 Tuckman의 팀 개발모델의 구성기, 시련기, 안정기, 활동기에 가장 근접하게 해당하는 지점을 함께 표기한다[Tuc65].

단계도 [그림 9-1]에 함께 표현할 수 있다. x축은 팀 유효성으로, 시간을 나타내고 있지는 않지만 암시적으로 팀이 함께하는 시간이 늘어나면서 이런 과정을 거친다고 생각할 수 있다. [그림 9-1]은 팀의 희망하는 발전 모습이지만 항상 모든 팀이 이처럼 수행되지는 않는다.

작업집단(*working group*)은 개인이 작업하고 정보를 공유하기 위해 모이는 집단으로 정의한다. 이때 작업집단은 대체로 공통된 목표를 가지고 있다. [그림 9-1]에서 점선은 팀원이 각자 따로 일하고 아이디어를 공유하기 위해 종종 만나는 작업집단의 성과 수준을 기준선으로 잡아 표현한 것이다. **유사팀**(*pseudo-team*)은 팀 성과가 기준선보다 떨어지지만 **잠재팀**(*potential team*)은 작업집단과 동일한 수준의 팀 성과를 낸다. 그리고 **실제팀**(*real team*)은 잠재팀의 수준보다 높은 팀 성과를 낸다. 실제팀은 작업집단보다 높은 성과를 내는 것을 목표로 하므로 그 목표를 달성할 수 없다면 팀을 구성할 필요가 없어진다. 드물지만 **고성과팀**(*high-performance team*)은 비슷한 모든 팀에 비해 두드러지게 매우 높은 성과를 낼 수 있다.

|9.3| 실제팀의 특징

팀이 어떻게 수행단계에 도달하고 실제팀이 될 수 있을까? 안타깝지만 구성된 모든 팀이 실제팀이 된다는 보장은 없다. 다만 실제팀은 효율적인 팀워크 원칙을 적용하고 있다. 그러나 반대의 경우는 참이 아닐 수 있다는 점은 주의해야 한다. 즉 성공한 팀은 좋은 팀워크 원칙을 충실히 따르고 있으나 팀워크 원칙을 따른다고 해서 항상 팀이 성공한다는 것을 보장하지는 않는다. 그러나 팀워크 원칙을 무시하면 팀은 반드시 실패할 것이다.

9.3.1 능력을 바탕으로 팀원을 선택

Katzenbach와 Smith은 능력을 바탕으로 팀원을 선택하는 것이 성공열쇠라고 주장한다. 그리고 이러한 능력을 (1) 기술과 기능, (2) 문제 해결, (3) 대인관계의 세 가지 범주로 정의하였다. 설계 프로젝트에 있어서 전문기술의 적절한 혼합은 목표를 달성하는 데 있어서 중요하므로 다양한 전문분야를 가진 상호기능적인 팀의 필요성이 더

욱 증대된다. 문제해결 능력이나 인간관계 능력도 중요하지만 이를 평가하기는 매우 어렵다. Meyers-Briggs의 성격유형 검사나 Keirsey의 기질분류 검사[Kei84]는 문제 해결 방법과 개인 특성을 확인하는 데에 참고할 수 있다. 그러나 이 검사 결과가 팀원 선택에 대한 모범답안을 제공하지는 않는다.

그러므로 본인 스스로 또는 책임자가 팀을 구성해야 한다. 각 선택 방법에 대한 장단점이 있다. 본인 스스로 팀을 구성하면 팀원들이 팀 목표를 중요하게 생각하고 강한 책임감을 가지지만 프로젝트 완성에 필요한 기술을 충분히 확보하지 못할 수 있는 것이다. 반면에 책임자가 팀을 구성하면 프로젝트에 필요한 기술을 바탕으로 팀원을 선택할 수 있으나 어떤 팀원은 처음부터 불만을 가지고 팀에 참여할 수 있다.

9.3.2 목표 인식

팀은 목표를 달성하기 위해서 구성되므로 팀 목표를 잘 정의하지 않으면 팀 구성 동기가 분명하지 않게 된다. 2장과 3장에서 설명한 문제 정의와 요구사항 명세는 공학 설계에 대한 목표를 명확하게 한다. 문제 정의는 팀이 목표를 달성하기 위해 어떤 노력을 해야 하는지를 설명한다. 요구사항 명세는 팀의 성공 여부를 입증할 만한 목표를 만들어낸다. 문제 정의와 요구사항 명세는 모두 중요하므로 최종 결과물에 대한 팀원 사이에 동의가 있어야 한다. 팀은 힘들더라도 목표를 달성하기 위해 노력해야 한다. Katzenbach와 Smith는 팀 목표의 명확한 인식은 성공적인 팀의 중요한 특징이라고 주장한다. 그리고 모든 팀원은 목표를 달성하기 위해 책임을 져야 한다.

9.3.3 의사결정 지침 개발

팀은 규칙적으로 팀원들이 모여 프로젝트의 성공에 영향을 미치는 결정을 내린다. 팀은 의사결정 방법을 정하면 모든 팀원이 그 결과를 수용해야 한다. 모든 의견의 중요도는 다르므로 각 의견이 얼마나 중요한지를 이해할 필요가 있다. 그리고 의사결정의 영향력에 따라서 다른 접근방법을 사용할 수 있다. 의사결정 모델은 다음과 같다[Joh02].

1. 팀장이 결정: 팀장은 일반적으로 토론 없이 팀에 대한 모든 결정을 할 수 있다. 이 경우, 빠른 의사결정이 가능하여 효율적이지만, 그 결정이 최적이라는 보장은 없

다. 그리고 팀원 중 결정된 내용에 대한 반대의견이 있을 수 있다.

2. 전문가인 팀원이 결정: 그 주제에 대해 전문가인 팀원이 의사를 결정한다. 이것은 주제에 대해 전문성을 갖춘 팀원이 있으면 효율적이다.
3. 팀원의 평균적인 의견으로 결정: 팀원의 평균적인 생각을 바탕으로 의사를 결정한다. 평균적인 의견이 무엇인지를 결정할 필요가 있다.
4. 토론 후 팀장이 결정: 모든 팀원이 주어진 주제에 대해 토론하여 정보를 제공하고, 팀장이 의사를 결정한다.
5. 소위원회에서 결정: 팀원 일부가 소위원회에 참여하여 문제를 해결한다. 특정 문제에 관해서는 전문가들로 구성된 소위원회에서 결정하는 것이 적절할 수 있다.
6. 대위원회에서 결정: 팀의 대다수가 참여하는 대위원회에서 의사를 결정한다.
7. 합의: 모든 팀원은 결정된 내용에 대해서 동의하고 책임져야 한다. 일반적으로 많은 토론과 여러 대안들을 평가하여 합의가 이루어질 수 있다. 합의는 최상의 결정이며 이를 위해 대부분의 시간을 보낸다. 모든 결정이 항상 의견일치를 보지는 못하지만 중요한 결정은 반드시 의견일치를 보아야 한다.

브레인스토밍과 함께 의사결정에 공식적으로 널리 사용되는 방식은 **명목집단기법**(***nominal group technique***, NGT)[Del71]이다. 명목집단기법은 4장에서 다루었으며 이 장에서 다시 설명한다. 명목집단기법은 각 팀원이 한 명씩 돌아가면서 문제해결을 위한 아이디어를 제시한다. 팀원이 발표한 아이디어에 대해 투표하여 최상의 아이디어를 선택할 수 있다. 이때 괜찮은 아이디어 몇 개에 대해서만 집중적으로 토론한 후 투표하기도 한나. 명목집단기법의 단계는 아래와 같다.

1. 문제 정의 낭독: 사회자가 문제를 크게 읽는다.
2. 문제 다시 언급: 각 사람들은 문제에 대해 다시 말한다. 모든 팀원이 문제를 확실히 이해할 수 있도록 각자 자신의 언어로 문제를 다시 말한다.
3. 조용히 아이디어 짜기: 모든 팀원은 5~15분의 주어진 시간 동안 조용히 아이디어를 생각한다.
4. 순서대로 아이디어 수집: 각 팀원이 돌아가면서 모든 아이디어를 발표한다. 사회자는 아이디어를 분류하고 전체 팀이 검토할 수 있도록 조정한다.
5. 요약하고 아이디어 수정: 수집된 아이디어를 분리하고 결정하기 위해서 사회자가 토론을 주도한다. 이때 전체 팀원은 모든 아이디어를 명확하게 이해하고 있어야

한다. 관련된 아이디어는 모아지거나 서로 통합된다.

6. **투표:** 각 팀원은 아이디어가 발표되는 동안 아이디어에 대해 투표한다. 투표 결과는 팀이 앞으로 더 토론하고 수행할 필요가 있는 아이디어에 대한 우선순위를 나타낸다.

9.3.4 효율적인 회의 개최

팀은 목표 결정, 진행과정 추적, 문제 해결을 위한 준비 등을 위해서 만나야 한다. 회의할 때 문제가 발생하기도 하므로 팀워크 원칙이 매우 중요하다. 작업하는 동안 사람들은 회의를 하면서 절반 정도의 시간을 소모하는 것으로 추정된다. 효율적인 회의를 위해서는 (1) 참여자의 역할, (2) 회의 진행구조, (3) 인간관계 기술의 적용과 같은 세 가지 요소를 잘 정의해야 한다[Bel94]. 불완전하게 조직되고 비효율적인 회의는 팀의 작업수행을 불완전하게 만들고 팀을 냉소적으로 만든다. 회의구조는 항상 같을 필요는 없지만 효율적인 회의를 위해서는 다음과 같은 요소를 고려할 필요가 있다.

- **협의사항 결정:** 미리 회의에 관한 목적을 결정한다.
- **준비한 내용 설명:** 모든 팀원은 그들의 임무를 하나씩 완성하면서 정기적으로 그 결과를 설명한다.
- **집중:** 각 사람들은 차례로 말해야 하고, 진지하게 대화해야 한다.
- **회의시간 및 장소 결정:** 그 누구도 회의를 독점적으로 주도할 수 없고, 다양한 관점을 고려해서 회의를 진행한다.
- **요약:** 회의 마지막에는 토론한 것과 주요 의사결정, 진행과정을 요약한다.

9.3.5 팀 역할 개발

팀에서 팀원은 각자 역할에 맞게 배치되도록 규칙을 만들어야 한다. 이는 하드웨어, 소프트웨어, 기계적인 시스템과 같이 설계의 기술적 측면을 바탕으로 만들어야 할지도 모른다. 어떤 팀원은 부품 조달, 발표, 전문문서 작성과 같은 임무에 더 적합할지도 모른다. 팀에서 각자 역할이 발전하면서 팀 전체가 발전하고 변화할 수 있다.

일반적으로 구성기에 팀원의 역할은 명확하지 않으므로 팀원은 초창기에는 형식적인 일을 할당 받을 수 있다. 팀원뿐만 아니라 팀의 문제해결을 위한 회의도 명확하지 않고 형식적일 수 있다. 역할의 일반적인 배치는 다음과 같다.

- 팀장: 팀장은 반드시 권위적인 사람은 아니지만 의사결정과 문제해결을 통해서 팀을 이끌어야 한다. 효율적인 팀장은 모든 팀원의 생각을 듣고 모두가 참여하도록 해야 한다. 팀장은 의제를 확인하고 임무를 조정해야 한다.
- 서기: 서기는 팀의 작업에 관한 기록을 유지하는데, 중요한 기록은 상세히 표기하고 여러 작업에 대한 책임을 기록해야 한다.
- 대변인: 대변인은 팀의 결과를 분명하게 표현할 수 있어야 한다. 서기와 대변인 역할은 종종 통합되기도 한다.
- 낙관론자: 낙관론자는 아이디어와 문제의 개념을 잡고, 이를 수행하는 이유와 그 장점을 찾아야 한다.
- 비관론자: 비관론자는 아이디어와 가정을 주목하고, 반드시 아이디어의 반대 의견을 제시하고 이에 대한 토론이 이루어지도록 해야 한다.
- 분석가: 분석가는 팀 운영 과정을 관찰하는 중요한 역할을 수행하고 팀을 개선하기 위한 의견을 제시해야 한다.

위에 제시된 역할은 제한적이지 않고 팀원은 여러 역할을 수행할 수도 있다. 더 효과적인 팀원이 되기 위해서는 서로 다른 역할에서 다양한 경험을 얻도록 적극적으로 참여한다. 각자 해야 할 역할이 무엇이든 팀원은 직접 문제를 해결하기 위해 팀에 공헌해야 한다. 팀이 발전하면서 더 많은 일을 겪을 때 팀원의 공식적인 역할에 대한 필요성은 점점 줄어들게 된다.

9.3.6 직무와 책임 할당

팀원들이 직무와 책임감을 분명히 정의하지 않을 때 많은 문제가 발생한다. 모든 팀원들은 공정하게 분배한 작업량을 바탕으로 실제 작업을 수행한다. 그렇지 않다면 한두 명이 모든 일을 해야 하거나, 최악의 경우 아무도 작업을 수행하지 않을 수 있다. 10장에서 소개할 프로젝트 관리 원칙은 팀원에게 임무를 할당하고 이를 수행하도록 하는 것을 매우 중요한 목표로 삼고 있다. 팀에서 책임 있는 프로젝트 관리자를 한 사람 지정하여 팀원들이 임무를 잘 수행하는지 확실하게 관리해야 한다. 프로젝트 관리자도 전체적인 관리와 함께 프로젝트에 기여할 수 있는 직무를 할당받는 것은 매우 중요하다.

9.3.7 함께 많은 시간 보내기

함께 많은 시간을 보내는 팀이 일반적으로 성공하는 편이다[Kat93]. 이는 회의를 통해 프로젝트 수행과 여러 활동을 하면서 함께 시간을 보낸다. 팀원 일부가 아니라 전체가 참여해야 한다. 세 명의 학생으로 구성된 팀에서 두 명만이 연대감을 형성하면 나머지 한 사람이 멀어지거나 문제를 일으킬 수 있다.

9.3.8 서로 존중하기

여러분이 어떤 팀에 배정되었는데 팀원 중 한 명이 지나치게 조용하거나, 반대로 매우 시끄러운 경우를 상상해보자. 실제로 여러분은 대부분의 경우 친하지 않은 사람들과 팀을 이루어 작업을 하게 된다. 그럼에도 팀이 효과적으로 운영되길 바란다. 따라서 상대방의 성격을 다루는 방법을 배워야 한다. 그중 한 가지 방법이 다른 팀원이 여러분에게 존경심을 느끼도록 하는 것이다.

- 적극적으로 경청하라. 대부분의 사람들은 다른 사람의 말을 경청해서 듣지 않는다. 화자는 청자가 원하는 내용을 말하지만 실제로 청자는 그 내용을 듣지 않는다. 다른 사람의 말을 경청하면 다른 사람의 관점에 대해 더 잘 이해하고 그들의 생각을 설명할 수 있다.
- 다른 사람들에 대해 반응하는 방법을 생각하라. 여러분이 반응하는 방식은 여러분의 영향력에 영향을 미친다. 다른 사람의 생각을 부정적으로 평가하거나, 그들의 생각을 불공평하게 다루지는 않았는가?
- 사람이 아닌 아이디어를 구체적으로 비평하라. 문제를 검토하여 아이디어를 구체적으로 비평하는 것은 좋다. 단, 아이디어의 단점을 개선하기 위한 방법을 함께 찾는 것을 고려해야 한다.
- 참석하지 않은 사람들을 존중하라. 회의에 참석하지 않은 팀원을 직접 비판하면 팀에 분파와 분쟁이 생기기 쉽다. 만약 팀원이 작업을 수행하지 않는다면, 9.4절에서 검토된 팀 운영지침들을 언급하라.
- 아이디어 전달. 만약 아이디어를 가지고 있다면 분명하고 진술하게 장점이 무엇인지 설명하기 위해 준비한다. 그리고 아이디어에 대해 비관론자의 분석과 토론에 철저히 대비하라.

9.3.9 체계적으로 갈등 조정하기

갈등은 팀에서 반드시 발생하며, 구체적인 내용을 논의할수록 팀워크는 더 좋아진다. 실제팀은 갈등이 발생해도 그 갈등을 능숙하게 해결한다. 특히 갈등은 문제를 해결하거나 의견일치를 이끌 때 좋다. 이는 팀원이 중요한 주제에 대해 생각을 표현하는 기회를 제공한다. 갈등을 논의하지 않고 해결하지 않은 채로 방치하면 분노와 의심을 만들고 개인 간의 갈등으로 확대된다. 다른 사람의 의도를 잘못 해석할 수 있고, 회의 진행방식이나 회의에서 결정된 내용에 동의하지 않을 수 있으며, 팀원 각자가 작업을 수행하지 않거나 수행결과의 품질이 나쁠 수 있는데, 이로 인해 갈등이 발생한다[Dom01]. 갈등을 해결하기 위한 몇몇 전략들이 있다.

- 작업 성과와 아이디어에 집중. 개개인의 개성이 아닌 팀의 작업성과에 집중하라. 또한 아이디어에 집중하고 구체적으로 아이디어를 비평하라.
- 다른 사람들의 말을 경청. 갈등이 발생하면 침착함을 유지하고 신중하게 다른 사람들의 말을 경청하는 것은 매우 중요하다.
- 우려사항 확인. 여러분이 염려하는 어떤 것을 숨기는 것보다 구체적으로 확인하여 말하는 것이 가장 좋다.
- 팀 운영 지침을 적용. 다음 절에서 팀의 작업 수행과정과 행동을 관리하는 팀 운영지침에 대해 소개한다. 여기서 팀의 문제 해결을 위한 접근방법을 언급해야 한다. 팀에서 갈등이 생기면 이러한 팀 운영지침을 적용할 수 있다는 것을 기억하라.
- 갈등 해결을 위한 계획 전개. 갈등은 긍정적인 측면도 있고, 문제를 해결하는 데 도움을 줄 수 있다. 팀은 갈등을 즉각적으로 해결할 수 없지만 지정된 기간 안에 갈등을 해결하기 위한 계획을 진행할 수 있다.
- 조정. 중재자는 갈등을 해결하기 위한 수단으로 델파이기술을 사용할 수 있다. 델파이기술은 팀이나 조직의 외부 전문가에게 아이디어를 얻기 위해서 독창적으로 발전하였다. 중재자는 다음 단계를 바탕으로 갈등해결을 도와준다.

  1. 팀원은 갈등에 대해 익명으로 설명하고 중재자에게 개선 방법을 제시한다.
  2. 중재자는 팀에 되돌아오는 갈등에 대한 해결책을 제안한다.
  3. 팀원에게 위 결정에 대해 수정할 수 있는 기회가 주어진다.
  4. 합의가 이뤄질 때까지 1~3단계를 반복된다.

9.4 프로젝트 응용: 팀 운영지침

팀은 팀을 운영하는 분명하고 구체적인 지침을 개발해야 한다. 이 지침들은 앞에서 언급된 내용을 바탕으로 한다. 모든 지침이 **팀 운영지침**을 제정한다. 팀 운영지침에서는 다음과 같은 내용을 포함한다.

- 팀명: 팀명은 초기에 의사결정을 할 수 있는 기회를 만든다.
- 팀의 임무와 목표: 팀의 임무와 목표는 설계 문제에 대한 간단한 설명이 될 수 있다.
- 의사결정 지침: 의사결정에서 어떤 방법이 사용되고 이 지침이 언제 적용되는지를 나타낸다.
- 회의 지침: 회의 진행방법과 회의에서 팀원에게 기대하는 것이 무엇인지를 나타낸다.
- 팀 역할: 팀이 구성된 이유를 정당화하고, 팀원이 가지고 있는 상호보완적인 기술을 확인한다.
- 갈등 해결: 팀에서 갈등이 발생했을 때 이를 해결할 방법을 확실히 하라. 예를 들어 팀원이 회의에 참석하지 않는 경우 무엇을 해야 하는가? 팀에서 팀원의 역할을 어떻게 결정할 것인가? 만약 팀원들 스스로 갈등을 해결할 수 없다면 전체 팀에서 해야 할 것은 무엇인가?

이 문서는 팀 구성 초기에 개발되어야 하고 계속 갱신되어야 한다. [표 9-1]은 팀 구성과 팀 운영과정에 대한 체크리스트와 자기평가 내용을 포함하고 있다.

9.5 요약 및 참고도서

이 장에서는 논문에서 발표된 대표적인 팀 개발모델을 두 가지 제시하고, 각 모델의 기본 개념을 설명했다. 첫 번째 모델은 Tuckman 모델로 구성기, 시련기, 안정기, 활동기, 해산기로 구성된다. 구성기에 목표에 동의하는 과정을 신중히 진행하여 활동기에 도달하도록 하는 것은 팀에 매우 중요하다. 두 번째 모델은 [그림 9-1]에서 제시된 Katzenbach와 Smith의 팀 수행곡선으로 실제 팀의 특징들을 설명한다. 마지막으

표 9-1 팀 구성과 팀 운영과정에 대한 체크리스트와 자기평가(1 = 매우 불일치, 2 = 불일치, 3 = 중립, 4 = 일치, 5 = 매우 일치)

팀 구성	점수
팀 목표가 분명하게 정의된다.	
팀원 간에 목표가 정확하다는 합의가 있다.	
팀원은 기술, 기능, 인간관계를 바탕으로 상호보완적인 기술을 가지고 있다.	
팀원들은 팀에서 필요한 능력을 모두 충분히 갖추고 있다.	
팀의 규모는 적절하다.	
팀 운영 과정	
팀은 갈등과 의견 불일치를 해결하기 위해 분명한 지침들을 개발하고 있다.	
팀은 팀 목표를 달성하기 위해서 모든 팀원들이 서로 책임질 수 있도록 효과적인 지침들을 개발하고 있다.	
팀은 효율적으로 회의를 개최하여 전략을 발전시키고 있다.	
팀은 회의시간과 장소에 서로 동의하고 있다.	
팀원은 서로서로 신뢰한다.	
팀원은 서로의 아이디어에 경의를 표한다.	

로 팀 운영지침은 팀의 규범, 문제 해결 접근방법, 팀 운영원칙을 확인하는 도구이다. 이 장에서는 팀 운영지침에 대한 형식을 제시하였다.

팀과 팀워크에 대한 책과 자료는 많다. 그중 Katzenbach와 Smith의 〈팀워크의 지혜(The Wisdom of Teams)〉[Kat93]가 이 장에 많은 영향을 주었다. 효과적인 팀을 만드는 방식을 설명한 이 책은 팀과 팀워크 분야에서 독창적인 작업으로 널리 알려져 있다. Bruce Tuckman이 제시한 팀 개발모델[Tuc65]는 구성기, 시련기, 안정기, 활동기, 해산기로 구성되어 있다. 이 모델 또한 팀 개발 분야의 좋은 모델로서 널리 인정을 받는다. 애리조나 주립대학 공학과에서 지은 〈팀 훈련 워크북(The Team Training Workbook)〉[Bel94]도 가치 있는 자료이다. Karl Smith가 지은 〈팀워크와 프로젝트 관리(Teamwork and Project Management)〉[Smi04]는 공학을 전공하는 학생들에게 팀워크와 프로젝트 관리에 대해 짧게 소개하고 있다. *www.advisorteam.com*의

Keirsey 기질분류 검사와 같이, 온라인에서 무료로 제공하는 성격유형 검사와 기질분류 검사를 시행해 볼 수 있다.

9.6 학습문제

9.1 상호기능적인 팀과 다양한 전문분야를 가진 팀의 차이점을 설명하라.

9.2 팀 개발에서 구성기, 시련기, 안정기, 활동기, 해산기의 특징을 구체적으로 설명하라.

9.3 팀과 팀워크의 차이를 설명하라.

9.4 이 장에서는 팀원의 수가 증가할수록 합의를 이루는 것은 점점 더 어려워진다고 기술하고 있다. 팀이 어떤 제안에 동의할 필요가 있는 상황을 생각해보자. 이때 각 팀원이 그 제안에 동의할 가능성이 50%이고, 팀원의 투표가 임의적이라고 가정한다. 팀 규모는 2명부터 10명까지 가능할 때, 팀원의 수에 따라 팀에서 그 제안에 동의할 가능성에 대해 계산하라. 예를 들어 각 팀원이 어떤 제안에 동의할 가능성이 50%이고 팀원 수가 2일 때, 팀에서 그 제안에 동의할 가능성은 0.5 × 0.5 = 0.25 = 25%로 계산할 수 있다. 각 팀원이 그 제안에 동의할 가능성이 75%, 90%, 99%일 때의 세 가지 경우를 추가하라.

9.5 [**프로젝트 응용**] 9.4절과 같이 팀 운영지침을 개발하라.

9.6 [**프로젝트 응용**] [표 9-1]의 팀 자기평가 리스트를 완성하라.

Chapter 10

프로젝트 관리

"계획 짜는 데 실패한다면, 실패를 계획하는 것과 같다." —무명씨

복잡한 시스템을 만든다는 것은 기술적 측면은 물론 관리적인 측면에서도 어려운 일이므로 프로젝트 관리를 실습하는 일은 매우 중요하다. 기업의 업무는 중요한 여러 개의 프로젝트들로 구성되는 경우가 많기 때문에 공학계열 대졸 신입사원의 채용에 있어서 최우선적으로 프로젝트 관리 능력을 요구하고 있다. 프로젝트 관리는 프로젝트의 개시, 팀 관리, 비용 관리, 리스크 관리, 업무 조율, 리소스 관리 및 성과 관리 등을 포함한다. 이 책에서는 공학설계의 관점에서 이러한 부분들에 대해 다루고 있다.

프로젝트 관리의 중요한 3가지 목표는 정해진 일정에 따라, 정해진 예산 내에서 사용자의 요구사항을 만족시키는 것이다. 사용자의 요구사항에 대해서는 2, 3장에서 다루었으므로 이 장에서는 일정 및 예산 관리 부분을 다룬다. 일정 관리를 위해 작업명세표(Work Breakdown Structure, WBS)라는 개념을 도입한다. 이는 프로젝트를 완성하기 위해 요구되는 과제들과 산출물들이 결합된 액티비티들을 정의하기 위해 활용된다. 그러한 액티비티들에 대한 책임은 팀 멤버들에게 부여된다. 작업명세표는 네트워크 다이어그램과 간트차트(Gantt Chart)라는 두 가지 그래픽 표현을 갖게 된다. 이러한 그래픽 표현은 과제 간의 종속성을 보여주며 프로젝트 계획에 대한 정량적 분석이 가능하도록 한다.

▶▶학습 목표

1. WBS를 만들 수 있다.
2. 네트워크 다이어그램과 간트차트를 만들 수 있다.
3. 프로젝트 계획의 각 액티비티에 대한 유동가능시간과 프로젝트 완성을 위한 임계 경로를 결정할 수 있다.
4. 손익분기 분석 능력과 비용 예측방법을 이해할 수 있다.

|10.1| WBS

WBS는 프로젝트의 목표를 이루기 위해 완수되어야 하는 태스크와 산출물들이 계층적으로 표현되는 것이다. WBS의 작성은 프로젝트 계획을 수립함에 있어서 가장 먼저 이루어져야 한다. WBS는 프로젝트를 완성하기 위한 활동들을 순서에 따라 표현한다. **액티비티**는 태스크와 이와 관련된 산출물을 합쳐놓은 것으로서, **태스크**란 하나의 작업을 완성하기 위한 행동을 의미하며 **산출물**은 태스크를 끝마칠 때마다 산출되어야 하는 것들을 말한다.

WBS의 개념은 1993년에 미군의 Work Breakdown Structure Handbook[MIL-HDBK 881]이라는 문서에 의해 형식을 갖추게 되었다. 이후 WBS는 산업체에 널리 받아들여지게 되었는데 MIL-HDBK 881에는 다음과 같이 설명되어 있다.

- 하드웨어, 소프트웨어, 서비스, 데이터 및 설비들로 구성되는 제품 중심의 패밀리 트리
- *WBS*는 제품 혹은 제품들이 개발되거나 생산되도록 정의된다. 완수되어야 할 각 작업요소들이 서로에 연결되어 최종 제품에 이르도록 한다.
- *WBS*는 여러 가지 수준으로 표현될 수 있다.

다음으로는 프로젝트를 위한 액티비티들을 살펴보자. Gary and Larson[Gra20]은 각 액티비티들에 대해 다음과 같은 속성을 규정할 것을 권장하고 있다.

- 완수되어야 할 작업의 정의
- 액티비티 완수를 위한 시간 프레임

- 액티비티 완수를 위한 리소스
- 액티비티 책임자
- 어떤 액티비티 이전 혹은 이후에 완수되어야 할 액티비티
- 진행 상황을 모니터링하기 위한 체크 포인트

WBS는 액티비티들과 이에 대한 속성들을 모아놓은 것이다. WBS의 행은 프로젝트 액티비티를 나타내고 있다. 이러한 액티비티들은 서브 액티비티들과의 계층적인 형태로 나타낸다. WBS의 열은 액티비티의 속성들이다. [표 10-1]은 5장의 온도 모니터링 디자인을 위한 WBS이다.

각 액티비티에는 식별번호(ID)와 이름이 배정된다. ID의 번호를 보면 액티비티의 계층적 구조의 특성이 잘 나타난다. 프로젝트 계획상 최상위 액티비티는 'Interface Circuitry(1)', 'LED and Driver Circuitry(2)', 'System Integration and Test(3)' 이다. 하위 액티비티를 갖고 있는 'Interface Circuitry' 의 경우 'Circuit Design(1.1)', 'Purchase components(1.2)', 'Construction and Test(1.3)' 으로 한 단계 더 깊어지는 것을 알 수 있다. 'Construction and Test' 는 또 다시 하위 액티비티를 갖게 되므로 모두 3단계의 계층구조를 갖게 된다.

WBS에는 각 액티비티에 대한 설명과 더불어 산출물들이 제시되고 있다. 이러한 산출물들은 각 액티비티의 모니터링을 위한 체크포인트로 활용된다. 액티비티의 복잡성이나 수행기간이 증가할수록 체크포인트는 더욱 중요하다. 위의 예제에서 산출물에는 'circuit design schematics', 'simulation results', 'test data' 등이 포함된다. 산출물들은 어떤 경우에 'Research A/D Converter(2.1)' 와 같은 명확하지 않은 액티비티를 위해서도 정의되어야 한다. 즉 모든 액티비티는 특징한 산출물을 통해 그 진행상황이 모니터링될 수 있어야 한다는 것이다.

[표 10-1]의 다섯 번째 열은 각 액티비티에 대한 예상 기간이다. 기간을 예상하는 것은 전적으로 지난 프로젝트의 경험에 영향을 받는데 일반적으로 필요한 기간보다 덜 예상하는 경향이 있다. 최종 완료일이 자꾸만 연기되는 상황이 벌어진다면 신뢰에 있어서 큰 타격을 입게 될 것이므로 기간에 대한 예측은 가능한 정확하게 할 수 있어야 한다. 설비의 고장, 부품이나 기자재의 지연 도착, 부상 등과 같이 예측할 수 없는 문제들까지 고려할 수 있어야 한다. 특히 시스템 통합이나 테스트와 같은 일들은 예상했던 기간보다 길어지는 경우가 매우 많다. 1950년대에 미 해군에 의해 개발

표 10-1 온도 감시 시스템의 설계를 위한 WBS(work breakdown structure) 예시

ID	액티비티	설명	산출물/ 체크포인트	수행기간 (일수)	담당자	자원	선행자
1	**Interface Circuitry**						
1.1	Design Circuitry	Complete the detailed design and verify it in simulation.	• Circuit schematic • Simulation verific-ation	14	Rob (1) Jana (1)	• PC • SPICE simulator	
1.2	Purchase Components		• Identify parts • Place order • Receive parts	10	Rob		1.1
1.3	**Construct and Test Circuits**	Build and test.					
1.3.1	Current Driver Circuitry	Test of circuit with sensing device.	• Test data • Measurement of linearity	2	Jana (1) Rob (2)	• Test bench • Thermom-eter	1.2
1.3.2	Level Offset and Gain Circuitry	Test of circuit with voltage inputs.	• Test data • Measurement of linearity	3	Rob (1) Jana (2)	• Test bench 1.2	
1.3.3	Integrate Components	Integrate the current driver and offset circuits.	• Test data verifying functionality and linearity requirement	5	Rob (1) Jana (1)	• Test bench • Thermo-meter	1.3.1 1.3.2
2	**LED and Driver Circuitry**						
2.1	Research A/D Converters	Make selection of A/D converter.	• Identify types, cost, and perfor-mance • Identify two poten-tial converters for purchase	1	Alex	• Internet	
2.2	Complete Hardware Design	Design conversion hardware.	• Circuit schematic • Simulation verific-ation	7	Ryan (1) Alex (2)	• Digital circuit simulator	2.1
2.3	Purchase LED and Driver Components		• Identify parts • Place order • Receive parts	10	Rob		2.2
2.4	Construct and Test	Test with supply voltage input.	• Test data showing digital output vs. voltage inputs	5	Alex (1) Ryan (2)	• Test bench • Logic ana-lyzer	2.3
3	**System Integration and Test**	Complete integration of front-end and LED driver circuitry.	• est data demonst-rating functionality from temp input to LED output • System linearity measurement	7	Alex (1) Rob (1) Jana (1) Ryan (1)	• Test bench • Digital logic analyzer • Thermo-meter	1.3.3 2.4 (or 1 and 2)

된 PERT(Project Evaluation Review Technique) 기법으로부터 수행기간을 예측하는 방법론이 개발되었다. 실험을 통해 수행기간은 베타확률밀도(beta probability density)를 따른다는 것을 알게 되었고, 이에 따라 어떤 액티비티의 수행기간은 다음과 같이 예측할 수 있다.

$$t_e = \frac{t_a + 4t_m + t_b}{6}, \quad (1)$$

이때 t_a는 가장 낙관적으로 예상한 기간, t_b는 가장 비관적으로 예상한 기간, t_m은 가장 현실적으로 예상한 기간이다. 이러한 모델의 장점은 최선과 최악의 시나리오를 모두 고려할 수 있도록 한다는 것이다.

WBS에는 각 산출물에 대한 책임자를 명시하도록 하고 있다. 프로젝트 구성원들이 상호 책임감을 갖고 일할 수 있도록 하는 것은 매우 중요하다. 한 사람이 하나의 액티비티에 대한 책임을 맡고 있다고 가정하자. 그 사람이 추가적인 지원이나 백업을 요구한다면 어떻게 할 것인가. 그 사람이 책임을 다 할 수 없는 상황이라면 누가 도와야 할 것인가. 부상을 당하거나 아프게 되면 어떻게 할 것인가. 결국 하나의 액티비티에 다수의 책임자를 임명하는 방법을 생각하지 않을 수 없다. [표 10-1]에서는 사람들의 이름 옆에 배정한 숫자로 주책임자 '(1)' 과 부책임자 '(2)' 를 구분하고 있다.

어떤 액티비티를 완료하기 위한 리소스에는 재료, 기자재, 사람의 노동력이 포함된다. 재료란 전자부품이나 'printed circuit board' 와 같이 산출물을 만들어내기 위해 소모하는 것들을 포함한다. 기자재로는 테스트 장비, 컴퓨터, 소프트웨어 등이 포함된다.

각 액티비티의 선행자(predecessor)는 이전에 수행이 완료되어야 하는 액티비티를 말하며, 프로젝트 수행을 완료하기 위한 순차적 실행을 정의하기 위해 필요하다.

10.2 네트워크 다이어그램

네트워크 다이어그램은 어떤 프로젝트에서 액티비티 및 그들 간의 종속성을 표현하기 위한 방향성 그래프이다. 액티비티 B를 실행하기 전에 액티비티 A가 완료되어야 한다면 B는 A에 종속적이라고 한다. 네트워크 다이어그램을 통해 프로젝트 내에서의 액티비티들의 관계를 정량적으로 분석할 수 있다. [그림 10-1]의 AON(***Activity on Node***) 형태는 액티비티를 노드로 그들 간의 종속성을 화살표로 표현하고 있다.

[그림 10-2]는 매우 간단한 프로젝트에 대한 네트워크 다이어그램이다. 프로젝트의 시작과 끝을 위해 각각 더미 액티비티를 추가하였다. 각 노드에는 ID 번호와 예상 수행기간이 포함되어 있다. 이러한 네트워크 다이어그램에는 프로젝트의 시작부터 끝까지 연결되는 몇 개의 경로가 존재한다. 이러한 경로는 시작 노드로부터 종료 노드에 이르는 순차적인 연결선이다. [그림 10-2]의 예제에는 모두 4개의 경로가 존재한다. $P_1 = \{1,4\}$, $P_2 = \{1,5\}$, $P_3 = \{2,3,4\}$, $P_4 = \{2,3,5\}$이다. 프로젝트 전체의 완료를 위해서는 모든 경로(결과적으로 모든 액티비티)가 완료되어야 한다.

각 경로의 수행기간은 경로상의 모든 액티비티들의 수행기간의 합으로 결정된다. 따라서 [그림 10-2]의 예제에서 경로 P_1에서 P_4까지의 수행기간은 각각 20, 26, 28, 34일이다. 가장 긴 수행기간을 갖는 경로를 **임계경로**(***critical path***)라고 하는데, 이는 프로젝트 완료를 위해서는 적어도 그 기간만큼이 필요하기 때문이다. 이 예제

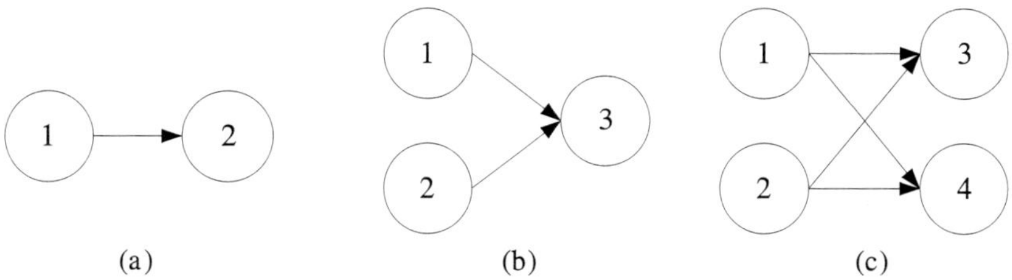

그림 10-1 액티비티의 AON(Activity On Node) 표현. (a) 액티비티 2가 시작되기 전에 액티비티 1이 완료되어야 한다. (b) 액티비티 3이 시작되기 전에 액티비티 1,2는 완료되어야 한다. (c) 액티비티 3, 4가 시작되기 전에 액티비티 1, 2는 완료되어야 한다.

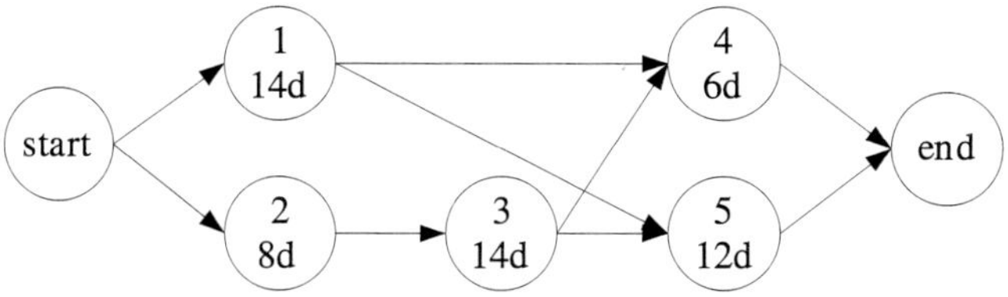

그림 10-2 네트워크 다이어그램 예제. 각 액티비티는 액티비티 ID와 예상 수행기간을 포함한다.

에서 임계경로는 P_4이다. 임계경로에 있는 액티비티들은 일정에 조금이라도 차질이 생긴다면 프로젝트 전체 일정에 영향을 미치므로 특별한 관심의 대상이 된다. 만약 다른 경로의 액티비티가 많이 지연된다면 새로운 임계경로를 형성하게 될 수도 있다. 유동가능시간은 프로젝트의 완료에는 영향을 주지 않으면서 특정 액티비티가 지연될 수 있는 시간의 양을 말한다. 따라서 임계경로에 존재하는 모든 액티비티는 **유동가능시간**이 0인 셈이다. 다음과 같은 방법으로 각 액티비티들의 유동시간을 결정할 수 있다.

1. 네트워크 다이어그램의 모든 경로와 수행기간을 결정한다.
2. 가장 긴 수행기간을 갖는 경로가 임계경로이므로 t_{cp}라고 이름을 붙인다. 이 경로의 모든 액티비티는 유동가능시간이 0이다.
3. 임계경로에 존재하지 않는 모든 액티비티들에 대해 그들이 존재하는 경로의 가장 긴 수행기간을 t_{cp}라고 하자. 이때 각 액티비티의 유동가능시간은 다음과 같이 계산된다.

$$\text{Float} = t_{cp} - t_{lp} \tag{2}$$

예제 10.1 유동가능시간 계산

문제: [그림 10-2]의 네트워크 다이어그램의 모든 액티비티에 대한 유동시간을 계산하라.

해답: 이 그림의 네트워크 다이어그램의 경로는 $P_1 = \{1, 4\}$, $P_2 = \{1, 5\}$, $P_3 = \{2, 3, 4\}$, $P_4 = \{2, 3, 5\}$이다. 각각의 수행기간은 20, 26, 28, 34일이다. 임계경로는 P_4이고 t_{cp}는 34일이므로 임계경로에 있는 액티비티 2,3,5의 유동가능시간은 0이다.

$$\text{Float}_{2,3,5} = \underline{0 \text{ days}}$$

남은 것은 이제 액티비티 1과 4이다. 액티비티 1의 유동가능시간을 계산해보자. 액티비티 1이 속한 경로인 P_1과 P_2 중 수행기간은 각각 20일과 26일이므로 t_{lp1}는 26일이다. 유동가능시간은 다음과 같이 계산된다.

$$\text{Float}_1 = t_{cp} - t_{lp1} = 34 - 26 \text{ days} = \underline{8 \text{ days}}$$

액티비티 4는 P_1과 P_3에 속하므로 t_{lp4}는 28일이다. 따라서 유동가능시간은 다음과 같다.

$$\text{Float}_4 = t_{cp} - t_{lp4} = 34 - 28 \text{ days} = \underline{6 \text{ days}}$$

즉, 액티비티 1은 8일간, 액티비티 4는 6일간 지연되어도 프로젝트 전체 일정에는 지장이 없다는 것을 의미한다.

예제 10.2 **[표 10-1]의 WBS를 위한 네트워크 다이어그램을 그리고 유동시간을 계산하라.**

문제: (a) 네트워크 다이어그램을 그려라. (b) 임계경로와 프로젝트 완료를 위한 기간을 결정하라. (c) 임계경로에 존재하지 않는 모든 액티비티의 유동가능시간을 계산하라.

해답:

(a) 네트워크 다이어그램은 [표 10-1]에 정의되어 있는 종속성을 통해 다음과 같이 그릴 수 있다.

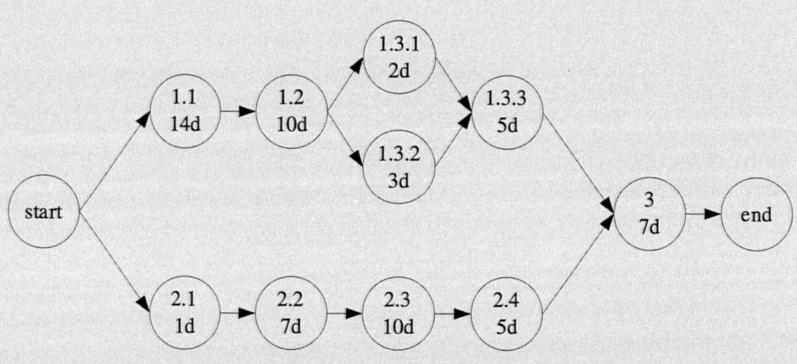

(b) 3 개의 경로가 존재한다. P_1 = {1.1, 1.2, 1.3.1, 1.3.3, 3}, P_2 = {1.1, 1.2, 1.3.2, 1.3.3, 3}, P_3 = {2.1, 2.2, 2.3, 3.4, 3}이다. 각각의 수행기간은 38일, 39일, 30일이다. 따라서 임계경로는 P_2이고 수행기간은 39일이다.

$$t_{cp} = \underline{39 \text{ days}}$$

(c) P1에 존재하는 모든 액티비티는 1.3.2를 제외하고 모두 임계경로에 있다. 따라서 1.3.2의 유동가능시간은 다음과 같다.

$$\text{Float}_{1.3.2} = 39 - 38 \text{ days} = \underline{1 \text{ days}}$$

액티비티 2.1부터 2.4까지의 유동가능시간을 합치면 다음과 같다.

$$\text{Float}_{2.1-2.4} = 39 - 30 \text{ days} = \underline{9 \text{ days}}$$

네트워크 다이어그램의 장점은 액티비티들과 그들 간의 종속성을 직관적인 표현방법으로 나타내준다는 것이다. 이것은 프로젝트가 복잡하여 완료까지의 경로가 명확하지 않은 경우에 유용하게 활용될 수 있다. 더불어 임계경로와 각 액티비티들의 유동가능시간까지 결정할 수 있도록 한다. 하지만 프로젝트와 관련된 많은 정보를 한 장의 다이어그램에 모두 표현할 수 없다는 단점이 있다.

|10.3| 간트차트

기계공학자인 Henry Gantt(1861~1919)가 개발한 간트차트(Gantt Chart)는 일정상의 액티비티들을 바 그래프 형태로 표현하는 것이다. [그림 10-3]은 이러한 간트차트의 예이다. 이 차트는 효과적으로 WBS 및 프로젝트 완성을 위한 일정을 보여준다. 간트차트의 전통적인 약점은 액티비티 간의 종속성을 보여줄 수 없다는 점이었는데 현대 소프트웨어의 기능을 통해 [그림 10-3]에서 보는 바와 같이 액티비티 간의 종속성을 화살표를 통해 표현할 수 있게 되었다.

|10.4| 비용 예측

프로젝트를 예산 내에서 완성하기 위해서는 시스템의 설계, 개발, 제조와 관련된 비

Task Name	*Start*	*Finish*	*Duration*
1: Interface Circuitry	**1/10/2005**	**2/22/2005**	**32d**
1.1: Design Circuitry	1/10/2005	1/27/2005	14d
1.2: Purchase Components	1/28/2005	2/10/2005	10d
1.3: Construct & Test Circuits	**2/11/2005**	**2/22/2005**	**8d**
1.3.1: Current Driver Circuitry	2/11/2005	2/14/2005	2d
1.3.2: Level Offset & Gain Circuitry	2/11/2005	2/15/2005	3d
1.3.3: Integrate Components	2/16/2005	2/22/2005	5d
2: LED and Driver Circuitry	**1/10/2005**	**2/9/2005**	**23d**
2.1 Research A/D Converters	1/10/2005	1/10/2005	1d
2.2 Complete Hardware Design	1/11/2005	1/19/2005	7d
2.3 Purchase LED & Driver Components	1/20/2005	2/2/2005	10d
2.4: Construct and Test	2/3/2005	2/9/2005	5d
3: System Integration and Test	**2/23/2005**	**3/3/2005**	**7d**

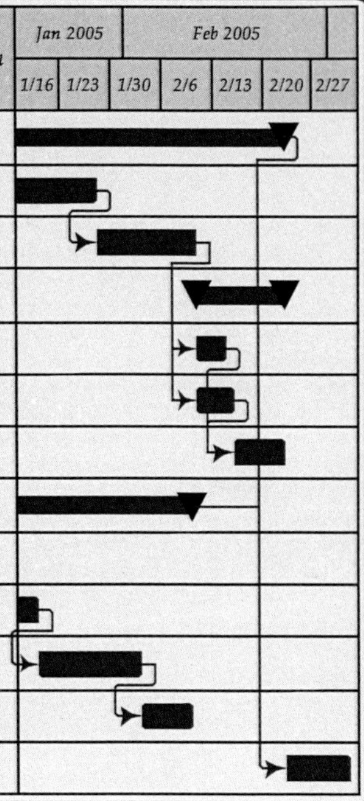

그림 10-3 온도 표시 프로젝트에 대한 간트차트(Microsoft Visio™로 작성).

용이 예측되어야 한다. 이 절에서는 손익분기점 분석 그리고 비용예측 방법론에 따른 경제성 고려사항 등에 대해 설명한다.

10.4.1 손익분기점 분석

손익분기점 분석의 목표는 얼마나 팔아야 비용과 매출이 같아지는가를 결정하기 위한 것이다. 비용에는 고정비용과 변동비용이 있다. **고정비용**은 판매량과는 상관없이 발생하는 비용이다. 예를 들면, 임대료, 보험료, 재산세, 설계 및 개발 비용, 자본 지출, 시장조사 비용 등이다. 자본 지출은 설비나 건물 등과 같은 장기적인 자산을 위한 비용이다. **변동비용**은 프로세스 혹은 생산되는 아이템에 따라 변하고 판매량에 따라 직접적으로 변하는 비용이다. 예를 들면 원자재, 재고, 에너지, 노동비용 등이다.

손익분기점은 매출과 비용이 같아지는 순간이므로 고정비용과 변동비용을 포함한 총비용과 매출을 통해 결정할 수 있다. n개의 제품이 팔렸다고 할 때 총비용은

$$\text{Total cost} = \text{fixed cost} + n \times \frac{\text{variable cost}}{\text{unit}} \tag{3}$$

총매출은

$$\text{Revenue} = n \times \frac{\text{sale price}}{\text{unit}} \tag{4}$$

따라서 손익분기점은 다음과 같다.

$$\boxed{n \times \frac{\text{sale price}}{\text{unit}} = \text{fixed cost} + n \times \frac{\text{variable cost}}{\text{unit}}} \tag{5}$$

손익분기점은 [그림 10-4]에서와 같이 판매량의 함수로 표현될 수 있다. [예제 10.3]은 HP 데스크젯 프린터 개발과 관련된 손익분기점 계산을 보여준다.

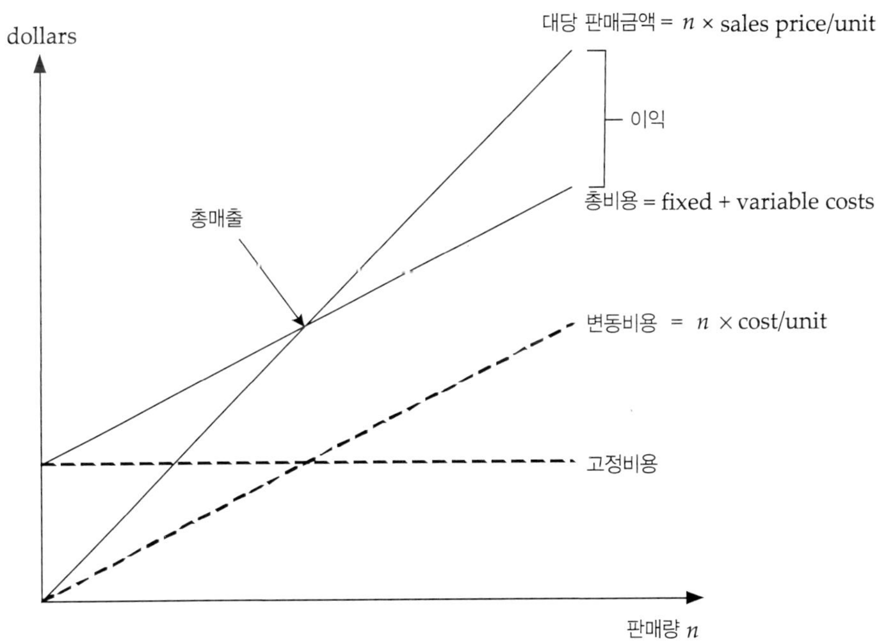

그림 10-4 손익분기점 분석을 위한 그래프 표현.

예제 10.3 HP 데스크젯 프린터에 대한 손익분기점 분석

문제: 다음과 같은 데이터는 HP 데스크젯 개발 및 판매와 관련하여 공식적으로 발표된 것이다. 판매가격 = 300달러, 개발비용 = 50달러, 생산투자 = 2천 5백만달러, 연간생산(판매)량 = 4백만 대, 판매사이클 = 2년. 한 대당 225달러의 생산비용이 발생한다고 가정할 때, (a) 손익분기점을 발생시키는 판매량을 계산하라. (b) 판매 주기인 2년간 판매했을 경우 예상되는 이익을 계산하라

해답:

(a) 손익이 같아지는 판매량 n을 결정해야 한다. 고정비용은 개발비용과 생산투자의 합이므로 다음과 같다(단위: 달러).

$$\text{고정비용} = (50 + 25)\text{백만} = 7{,}500\text{만}$$

따라서 n개가 팔렸을 경우의 총비용은 다음과 같다.

$$\text{총비용} = 7{,}500\text{만} + n \times 225$$

매출액은

$$\text{매출액} = \text{n} \times 300$$

이므로 다음과 같이 총비용과 총매출은 같다고 할 때, 손익분기점을 발생시키는 n을 구할 수 있다.

$$n \times 300 = 7{,}500\text{만} + n \times 225$$

$$N = \underline{\text{백만 개}}$$

(b) 이익은 총매출에서 총비용을 제하면 구할 수 있다.

$$\text{이익} = \text{총매출} - \text{총비용}$$

따라서 2년간 판매할 수 있는 대수가 4백만 개이므로 이익은 다음과 같이 계산된다.

$$\begin{aligned}\text{이익} &= n \times 300 - (7{,}500\text{만} + n \times 225)\\ &= 8\text{백만} \times 300 - (7{,}500\text{만} + 8\text{백만} \times 225)\\ &= 525\text{만}\end{aligned}$$

10.4.2 비용 모델

예상 수익을 파악하기 위해 비용을 정확하게 예측해야 하지만 이 절에서 비용예측을 위한 모든 것을 다룰 수는 없다. 대신 개발비용을 예측하기 위한 기본 개념 및 기법들을 제시한다. WBS는 프로젝트를 적당한 크기로 나누어 각각에 대한 비용예측이 가능할 수 있으므로 전체 비용예측을 위해 유용한 도구라고 할 수 있다.

WBS에서 정의된 바와 같이, 프로젝트와 관련된 개발비용은 인건비, 설비, 자재에 대한 비용을 포함한다. 필요한 설비들은 대부분 사전에 파악이 되므로 이에 대한 비용도 비교적 명확하다. 인건비는 프로젝트의 기간에 직접적으로 연관되며 전체 비용에서 가장 큰 비중을 차지하는 경우가 많다.

인건비에 대한 예측은 종종 과거의 경험과 전문가들의 견해에 따르게 된다. 액티비티 수행기간을 위한 (1)의 예측 수식은 다음과 같이 비용에 적용될 수 있다.

$$\text{Cost} = \frac{\text{cost}_a + 4\text{cost}_m + \text{cost}_b}{6} \tag{6}$$

이때 cost_a는 가장 긍정적인 비용예측, cost_b는 가장 비관적인 비용예측, cost_m은 가장 적절한 비용예측이다.

인건비 예측을 위한 좀 더 형식적인 접근방법은 과거 경험에 대한 실험모델을 활용하는 것이다. 이러한 모델은 디자인이나 기술과 관련된 정량적 투입에 대한 산출값을 예측하는 것이다. 투입의 예로는 하위시스템의 수, 회로디자인의 예상 복잡도, 또는 소프트웨어 프로젝트에서의 예상 라인수 등이다. 이러한 모델을 통해 개인 의견에 기반한 예측에서 정량적 예측으로 바뀔 수 있다. 이러한 모델의 산출값은 비용 또는 예상 작업시간 등과 같이 비용과 직접적으로 연관된 값들이다.

가장 간단한 예로 입력값 x에 대한 출력값 y(비용 또는 작업시간)를 예측하는 선형모델($y = mx + b$)를 생각해보자. 예를 들어 IBM은 입력값으로 코드의 라인수를 활용한 소프트웨어 개발 프로젝트 비용을 모델화하였으며 식 (7)과 같다.

$$\text{Effort} = a \times \text{KLOC} + b \tag{7}$$

KLOC은 코드 라인수를 1000라인 단위로 나타내는 것을 말한다. 이러한 선형모델은 4~10 KLOC 정도의 비교적 작은 개발 프로젝트의 비용예측에 적합하다. 복잡도가 증가하면 선형모델보다는 지수형모델이 좀 더 적합하다.

$$\text{Effort} = a\,(\text{KLOC})^{b} \tag{8}$$

IBM은 60개 정도의 소프트웨어 개발 프로젝트를 관찰한 결과 $a = 5.2$, $b = 0.91$일 때, 지수형모델이 가장 잘 적용된다는 것을 발견하였다. 이러한 KLOC 모델을 [예제 10.4]에 적용해보자.

예제 10.4 KLOC를 이용한 노동비용 예측

문제: 10명의 소프트웨어 개발자를 한 팀으로 하는 소프트웨어 개발 프로젝트를 생각해보자. 개발자들의 연봉은 100,000달러이고 프로젝트를 완료하기 위해 50,000라인이 필요할 것으로 예상된다. (a) 프로젝트 완성을 위한 기간을 예측하라. (b) 노동비용을 예측하라.

해답:

(a) 지수형모델이 좀 더 적합한 상황이므로 이를 이용하여 KLOC을 계산한다.

$$\text{투입노동력} = 5.2(50)^{0.91} = 183 \text{ worker-months.}$$

프로젝트에 10명의 개발자가 투입되므로 예상기간은 투입노동력을 10으로 나누어 18.3개월을 얻게 된다.

(b) 개발을 위한 인건비는 1달간 투입되는 개발자의 수와 이들의 평균 월급으로 결정된다.

$$\text{인건비} = 183 \text{ worker-months} \times \frac{\$100{,}000/\text{year}}{\text{year}} \times \frac{1\text{year}}{12 \text{ months}}$$

$$\text{인건비} = \underline{1.53\text{백만 달러}}$$

식 (7)과 (8)은 예측을 위해 하나의 입력만 사용하는 간단한 모델이다. 예를 들어 [예제 10.4]에서 프로젝트에 100명의 개발자가 배정되었다면 프로젝트는 동일한 비용으로 1.83개월만에 완료될 수 있을 것이다. 하지만 이것은 현실적이지 않다. 개발자의 수를 계속 증가시킨다고 해서 개발기간이 정비례하여 줄어들지는 않는다는 것이다. 현실적으로는 매우 다양한 요소들이 비용에 영향을 미치게 되므로 이러한 요소들을 모두 고려하는 예측모델이 필요하게 된다. 소프트웨어 개발에 이용되는 비용모델로서 COCOMO 모델이 있다. COCOMO 모델은 입력값의 복잡도에 따라 달라지는데, 이러한 입력값으로는 기술의 형태, 기술의 성숙도, 팀의 크기, 개발자의 숙련도, 프로젝트 완료를 위한 시간 프레임 등이 있다. 이러한 모델은 비용을 예측함은 물론 주어진 복잡도를 갖는 프로젝트가 완료되기 위해 얼마나 많은 개발자가 필요한지를 예측하는 데 활용된다.

실험적 비용모델은 제조를 위한 필요 자재를 예측하기 위해 개발되었다. 자재 예측은 제조에서 사용되는 기술의 종류와 예상되는 크기에 기반한다. 예를 들어 'printed circuit board' 의 제조를 위한 비용모델은 입력값으로 보드의 크기, 층의 수, 사용되는 기술의 종류 등을 포함한다.

|10.5| 프로젝트 매니저

프로젝트 매니저는 WBS, 네트워크 다이어그램, 간트차트, 비용 산정, 프로젝트 계획 등을 작성하는 책임을 갖게 된다. 비록 프로젝트 매니저가 프로젝트 계획에 대한 주된 책임을 갖게 되지만 모든 구성원들이 계획 수립에 참여해야 한다. 프로젝트 매니저는 체크포인트, 산출물 등이 계획대로 진행되고 있는지를 점검하고 어떤 액티비티가 지연되었을 경우에 대비한 전략을 마련해놓아야 한다. 프로젝트 매니저는 필요한 재료들의 구매 및 전반적인 지출에 대한 관리 책임을 갖는다. 이렇듯 프로젝트 매니저는 프로젝트 관리를 위한 태스크들 외에 프로젝트 완성을 위한 산출물들에 대한 책임을 갖는 것이 매우 중요하다.

|10.6| 길잡이

다음은 캡스톤 디자인과 같은 프로젝트 관리 계획을 수립할 때 고려해야 할 것들이다.

- 설계 구조가 완성된 후에 계획을 수립하라. 프로젝트 계획은 설계 일정상 어느 때라도 만들 수 있다. 하지만 가장 적절한 시점은 시스템 설계 구조가 어느 정도 완성

된 직후이다. 설계 결과는 WBS를 만드는 데 좋은 길잡이가 될 것이다.

- 액티비티들에 대한 초기 수행기간을 예측하고 이를 두 배로 하라. 대부분의 사람들은 어떤 액티비티를 완수하는 데 걸리는 시간에 대해 과소평가하는 경향이 강하다. 상급자들의 기대에 부응하고자 하는 점도 이러한 경향에 영향을 미친다. 비록 두 배까지 할 필요는 없을지 모르지만 최악의 경우와 최상의 경우를 모두 고려하는 것이 적절하다.
- 많은 시간을 테스트와 통합에 할애하라. 통합기간에는 따로 일해왔던 많은 사람들이 함께 모여야 한다. 어느 하나에서 발생한 문제가 전체 통합과정을 중지시킬 수도 있다. 문제를 해결하기 위해 재설계해야 할 수도 있고 이는 전체 일정의 지연을 초래할 수 있다.
- 프로젝트 매니저를 지정하라. 한 사람을 프로젝트 매니저로 지정해서 전체 일정을 관리하도록 하여야 한다. 또한 프로젝트 매니저는 프로젝트 산출물에 대한 책임을 갖는다.
- 백업 지원을 책임질 인력을 배정하라.
- 프로젝트 계획에 따른 진도를 관리하라. 일반적으로 프로젝트 계획을 수립하고는 이를 무시하는 경향이 있다. 프로젝트 계획은 이에 따라 진행되고 있는가를 점검할 때에만 가치를 갖는다.
- 계획의 노예가 되지 마라. 상황은 계속 변할 수 있으며, 필요에 따라 인력의 배치가 달라질 수 있다. 임계경로에 변화가 생기는지를 지속적으로 관찰해야 한다.
- 경험이 중요하다. 이제 프로젝트 계획을 수립하고 시행해보자.

|10.7| 프로젝트에 적용하기: 프로젝트 계획

프로젝트 계획은 다음을 포함하여야 한다.

- *WBS*: [표 10-1]에 제시된 바와 같이 액티비티, 산출물, 책임자, 기간, 리소스 및 각 액티비티 간의 종속성 등이 정의되어야 한다.
- 간트차트/네트워크 다이어그램: 프로젝트 계획을 그래픽을 통해 표현한다. 네트워크

간트차트가 일정을 보여주는 반면에, 다이어그램은 종속성을 보여준다. 최근의 소프트웨어들은 [그림 10-3]에서와 같이 두 가지를 하나의 그래픽 표현으로 보여줄 수 있다. 임계경로가 반드시 인식되고 임계경로에 포함되지 않은 액티비티들에 대한 유동가능시간에 대해 이해하고 있어야 한다.

- 비용: 프로젝트를 수행하기 위해 필요한 기자재, 재료, 인력 등에 대한 비용에 대해 정리된 문서를 만들어야 한다. 캡스톤 프로젝트에서는 인건비를 도출할 필요까지는 없겠지만 투입할 시간을 예측하여 프로젝트 전체 기간과 비교하는 것은 좋은 경험이 될 것이다.

10.8 학습문제

10.1 작업명세표(Work Breakdown structure)에 대해 이해하고 있는 바를 설명하라.

10.2 다음에서 주어진 프로젝트를 위한 액티비티들, 수행기간(일수), 선행자들을 고려하여 다음을 수행하라.

Activity	A	B	C	D	E	F	G	H	I
Duration	3	9	6	6	6	3	2	6	7
Prede-cessors	-	-	-	A, B	D, B	C	F, E	G	F

a) 네트워크 다이어그램을 그려라.

b) 임계경로를 결정하라.

c) 임계경로상에 있지 않은 모든 액티비티들에 대한 유동가능시간(float time)을 계산하라.

10.3 다음에서 주어진 프로젝트를 위한 액티비티들, 수행기간(일수), 선행자들을 고려하여 다음을 수행하라.

Activity	A	B	C	D	E	F	G	H	I	J	K
Duration	9	12	3	4	5	9	8	3	6	9	1
Predecessors	-	A	A	B, C	C	B	D	F, D	G	H, I	E

a) 네트워크 다이어그램을 그려라.

b) 임계경로를 결정하라.

c) 임계경로상에 있지 않은 모든 액티비티들에 대한 유동가능시간(float time)을 계산하라.

10.4 네트워크 다이어그램이 사이클을 포함할 수 없는 이유를 설명하라. 사이클이란 이미 방문한 액티비티에 다시 방문하는 것을 말한다.

10.5 네트워크 다이어그램과 간트차트의 장점과 단점에 대해 설명하라.

10.6 다음은 가정에서 사용할 새로운 디지털 체온계를 개발하기 위해 결정된 데이터들이다.

개발비용 = 25만 달러, 생산투자 = 50만 달러, 연간생산량 = 2만 개, 판매사이클 = 7년, 한 대당 5달러의 생산비용이 발생한다고 할 때,

a) 2년 내에 손익분기점에 도달하기 위한 판매량을 구하라.

b) 판매사이클내에 기대되는 이익을 계산하라.

10.7 수식 (7), (8)의 비용예측모델과 COCOMO 비용예측모델의 차이점에 대해 설명하라.

10.8 50명의 소프트웨어 개발자로 구성된 소프트웨어 개발 프로젝트를 생각해보자. 개발팀은 50만 라인의 코드를 예측하고 있다. 개발자들에게는 년간 9만달러의 비용이 소요된다고 할 때,

a) 프로젝트 완성를 위한 기간을 예측하라.

b) 노동비용을 예측하라.

10.9 20만 라인의 코드가 예측되는 소프트웨어 개발 프로젝트를 생각해보자. 개발자들에게는 연간 평균 11만 달러가 소요된다고 할때,

a) 18개월내에 프로젝트를 완성하기 위해 필요한 개발자의 수를 예측하라.

b) 노동비용을 예측하라.

Chapter **11**

윤리와 법적 문제들

"윤리 없는 인간은 세상에 풀린 야수와 같다." —알베르 카뮈

직장생활을 하다보면 간혹 윤리적 딜레마에 직면하게 되는데, 이에 어떻게 대처하는가는 그 사람의 직장에서의 평판은 물론 다른 동료들과의 관계에 있어서도 매우 중요하다. 시스템은 다른 사람들이 사용하라고 개발되는 것이고 그 시스템을 디자인하며 내리는 많은 결정들이 다른 이들의 건강과 안전에 영향을 미치게 된다. 두 번에 걸친 우주왕복선의 사고는 엔지니어와 과학자들의 의사결정이 얼마나 중대한 영향을 미치는지 보여준 좋은 사례이다. 디자인의 기술적인 측면을 넘어, 함께 일하는 사람들과 어떻게 관계를 맺어야 하는지에 대한 윤리적인 문제가 있다. 이 장에서는 공학적 윤리의 문제를 제시하고 윤리적 딜레마에 대한 길잡이 역할을 하고자 한다. 또한 도덕, 윤리, 직업적 윤리규정, 지적 재산권 그리고 디자인과 관련된 법적 문제들에 대한 전반적인 사항들을 제시하고 이를 어떻게 적용할지에 대해 생각해본다.

▶▶ 학습 목표

1. 도덕, 윤리, 가치가 무엇인지 이해한다.
2. IEEE 윤리규정을 학습한다.
3. 특허출원 방법과 이를 구성하는 요소를 배운다.
4. 특허, 기업비밀, 저작권의 차이를 안다.

5. 과실책임과 엄격책임의 개념을 이해한다.
6. 디자인 프로세스에서 윤리적 이슈를 이해한다.
7. 윤리적 사례 분석 및 딜레마에 대한 해결책을 제시할 수 있다.

11.1 윤리적 이론들

윤리적 딜레마 상황으로 얘기를 시작해보자. 당신은 구직을 하고 있는 대학 4학년생이고 몇 개의 회사와 면접을 하였다. 드디어 A 회사에서 연락이 왔고 당신은 연봉, 지위, 입사 일자 등에 대해 합의하고 계약을 했다. 2주일 후 B 회사에서 더 높은 연봉을 제안했고 당신이 꼭 하고 싶었던 일을 제안했다. 어떻게 할 것인가? B 회사의 제안을 거절할 것인가. 아니면 B 회사의 제안을 받아들이고 A 회사에 가지 않겠다고 통보할 것인가. 사실 이러한 문제는 많은 학생들이 직면하게 되는 매우 전통적인 딜레마이다.

우리는 가끔 **도덕**과 **윤리**의 개념에 대해 혼란스러울 때가 있다. 도덕은 옳고 그름에 대한 원칙과 관련된 것으로서 이러한 원칙으로부터 의사결정을 하게 된다. 도덕은 모든 문화에 공통적으로 적용되는 이야기를 통해 가르쳐진다. 이솝우화인 '늑대와 소년'이 대표적인 경우이다. 이 이야기에서 가르치고자 하는 도덕은 거짓말은 옳지 않은 것이고 거짓말쟁이로 알려지게 되면 진실을 말한다고 해도 아무도 믿지 않게 된다는 것이다.

윤리라는 말은 도덕과 매우 가깝고 거의 같은 개념으로 쓰인다. 윤리는 <American Heritage Dictionary>에 다음과 같이 정의되어 있다.

> 1. 선악의 일반적인 개념을 다루는 철학의 한 분야로서 인간관계에 있어서 특정한 도덕적 책무 혹은 의사결정. 2. 특히 직업과 관련된 행위를 지배하는 규범 혹은 기준.

동양에서 도덕이란 말은 유교적인 어감이 강하고, 실상 유교의 이상을 나타내는 것이기도 하여 근대에 이르러서는 흔히 윤리라는 용어로 쓴다. 그리스어의 'ethos', 라틴어의 'mores', 독일어의 'Sitte' 등이 모두 '습속'이라는 뜻인 것처럼, 원래 도덕이란 자연환경의 특성에 순응하고 각기 그 집단과 더불어 생활하여 온 인간이 한 구성원으로서 살아간 방식과 습속에서 생긴 것이다. 즉 생활양식이나 생활관습의 경험을 정리해서 공존(共存)을 위해 인간집단의 질서나 규범을 정하고 그것을 엄격하게 지켜나간 데서 도덕은 생긴 것이다. 이러한 점에서 도덕과 법은 같은 근원에서 나온 것이라 할 수 있다. 다만 사회가 복잡해짐에 따라 법은 사회적 외적(外的) 규제로, 그리고 도덕은 개인적 내적(內的) 규제로 자연히 분화되었을 뿐이다. 계급사회의 성립과 함께 법과 도덕은 정치 지배의 유력한 수단이 되기도 하였으며 그와 함께 법이 국가권력을 지배하고, 도덕이 보편적 원리를 지배하는 영역이 되었다.

윤리는 철학 혹은 도덕적 규범에 대한 학문이며 개인에 의한 의사결정이다. 결정할 일이 없다면 윤리적 딜레마도 없다는 것을 이해하는 것이 중요하다. 의사결정은 옳고 그름에 대한 믿음을 바탕으로 이루어진다. 그리고 이러한 의사결정은 다른 이들과의 관계에 영향을 준다.

도덕은 행위를 지배하는 기초적인 법이나 규범인 **원칙**으로부터 나온다. 이러한 원칙의 예로는 '황금률' 이 있다. 대접받고 싶으면 먼저 대접하라는 황금률은 보편적인 원칙이다.

가치는 윤리를 이야기할 때 등장하는 또 다른 개념이다. 가치는 어떤 개인이나 그룹이 가치 있다고 믿는 어떤 것이다. 야구를 스포츠로서 가치 있다고 믿거나 열심히 일하는 것이 가치 있다고 믿는 것은 다른 사람들에게는 전혀 해를 입히지 않는다. 하지만 도둑들이 다른 사람들로부터 물건을 훔치는 것이 가치 있다고 믿는다면 이것은 보편적인 원칙에 의하면 나쁜 것이다.

규범-기반 윤리는 의사결정에 적용할 수 있는 규범들에 기반한다. 행동을 결정함에 있어서 규범을 따를 것인가 규범을 어길 것인가가 명확하다. 이러한 윤리시스템은 보편적 원칙과 이행적 원칙에 기반한다. 보편성은 모든 사람에게 적용되는 원칙이지만 이행성은 상대방에게 같은 원칙이 적용된다면 당신도 받아들일 수 있는 경우를 말한다.

조건부 규범-기반 윤리는 어떤 조건에서 규범을 어길 수 있는 경우를 말한다. 일반적으로 주어진 상황의 도덕적 선이 규범보다 더 무겁다고 여겨지는 경우이다. 예를 들면, 차로 어떤 사람을 다치게 하여 빨리 병원으로 옮겨야 한다면 규정속도를 어기는 것을 받아들일 수 있다. 이 경우, 다친 사람을 빨리 병원으로 옮겨야 한다는 도덕적 선이 교통법규의 위반보다 중요하다고 여겨지는 것이다. 일반적으로 사람을 죽여서는 안 된다고 하지만 전쟁에서만은 예외이다. 아픈 친구를 간호하느라 시험공부를 못했다면 컨닝을 하는 것이 괜찮은 걸까. 이렇듯 모든 경우에 있어서 도덕적 선택에 대해 심사숙고해야 한다.

실용적 혹은 **공리적 윤리**란 모든 가능한 결정 중에서 최선을 선택하는 것이다. 매우 그럴듯 하지만 매번 최선이 무엇인지를 선택하는 것이 쉽지 않다는 것이 문제이다. **상황 윤리**는 사람을 위한 최선의 결정을 하는 것인데 윤리적 의사결정으로서는 일반적으로 가장 미흡하다.

새로운 윤리적 딜레마 상황을 생각해보자. 구직을 하고 있던 당신은 A 회사의 제안을 받아들이기로 했고 계약서에 사인을 했다. 그리고 면접에 응했던 다른 회사들에게는 가지 않겠다고 통보했다. 한 달 후 A 회사는 당신에게 계약을 무효화하자고 연락해왔고 위로금으로 백만 원을 주겠다고 한다. 더욱이 A 회사가 당신보다 성적이 좋았던 친구와 계약하기로 했다는 사실을 알게 되었다. A 회사는 윤리적인가? 앞에서 언급했던 윤리적 딜레마를 다시 생각해보자.

|11.2| IEEE 윤리규정

대부분의 공학분야는 전문가 소사이어티와 관련되어 있다. 전기, 전자, 컴퓨터공학 분야에는 두 개의 중요한 소사이어티가 있는데 바로 IEEE(Institute of Electrical and Electronics Engineers)와 ACM(Association for Computing Machinery)이다. 전문가 소사이어티는 해당 분야의 발전과 지원을 목적으로 한다. 이를 위해 기술적 정보에 대한 접근, 관계의 증진, 재정적 지원과 같은 회원들의 이익과 관련된 다양한 서비스를 제공한다. 이들은 또한 회원들이 준수해야 할 윤리규정을 정의한다. 사실 전문가 소사이어티란 관련 분야에서의 윤리적 행동에 대한 가이드라인을 제시함으로써 사회의 안전을 보장하기 위해 조직되었다고 할 수 있다. [표 11-1]은 전기, 전자, 컴퓨터 및 소프트웨어 분야에 적용될 수 있는 IEEE 윤리 규정을 보여준다.

표 11-1 IEEE 윤리 규정

우리는 IEEE의 회원으로서 전 세계에 걸쳐 생활의 질에 영향을 미치는 우리 기술의 중요성을 인식한다. 또한 우리의 직업, 회원들, 우리가 섬겨야 하는 커뮤니티에 대한 의무를 받아들이며 윤리적 그리고 전문가로서의 품행에 있어서 다음을 준수할 것을 다짐한다.

1. 공공의 안전, 건강, 번영에 부합하는 공학적 의사결정에 대한 책임을 인정하고, 공공이나 환경을 위태롭게 하는 문제들에 대해 즉시 알린다.
2. 이해의 충돌을 회피하고, 피해를 입게 되는 측에 이를 알린다.
3. 가용한 데이터에 기반하여 진술하거나 예측함에 있어서 정직하고 이성적이어야 한다.
4. 모든 형태의 뇌물을 거부한다.
5. 기술 및 이의 적절한 응용, 가능한 결과에 대한 이해를 향상시킨다.
6. 기술적 능력을 유지 및 향상시키며 훈련 및 경험을 통해 검증된 이들의 기술적 태스크들에 대한 의무를 지닌다.
7. 기술적 작업에 대해 정직하게 비판하고, 또한 이를 구하고 받아들인다. 잘못을 시인하고 교정하며, 다른 이들의 공헌을 적절하게 인정한다.
8. 인종, 종교, 성, 장애, 나이, 국적에 상관없이 모든 사람을 공정하게 대우한다.
9. 잘못된 행동을 통해 다른 이들의 재산, 명성, 고용에 상처를 주지 않는다.
10. 전문성 개발에 있어서 동료들을 도우며 윤리규정에 따라 그들을 지원한다.

*1990*년 *8*월, *IEEE* 이사회 승인

11.3 지적재산권과 법적인 문제들

제품 디자인 및 개발에 영향을 미칠 수 있는 법적인 문제들에 대한 이해는 매우 중요하다. 첫 번째는 지적재산권, 즉 아이디어나 발명에 대한 소유권을 누가 가질 것인가와 관련된 문제이다. 두 번째는 제품 또는 시스템에 의해 피해를 입었을 경우 발생하게 되는 법적인 책임에 대한 문제이다.

11.3.1 지적재산권

일반적으로 새로운 제품을 디자인하는 목적은 그것을 팔아 이익을 얻기 위해서이다. 따라서 발생하는 이익 및 지적재산에 대한 소유권이 문제가 될 수 있다. 지적재산을 보호할 수 있는 방법으로서 특허, 기업비밀, 저작권이 있다. 회사에 입사하면 직무를 통해 생성된 모든 지적재산에 대한 권리를 회사에 양도함에 서명하라는 요구를 받게 된다. 이러한 요구는 매우 보편적이며 조금은 강제적이다.

디자인이나 발명을 보호하는 가장 잘 알려진 방법은 특허를 통한 것이다. 특허제도는 역사적으로 볼 때 발명자가 새로 개발한 유용한 발명을 속히 공개시켜 국가의 산업 발전에 기여하자는 방법을 체계화한 제도이다. 발명의 공개는 발명의 장려에 큰 몫을 하고, 이 발명을 장려하기 위해서는 발명자를 보호해야 하는데, 이것은 결국 국가의 산업 발전에 이바지하게 된다. 특허법 제1조에서 "발명을 보호, 장려하고 그 이용을 도모함으로써 기술의 발전을 촉진하여 산업발전에 이바지함을 목적으로 한다"라고 규정한 바와 같이, 특허제도는 발명을 대상으로 하여 발명한 자에게 국가에서 특허권이라는 독점권을 일정 기간 동안 부여하여 기술의 진보와 발전을 도모하고 국가 산업 발전에 이바지함을 그 목적으로 한다.

언제부터 특허제도가 시행되었는지는 정확히 알 수 없지만 1474년 베니스공화국의 특허제도가 근대적인 특허제도의 발전에 많은 영향을 주었다. 유명한 천문학자 갈릴레오 갈릴레이(1564~1642)는 1594년 베니스공화국으로부터 특허를 얻었다. 이 특허의 고시에 의하면 특허권의 유효기간은 20년이고, 권리침해자는 처벌되며, 출원인은 1년 이내에 새로운 고안의 장치를 설치해야 하며, 새로운 고안의 장치가 어떤 사람에 의해서도 발명 내지 고안된 일이 없으며 특허 부여의 대상으로 된 일도 없다는 것을 전제로 하였다. 이 특허제도의 특징은 (1) 발명자에 대한 보상, (2) 보상은 발명자에게만 주어진다는 것, (3) 강제실시의 요청, (4) 타인의 실시를 배제하는 등 근대특허법의 중요 원칙을 포함하고 있다는 점에서 주목할 만하다. 이러한 규정을 가진 베니스공화국의 특허제도가 현대에 와서 각국에서 행해지고 있다는 것은 특허제도로서의 보편타당성을 가졌기 때문이다. 그러나 각국의 특허제도가 시대의 변천에 따라 또는 그 나라의 경제 여건 혹은 산업발전에 따라 조금씩 다르게 발전되어 왔다.

특허제도는 몇 가지 점에서 국가마다 조금씩 차이가 있다. 먼저 심사주의와 무심사주의가 있다. 심사주의는 발명에 대하여 특허를 받을 수 있는 형식적, 실질적 법적 요건의 구비 여부를 당해 행정관청에서 심사하여 권리를 부여할 것인가의 여부를 결정하는 주의이다. 이 심사주의는 우리나라를 비롯하여 미국, 영국, 독일, 일본 등 대부분의 국가에서 채용하고 있다. 무심사주의는 신고주의라고도 하는데, 일단 적법하게 출원을 하면 출원된 내용에 대하여 실질적인 심사를 거치지 않고 특허를 부여하되 이에 대하여 이의신청을 하든가 또는 무효소송에 의하여 특허분쟁이 야기되면 비로소 실질적인 요건의 존재 여부를 검토한다. 이러한 무심사주의를 채택하고 있는 국가로는 벨기에가 대표적이다.

두 번째로는 최선발명자주의와 선출원주의가 있다. 최선발명자주의란 가장 먼저 발명한 자에게 특허권을 부여하는 주의이다. 이에 대하여 선출원주의란 동일 내용의 발명이 출원되어 있는 경우에는 제일 먼저 출원한 자에게 먼저 권리를 부여한다는 것이다. 이것은 발명의 선후를 가리지 않고 먼저 출원하였다는 사실 하나만으로 발명의 전후를 결정하는 것이다. 최선발명자주의는 가장 먼저 발명한 자를 보호하는 취지는 좋으나 발명이 대부분 비밀리에 이루어지는 속성이 있으므로 누가 먼저 발명을 했는지를 가리는 것은 쉬운 일이 아니다. 이런 점에서 우리나라는 특허법 제36조에 선출원주의를 명시하고 있다. 영국, 독일, 일본 등도 선출원주의를 채택하고 있으나 미국은 최선발명자주의를 채택하고 있다.

기술과 관련된 특허의 경우, 특허권자의 허락 없이는 그것을 사용할 수 없다. 특허권자는 다른 사람이 사용하지 못하도록 할 수 있으며 금전적 보상을 통해 사용할 수 있는 권리를 허락할 수도 있다. 특허에는 두 가지 종류가 있다. 하나는 실용신안 특허이고 다른 하나는 디자인 특허이다. 우리나라의 특허관련 법률 중 '실용신안법'에 의하면 실용실안이란 "산업상 이용할 수 있는 물품의 형상, 구조 또는 조합에 관한 고안"이라고 정의되어 있다. 반면 디자인특허는 '디자인보호법'에 의해 "디자인이라 함은 물품 및 글자체의 형상, 모양, 색채 또는 이들을 결합한 것으로서 시각을 통하여 미감을 일으키게 하는 것을 말한다"고 정의되어 있다. 우리의 관심은 주로 실용신안 특허라고 할 수 있다.

실용신안 특허를 취득하기 위해서는 발명이 다음의 조건을 만족해야 한다. 첫째는 이전에 존재하지 않았던 새로운 아이디어여야 한다. 둘째로는 기존 기술을 통해 다른 이가 발명해낼 수 없는 일이어야 한다. 예를 들어 개인용 컴퓨터에 있어서 더 많은 데이터를 저장하기 위해 디스크 드라이버를 여러 개 추가하는 아이디어는 특허출원의 대상이 될 수 없다. 마지막으로, 발명된 장치는 실용성이 있어야 한다. SF 드라마 속에 나오는 순간이동 장치와 같은 것은 특허출원의 대상이 될 수 없다.

특허를 출원하기 위해서는 아이디어가 새로운 것이라는 사실을 증명하기 위한 광범위한 조사가 필요하다. 이러한 조사 후에 출원서, 명세서 및 도면을 제출하여야 한다. 출원인에게 특허를 받을 수 있는 권리가 있는가 없는가, 어떠한 종류의 출원을 하는가는 서면을 가지고 명확히 할 필요가 있다. 우리나라는 특허청에 제출하는 출원, 심판, 청구 및 답변서 제출 등 기타 절차에 따른 보정서 제출, 등록에 관한 서류 제출 등은 일정한 양식에 입각해서 기재하여 제출하여야 한다.

특허에는 단점이 있다. 권리소유자는 특허를 지키기 위해 경계를 게을리 하지 않아야 하며 필요시 법적 행동을 개시해야 한다. 일단 등록된 특허는 특허청의 웹사이트를 통해 모든 사람이 열람할 수 있으므로 경쟁하고 있는 상황에서 기술적인 내용에 대해 특허를 받는 것은 좋은 생각이 아닐 수 있다. 대안으로서 많은 회사들은 지적재산권을 보호하는 방법으로 **기업비밀**이라는 방법을 택하고 있다. 아이디어를 비밀로 관리하고 이에 접근할 수 있는 직원을 제한하며 이들에게는 **비공개합의**에 서명하도록 한다. 만약 이를 어기는 경우에는 법적인 제재를 받게 된다. 기업비밀도 역시 위험성을 갖는다. 만약 비밀이 공개되면 경쟁자들에게 동일한 기회가 주어지기 때문이다. 경쟁 회사의 기업비밀을 알아낼 수 있는 방법으로서 **역공학**(*reverse engineering*)이 있다. 정당한 방법으로 얻어낸 정보를 이용한 역공학은 법적으로 문제가 없다.

저작권은 도서, 기사, 음악, 소프트웨어 등과 같은 출판물을 보호하기 위한 방법이다. 즉 저작권자의 허락 없이는 출판물을 배포할 수 없다는 것이다. 저작권을 얻기 위해서는 저작물의 출판년도 옆에 'copyright' 이라는 단어와 저작권자를 명시하면 된다. 우리나라의 저작권법에 의하면 저작권은 특별한 규정이 있는 경우를 제외하고는 저작자의 생존하는 동안과 사망 후 50년간 존속한다. 다만 저작자가 사망 후 40년이 경과하고 50년이 되기 전에 공표된 저작물의 저작권은 공표된 때로부터 10년간 존속한다. 업무상저작물의 저작권은 공표한 때로부터 50년간 존속한다.

11.3.2 무과실책임과 과실책임

과실책임은 제조사가 당연히 기울여야 할 주의 의무를 게을리 한 채 제품을 제조하고 판매한 경우에 주의의무 위반을 근거로 구매자에게 책임지는 것을 말한다. 이에 대해 엄격책임은 결함 제품의 사용으로 인해 생긴 사용자의 피해에 대해 사용자가 법적으로 손해배상을 청구할 경우, 사용자가 그 사실을 입증하지 않고, 제품의 결함에 의한 것이라는 사실만 증명하면 공급자는 제품책임을 지게 되는 것을 말한다. 즉 제조사의 과실이 없다 해도 제품의 결함만으로 책임을 진다 하여 **무과실책임**이라고 한다.

과실책임의 경우, 과실의 피해자(원고)는 다음이 사실임을 증명하여야 한다.

1. 제조사가 기준과 규칙을 따라야 하는 의무
2. 의무의 위반
3. 원고의 피해
4. 위반사실로 인한 피해

엄격책임, 즉 무과실책임의 경우 다음이 사실임을 증명하여야 한다.

1. 제품이 위험했거나 결함이 있다.
2. 제조사의 통제를 벗어난 제품에 결함이 있었다.
3. 결함으로 인해 피해가 생겼다.

엄격책임의 경우는 제조사에게 과실이 없고, 잠재적 위험에 대한 공지의 의무를 다 했다고 하더라도 제품의 결함이 존재하면 책임을 지게 되는 것을 말한다. 우리나라의 제조물책임(Product Liability, PL)법에서는 다음과 같이 명시하고 있다. "제조물의 결함으로 인하여 발생한 손해에 대한 제조업자 등의 손해배상책임을 규정함으로써 피해자의 보호를 도모하고 국민생활의 안전향상과 국민경제의 건전한 발전에 기여함을 목적으로 한다."

11.4 윤리적 딜레마 다루기

직장생활을 하다보면 기술적 혹은 다른 사람들과의 관계에서 윤리적 딜레마를 만나게 된다. 윤리적 딜레마는 언제나 명확하지 않으며 꽤 미묘할 수 있다. 상관은 "나를 위해 자료를 위조해주겠나?"라고 직접적으로 말하지 않을 것이다. 여러 번의 대화를 통해서 치밀하고 미묘하게 압력을 가해올 것이다. 다음과 같은 말들을 생각해보자.

그림 11-1 Dilbert의 윤리적 딜레마. (Dilbert © Scott Adams / Dist. By United Feature Syndicate, Inc.)

- "우리는 이 디자인에 많은 시간과 노력을 투자해왔습니다."
- "이 시스템이 정말로 작동해야 하는데..."
- "우리 회사의 미래가 이번 일에 달렸습니다."
- "이번 인증을 통과하기 위해 좀 조정할 수 있는 방법이 있을까요?"

[그림 11-2]는 의사결정을 위한 프레임워크를 보여준다. 모든 결정은 윤리적인

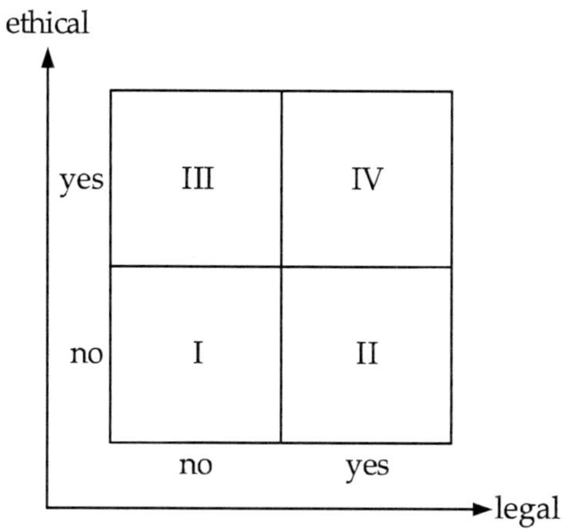

그림 11-2 윤리 의사 결정을 위한 2 × 2 매트릭스.

측면과 법적인 측면을 갖는다. 합법적이라는 것은 일반적인 법은 물론이고 회사의 내부규정도 포함한다. [그림 11-2]에서 I 사분면은 불법적이고 윤리적이지도 않으므로 당연히 피해야 된다. II 사분면은 합법적이지만 윤리적이지 않은 상황이므로 딜레마를 보여준다고 할 수 있다. 이러한 의사결정은 처벌을 받지는 않겠지만 당신의 평판에 나쁜 영향을 미칠 것이다. III 사분면의 의사결정은 윤리적으로 옳다고 느낄 수 있지만 합법적이지 않은 경우이다. 따라서 II와 III은 모두 딜레마 상황이라고 할 수 있다. 이 두 가지 경우는 모두 다시 한번 생각할 수 있는 좋은 기회라고 할 수 있다. 다시 한번 생각함으로써 윤리적 결정은 합법적으로, 비윤리적인 것은 비합법적이 되도록 해야 한다. 다시 생각하는 것은 시간이 좀 걸리는 일이 되겠지만 그만한 가치가 있는 일이다.

의사결정을 평가할 수 있는 방법으로서 **'신문 테스트'**가 있다. 이것은 의사결정이 모든 사람들이 볼 수 있는 신문에 실린다고 해도 괜찮은가를 묻는 것이다. 믿을 만한 친구나 동료의 충고는 가치 있는 것이지만 그들이 당신의 의사결정에 의해 영향을 받는 경우라면 적절하지 않다고 하겠다.

당신은 직장 내에서 상사에 의해 윤리적 딜레마에 빠질 수 있으며 이것이 회사 내부적으로 해결될 수 없을 때 언론 혹은 정부기관에 문제를 밝힐 수도 있다. 소위 **'내부 고발자'**는 이러한 경우에 해당된다. 우주왕복선 챌린저호 참사의 경우, 폭발의 원인은 Morton-Thiokol사에서 만든 추진엔진의 O-ring 문제 때문이었다. 엔지니어들과 과학자들은 발사에 반대했지만 NASA와 Morton-Thiokol의 상급자들은 이를 무시했다. 이후에 엔지니어들은 내부 고발자로서 이를 언론에 알렸다. 물론 참사를 막기에는 너무 늦은 고발이었지만 당시 어떤 일이 일어났었는지를 밝히고 추후 비슷한 참사가 일어나지 않도록 예방한다는 점에서 의미 있는 일이라고 할 수 있다. 당신이 내부 고발을 고려하고 있다면 다음의 기준들이 만족되어야 한다.

- 공공에 대한 피해가 심각해야 한다.
- 상급자에게 설명하였으나 받아들여지지 않았다.
- 당신의 주장을 뒷받침할 문서화된 증거가 있다.
- 이러한 고발이 피해를 예방할 수 있다.

내부 고발은 이로 인해 직업을 잃게 될 수도 있지만 그만한 가치가 있는 일이다. 따라서 사회적으로 내부 고발자를 보호하기 위한 장치가 필요하며 각국에서는 이를 위한 법적인 조치를 갖추고 있다. 우리나라에서도 2001년 제정된 '부패방지법' 에서 부패행위 등의 신고 및 신고자 보호 등에 관한 세부조항을 두어 내부 고발자에 대한 보호를 규정하고 있다. 미국에서는 엔론 사태와 같은 회계부정 사건 이후 회사의 내부 고발자 보호를 좀 더 강화하기 위해 2002년에 'Sarbanes-Oxley법' 을 제정하였다.

|11.5| 사례분석

의사결정 기술을 발전시킬 수 있는 좋은 방법은 이와 관련된 사례를 살펴보는 것이다. IEEE 윤리규정을 가이드로 적용한 하나의 사례를 살펴보자. 이를 위해 록히드마틴의 '직원 윤리교육 프로그램' 으로 사용되었던 사례를 일부 수정하였다.

1. 정보 수집: 사건과 관련되어 알려진 중요한 사항은 무엇인가? 알려지지 않은 것은? 어떤 가정들이 있었는가?
2. 이해관계자 규정: 의사결정에 의해 영향을 받는 사람들은 누구인가? 이들은 당신 자신, 회사, 상급자, 동료, 사회 그리고 제품의 사용자들이 될 수 있다.
3. 사건과 관련된 윤리적 가치 고려: 사건과 관련된 IEEE 윤리규정과 법적인 문제들을 규정한다.
4. 행동 결정: 대안이 될 수 있는 의사결정이나 행동을 생각해본다. 이들 중 이해관계자의 관심과 윤리적 가치를 만족시키는 최선의 결정을 선택한다.

|11.6| 학습문제

11.1 윤리(ethics)와 도덕(morals)의 관계에 대해 설명하라.

11.2 도덕(morals)과 가치(values)의 차이를 설명하라.

11.3 디자인특허와 실용신안특허 중 공학적 발명과 더 관련있는 것은 무엇인지 설명하라.

11.4 특허를 평가하는 기준은 무엇인가?

11.5 지적재산권을 보호하기 위한 방법 중 특허와 기업비밀의 장단점에 대해 설명하라.

11.6 역공학을 활용하게 되는 경우에 대해 설명하라.

11.7 무과실 책임과 과실 책임의 차이점에 대해 설명하라.

Chapter 12

프레젠테이션

"어떤 것이든 12살 어린아이가 이해할 수 있도록 설명할 수 있어야 한다."
—알버트 아인슈타인

여러분은 처음으로 사람들 앞에서 프레젠테이션을 하던 때를 기억할 수 있을 것이다. 땀으로 손바닥이 축축해지고 가슴은 두근거리고 발표할 내용을 기억해내기 위해 애쓰던 순간을…. 동료들 혹은 대중 앞에서 공개적인 비판을 받을지도 모른다는 생각에 두려움이 앞선다. 1973년에 〈런던타임즈〉의 설문조사에 의하면, 사람들은 죽는 것보다 다른 사람들 앞에서 연설하는 것을 더 두려워한다고 한다. 이것은 아마도 사람들이 언젠가 죽는다는 것을 알고 있지만 대중 앞에서 발표하는 순간이 더 확실한 두려움으로 다가오기 때문일 것이다.

캡스톤 디자인에서도 다른 사람들 앞에서 발표하는 것은 중요하다. 프로젝트 제안, 중간 결과, 최종 결과들을 발표해야 한다. 의사소통을 통해 아이디어를 공유할 수 있는 능력은 학문적인 능력보다 더 중요하다. 나아가 의사소통 능력은 다른 사람들이 당신의 아이디어를 받아들이고 행동하는 데 영향을 미치게 된다. 결국 이러한 능력이 뛰어난 사람들은 동료들에게 높은 평가를 받게 되고 매우 빠르게 승진하게 된다. 몇 가지 기본적인 원칙들에 따라 열심히 연습하면 프레젠테이션에 대한 공포는 극복될 수 있다.

▶▶학습 목표

1. 프레젠테이션의 평가 방법을 이해한다.
2. 기술적 프레젠테이션의 공통 요소를 배운다.
3. 효과적인 발표자료 구성 방법을 터득한다.

|12.1| 프레젠테이션 평가

청중들이 프레젠테이션에 대해 어떻게 반응하고 평가하는가를 이해하는 것이 필요하다. 프레젠테이션을 듣는 것은 우뇌의 활동과 연관되어 있다. 좌뇌의 활동이 논리적 사고와 관련이 있는 반면 우뇌의 활동은 감정과 직관에 연관되어 있다. 물론 이것은 뇌의 활동을 매우 단순화시킨 모델이지만 중요한 사실은 청중들이 프레젠테이션을 들을 때 감정과 직관에 영향을 받는다는 사실이다.

프레젠테이션을 구성하는 세 개의 V가 있다. 'Verbal', 'Vocal' 그리고 'Visual' 이다. 'Verbal' 은 발표자가 말하는 내용으로서 발표자의 입을 통해 나오는 단어들과 문장들이다. 'Vocal' 은 어떻게 말하고 있는가를 보여주는 것으로 음조, 어조, 열정 등을 포함한다. 'Visual' 은 청중들이 보게 되는 것으로 발표자의 모습, 눈맞춤, 행동, 얼굴

그림 12-1 파워포인트TM 무능력. (Dilbert © Scott Adams / Dist. by United Feature Syndicate, Inc.)

표정 등을 말한다. 그렇다면 이들 중 무엇이 가장 중요할까. 1964년 UCLA대학 Albert Mehrabian 박사의 연구결과에 따르면 verbal(7%), vocal(38%), visual(55%)이라고 한다. 일반적으로 발표의 내용이 제일 중요할 거라고 생각하기 때문에 이러한 연구결과는 좀 의외이다. 물론 매우 기술적인 프레젠테이션의 경우에는 결과가 다르게 나타나겠지만 기억해야 할 점은 내용도 중요하지만 다른 요소들도 무시할 수 없다는 것이다. 만약 visual 또는 vocal 요소가 형편없다면 발표 내용에 집중하지 못하게 된다.

또 하나의 연구결과가 있다. 어떤 사람을 만났을 때 처음 7초 안에 그 사람에 대한 중요한 잠재의식이 형성되어 버린다는 것이다. 그 사람의 소득 수준, 교육 수준, 성격, 능력, 신용, 인간성, 지능, 직업, 윤리 등등. 결국 외모, 의상, 몸짓 그리고 말하는 패턴이 이러한 잠재의식이 형성되도록 한다.

12.2 프레젠테이션 준비

효과적인 프레젠테이션을 위해서 발표자는 관심 있는 주제 및 청중의 요구를 이해하고 프레젠테이션을 준비해야 한다.

청중 분석하기

프레젠테이션은 발표자가 아닌 청중에게 도움을 주기 위한 것이다. 따라서 청중의 요구를 분석하여 이해하고 준비하는 것이 필요하다. 청중을 분석하는 것은 문서를 작성할 때와 다르지 않다. 준비하는 과정에서 다음과 같은 질문들이 필요하다.

- 청중은 무엇에 흥미가 있는가?
- 청중은 발표로부터 무엇을 원하는가?
- 청중은 무엇을 모르고 있는가?
- 청중들의 태도는 어떠한가?
- 청중들의 가치는 무엇인가?
- 당신은 청중들이 무엇을 알고 배우기 원하는가?

발표자료를 준비하기 전에, 청중들이 발표로부터 얻을 수 있는 주요한 점들을 인식해야 한다. 일반적으로 사람들은 세 가지 이상은 잊게 되는 경향이 있으므로 세 가지 정도를 정의해야 한다. 비록 꼭 지켜야 하는 것은 아니지만 두 개에서 다섯 개 정도를 명심하는 것이 좋다.

프레젠테이션 구성하기

이야기를 만드는 것과 비슷하게 프레젠테이션은 도입부, 본문, 결론을 갖는다. 도입부는 '말하려는 것이 무엇인지를 말하는 것' 이고, 결론은 '이제까지 말한 것이 무엇인지 말하는 것' 이다.

도입부는 정말로 중요하다. 청중이 시작부터 발표 내용을 이해하지 못한다면 아예 더 이상 듣지 않게 될 것이다. 따라서 도입부에서는 청중의 관심을 끌어내는 것이 중요하다. 적절한 질문을 활용하거나 청중들이 관심 있어 할 만한 경험에 대한 나레이션 등이 좋은 방법이다. 이러한 것들은 물론 발표할 내용에서 제공할 정보들과 관련되어야 하며 이러한 노력을 통해서 청중들로 하여금 발표 내용을 듣고 싶어 하는 동기가 부여되어야 한다. 동기부여 후에 발표 내용에 대한 대략적인 소개가 이어지는 것이 좋다.

프레젠테이션의 본문은 몇 가지 주요 주제들을 지원할 수 있도록 구성해야 한다. 각 주요 주제에 대해 2~4장 정도의 슬라이드를 그룹으로 구성하는 것이 바람직하다. 각 그룹의 첫 번째 슬라이드는 몇 가지 중심 아이디어를 제시하는 데 할애하는 것이 좋다. 나머지 슬라이드에서는 제시된 중심 아이디어를 좀 더 자세히 설명하도록 한다. 기술적으로 얼마나 자세하게 다룰 것인지는 청중들의 기술적 수준에 따라 적절하게 조절하여야 한다. 좋은 방법 중 하나는 기술적인 수준을 점차 높여가는 것이다.

결론에서는 프레젠테이션을 요약하고 중요한 주제를 다시 한번 강조하는 것이 필요하다. 이제까지 무엇을 말하였는가를 다시 한번 중요한 주제를 중심으로 청중들에게 정리해주는 것이다. 발표 도중에 조금 헤맸던 청중도 결론을 통해 내용의 중요성을 이해할 수 있도록 해주어야 한다. 만약 향후에 이루어져야 할 일들이 있다면 여기서 설명해야 한다. 결론은 프로젝트의 다음 단계를 설명할 수 있는 좋은 기회이기 때문이다.

슬라이드 꾸미기

다음은 슬라이드의 내용을 구성하는 몇 가지 중요한 방법이다.

- **큰 폰트를 사용하라:** 24 포인트나 그 이상의 폰트를 사용하여 청중들이 쉽게 볼 수 있도록 한다.
- **페이지당 5~7개의 블릿을 사용하라:** 발표자는 될 수 있으면 많은 내용을 하나의 슬라이드에 담고 싶어 하는 경향이 있다. 이를 피하고 5~7개 정도의 블릿을 통해 발표하고자 하는 내용의 가이드라인을 제시하는 것이 바람직하다.
- **불필요한 부분에 화려한 그래픽이나 특수효과를 사용하지 말라:** 프레젠테이션 소프트웨어의 도움으로 손쉽게 그래픽을 첨가하거나 특수효과를 만들 수 있게 되었다. 따라서 지나치게 많이 사용하게 되어 오히려 내용을 산만하게 만드는 경우가 많다. 이러한 효과를 적절하게 사용하는 것이 중요하다.
- **중요한 주제별로 슬라이드를 그룹화하라:** 첫 번째 슬라이드는 주요 주제를 갖는 일반적인 내용으로 만들고, 이어지는 슬라이드들을 통해 주요 주제들에 대해 좀 더 자세한 정보를 제공하도록 한다.
- **판에 박힌 발표를 하지 말라:** 슬라이드에 적혀 있는 내용이 발표의 길잡이 역할을 해야 하는 것은 맞지만 이를 그대로 읽는다거나 대본에 따라 발표하는 듯한 인상을 주는 것은 좋지 않다.

시간 지키기

발표시간을 지키는 것은 매우 중요하다. 너무 짧은 것도 너무 긴 것도 좋지 않다. 일반적으로 발표자는 많은 정보를 제공하고 싶은 욕심에 시간을 초과하는 경향이 있다. 시간을 지나치게 넘기게 되면 사회자에 의해 갑자기 중단되거나 결론을 제대로 발표하지 못하고 끝내버리게 된다. 하지만 어떻게 짧은 시간에 기술적인 내용을 잘 전달할 수 있을까. 결국은 모든 내용을 발표할 수 없으므로 무엇이 정말로 중요한 내용인지를 심사숙고하는 것이 중요하다.

질의응답 준비하기

발표자들에게 있어서 가장 큰 공포는 질의응답이다. 청중들은 질문을 통해서 발표자가 무엇을 모르고 있는지를 밝혀낼 수 있기 때문이다. 어떻게 준비하는 것이 좋을까? 발표자는 내용에 대해서 잘 알고 있지만 모든 질문에 대한 답까지 완벽하게 준비할 수는 없다. 일단 질문의 내용을 다시 한번 반복하는 것이 좋다. 질문을 반복해보는 것은 정확한 질문을 파악하는 것은 물론 대답을 생각해 볼 수 있는 시간적 여유를 제공한다. 만약 질문자가 적의를 갖고 던진 질문이라면 좀 더 긍정적인 느낌으로 질문을 반복한다. 질문을 반복하는 것은 혹시 질문을 듣지 못했거나 내용을 이해하지 못한 다른 청중들을 위해서도 좋은 배려가 된다.

대부분의 질문은 질문자들이 좀 더 명확하게 이해하고 싶거나 배우고 싶은 의도에서 행해진다. 하지만 가끔은 공격적이거나 적의를 갖는 질문이 있을 수 있는데 그렇다고 하더라도 절대로 질문자를 이기려는 태도를 가져서는 안 된다. 적절한 답변을 할 수 없는 경우에는 그것을 인정하는 것이 좋다. 만약 질문자가 끈질기게 괴롭힌다면, 발표 후에 좀 더 자세히 얘기하자고 제안하도록 한다.

12.3 프로젝트 적용: 프레젠테이션 디자인

[표 12-1]에는 디자인 과정에서 만들어야 할 세 가지 프레젠테이션에 대한 예시를 보여주고 있다. [표 12-2]에서는 프레젠테이션을 준비하기 위한 체크리스트를 제공한다.

12.4 요약

설계 과정이나 직장생활을 하다보면 당신의 의견을 효과적으로 전달할 필요가 있다. 가장 일반적인 방법은 발표를 통한 것이다. Visual, verbal, vocal은 발표의 효과에 영향을 주는 요소들이다. 비록 verbal 요소, 즉 내용이 중요하지만 visual과 vocal 요소는 청중의 인식에 큰 영향을 미치므로 결코 무시할 수 없는 것이다. 발표를 준비함에 있어서 청중의 배경이나 관심이 반드시 고려되어야 하며 이를 토대로 핵심 포인트들을 도출해야 한다.

표 12-1 디자인 프레젠테이션을 위한 가이드

Presentation	Points to Consider in Preparing the Presentation
프로젝트 제안서	도입부: 프로젝트의 전반적인 개관을 소개하고 필요, 동기, 목적 및 목표에 대해 설명한다. 청중은 제시하는 개념들에 대해 친숙하지 않을 수 있으므로 문제에 대해 간결하게 설명하는 것이 중요하다. 문제 분석: 제안하는 기술과 관련하여 최근의 기술 수준을 보여준다. 만약 새로운 제품 개념이라면 유사한 제품을 제시하고 이와의 차별적인 부분을 설명한다. 만약 연구 프로젝트라면 관련 분야의 연구에 대해 설명하여야 한다. 요구사항 명세: 공학적 요구사항에 대해 설명하고 그러한 선택에 대한 정당성을 제공하여야 한다. 문제와 관련된 기준 및 제약조건 등에 대해서도 설명한다(3장). 예비 디자인: 진행상황에 따라 몇 가지 대안이 될 수 있는 예비 디자인을 제시한다(4장).
디자인 검토단계	도입부: 프로젝트의 동기에 대해 간단한 소개한다. 요구사항: 만족시켜야 하는 중요한 요구사항에 대한 설명한다. 제안하는 디자인: 상위 수준에서의 디자인을 제시한다. 어떻게 작동할 것인지 그리고 어떻게 합체될 것인지를 설명한다. 각 구성요소들 및 전체 시스템에 대한 자세한 디자인을 설명한다. 제안하는 디자인이 어떻게 공학적 요구사항을 만족시킬 수 있는지 설명한다(4, 5, 6장). 예비 테스트 결과: 테스트 및 프로토타입 결과를 제시한다(7장). 프로젝트 계획: 프로젝트 계획(일정, 책임, 비용)을 제시한다(10장).
최종 프레젠테이션	도입부: 프로젝트의 개관 및 동기 최종 디자인: 최종 디자인이 구현된 결과를 설명한다. 좋은 방법은 상위 수준에서 디자인의 개략적인 내용을 설명하고 이것이 어떻게 작동하는지를 설명하는 것이다. 이어서 각 부분에 대해 자세하게 설명한다(5, 6장). 테스트 결과: 다자인의 기능을 보여주는 주요 테스트에 대한 결과를 제시하고 설명한다. 필요시 데모를 제공한다. 최종 결과물이 요구사항을 얼마나 만족시켰는지를 제시한다(7장). 결론: 프로젝트에 대한 결과를 요약하고 향후 해야 할 일들을 제공한다. 이번 프로젝트를 통해 얻은 교훈들을 제시한다.

표 12-2 체크리스트 및 프레젠테이션 준비에 대한 자체 평가. 다음과 같이 점수를 부여하시오(매우 만족 = 5, 만족 = 4, 보통 = 3, 미흡 = 2, 매우 미흡 = 1).

구성	점수
청중의 배경이나 필요로 하는 부분들이 분석되었다.	
프레젠테이션의 주요한 주제가 규정되고 있다.	
동기가 명확하고 쉽게 이해될 수 있다.	
프레젠테이션의 개관이 제공되고 있다.	
본문은 주요 주제들을 지원하도록 구성되어 있다.	
결론은 주요 주제와 향후 할 일들을 요약하고 있다.	
시각적 부분	
폰트와 그래픽은 청중들이 보기에 적당하다.	
제시되는 수식은 정확하다. 발표자는 제시되는 수식에 대해 토의할 준비가 되어 있다.	
슬라이드들이 주요 주제를 지원하도록 구성되어 있다.	
불필요한 그래픽이나 특수효과를 사용하지 않았다.	
발표	
예행연습을 하였다. 발표시간을 잘 지키고 질의응답을 위한 충분한 시간이 남았다.	
청중들이 잘 들을 수 있는 목소리 크기이다.	
모든 팀 멤버들이 동등한 책임을 갖고 참여하고 있다(만약 동일한 팀 멤버가 동일한 부분만을 발표한다면 이는 모든 팀 멤버들이 프로젝트에 고루 참여하고 있지 않다는 반증임).	
발표자가 대본에 의지하지 않는다.	
발표자가 청중 앞에서 편안하게 진행하였다.	
발표자들은 주제에 대해 잘 알고 있으며 질문에 대한 답변을 준비하였다.	
프레젠테이션 소프트웨어가 문제없이 실행되었다.	
발표자는 적절한 의상을 갖추었다.	

발표를 준비하는 것은 마치 스토리를 만드는 것과 같다. 도입부, 중심부, 핵심 포인트들을 강조하기 위한 결론으로 구성된다. 슬라이드 또한 이에 따라 구성되어야 한다. 기본 개념은 간단하고 명확하게 설명되어야 한다. 발표 경험이 부족하다면 연습이 매우 중요하며, 이때 주어진 시간에 맞게 발표하는 것과 질문에 대해 준비할 필요가 있다.

Appendix **A**

최종 프로젝트 안내서

목적: 공학입문설계과목을 토대로 익힌 설계 이론적인 내용을 실제 개발 업무와 연동시켜 공학설계입문으로서의 완성도를 높이고자 최종 프로젝트를 제시한다.

절차: 이 프로젝트는 최대 6명의 학생이 한 팀을 이루어서 각자의 팀명을 정하고 주제를 정하여 개발 방향에 대한 발표를 수행하고 이후에 프로젝트 개발에 착수하여 근거 자료 및 참고 기술을 정리하고 최종적으로 발표와 보고서 제출로 이루어진다.

내용: 각 팀에게 주어지는 주제는 사용자인터페이스(UI)의 설계 및 개발이다. 특히 우리나라의 산업적 큰 부분을 자시하는 휴대전화 또는 모바일 단말기의 UI 설계의 기본기를 익히고 이를 통해서 새로운 UI설계를 진행한다. 각 팀은 UI 설계 및 개발에 관해서 가장 기초가 되는 자료로 다음 절에 주어지는 내용을 팀별 개별 학습해야 하며 이 학습을 통해서 각 팀별로 UI설계 방향과 개발 방향을 잡아야 한다. 또한 부족한 기술적 내용과 개발에 필요한 사항은 각 팀이 스스로 찾아서 극복해야 한다.

결과물: 발표자료 2건(제안서, 최종), 최종 보고서

User Interface(UI, 사용자인터페이스)

UI의 구분

- **PUI(Physical User Interface)**
  - 가장 간단하면서 실용적이며 필수적임
  - 물리적인, 즉 하드웨어적인 인터페이스 방식
  - 예) 버튼, 스위치, 센서 등등
  - 많은 기능을 요구할 때 키가 많아지는 단점(리모콘)
- **CUI(Character User Interface)**
  - 키보드와 같은 일반화된 하드웨어 입력 장치이용
  - 텍스트로 다양한 입력 가능
  - 명령어 방식
  - 명령어가 많아지면 습득이 불편함
- **GUI(Graphic User Interface)**
  - CUI의 문제점인 명령어 방식의 개선
  - 그림과 마우스를 이용한 명령어 전달방식
  - 직관적인 이해 가능
  - 주로 시각에 의한 방식
- **TUI(Tangible User Interface)**
  - 인간의 촉감을 최대한 활용한 방식
  - 시각 및 촉각(진동)의 역동적 방식(Haptic Phone)
  - 인간은 아날로그에 더 감각적임
  - TUI가 적용된 최근 업계의 예

iPod와 iPhone

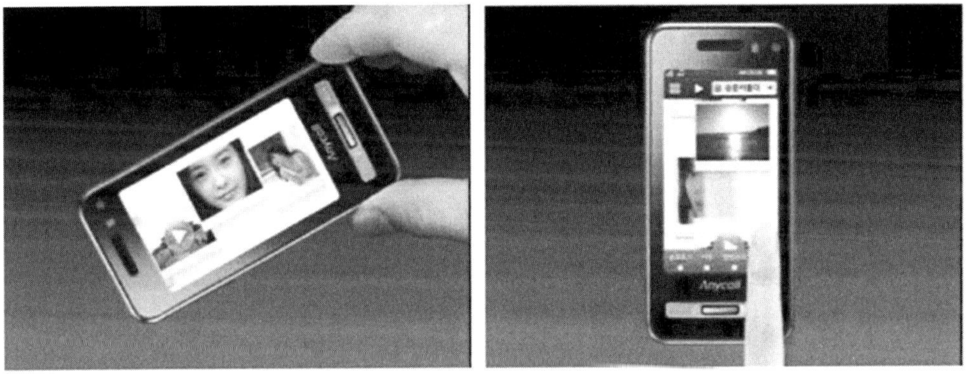

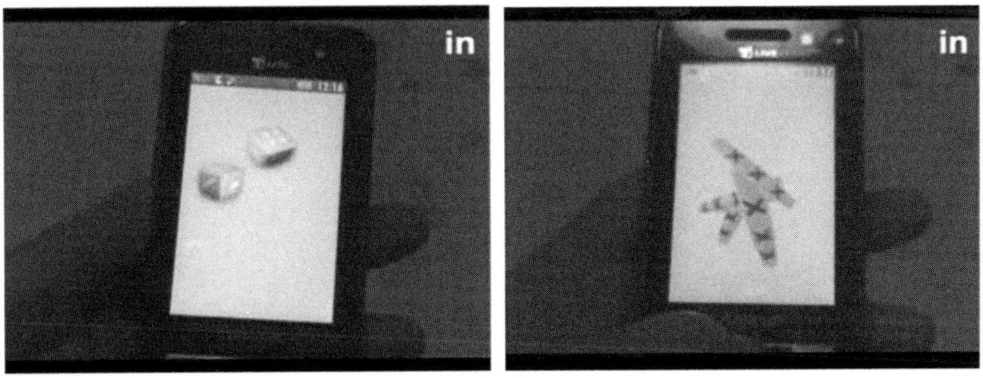

Haptic Phones

휴대폰에서의 PUI 및 GUI 추출

- 기존 휴대폰에서의 PUI 요소와 GUI 요소를 확인한다.
- 예:

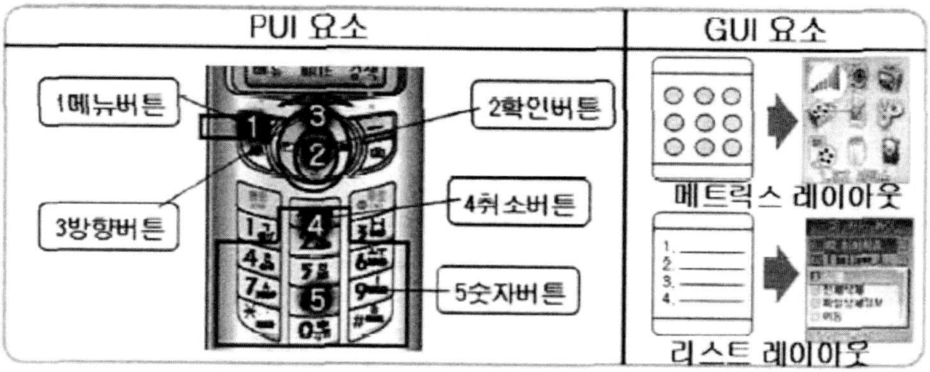

휴대폰과 같은 모바일 단말기에서의 PUI는 키의 기능과 위치가 중요한 역할을 한다.
인간의 손가락의 동선을 파악하여 많이 사용하는 기능에 관한 키는 쉽게 사용하게 하거나 업체의 마케팅의 사유로 특정서비스가 중요한 위치를 차지할 수 있다. 또한 키 이외에도 마이크에 의한 입력, 터치 패드에 의한 입력, 카메라에 의한 입력, 기타 각종 센서를 통한 입력이 모두 PUI 범주에 든다.
GUI는 키 입력을 포함한 각종 PUI 입력에 대한 그래픽 응답으로서 사용자의 입력에 대한 확인을 해주는 역할을 한다. 일반적으로 여러 키 입력의 조합으로 하나의 기능에 대한 명령을 수행하게 되는데 이에 따른 화면 또는 그래픽을 보여준다. 결국 GUI와 PUI는 하나의 유기적인 결합체로 동작한다.
특히 PUI는 입력의 순서와 방법에 따라서 다양한 시나리오가 존재하므로 이에 대한 대응을 설계해 두어야 한다. 예를 들어 메뉴 키 다음 숫자 키를 누른다면 해당하는 조합에 대한 설계가 이루어져야 한다. 이 부분은 일반적으로 키 시나리오라고 알려져 있으며 유한상태기계로 일반적으로 표현 가능하다. 이 부분에 대한 예는 뒤 부분에서 다룬다.

- PUI의 경우 각종 키에 관한 내용이 주이다.
- GUI의 경우는 화면에 보여지는 그래픽이 주이다.
- PUI의 액션에 따라 GUI가 변동되는 과정을 관찰한다.
- 다음은 다양한 형태의 모양을 갖는 휴대폰에서의 UI이다.

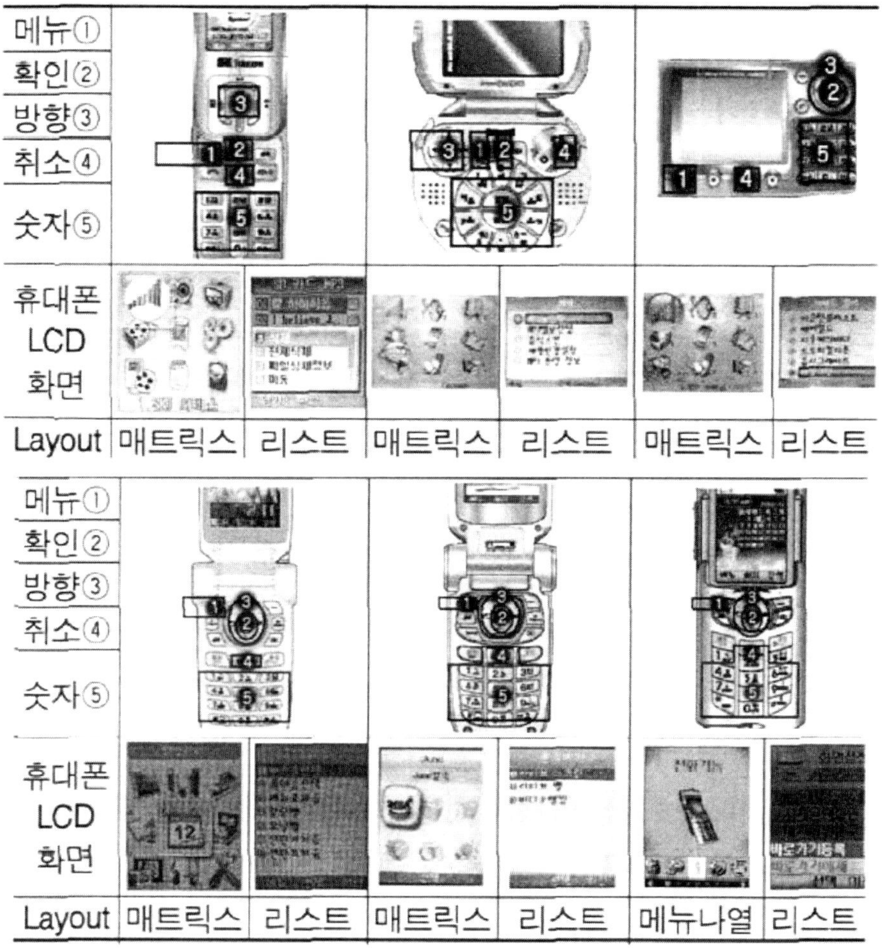

상기의 그림들은 휴대폰에서의 다양한 외형 레이아웃을 보여준다. 소비자의 다양한 요구사항에 따라서 단순 바 형태에서 폴더형, 사각형, 원형, 슬라이드형 등등 다양한 형태가 가능하며 이에 따른 LCD크기, 키의 배치, 예술적인 매력 등등이 결정된다. GUI에서 LCD의 크기와 화소 수는 매우 중요한 요소이며 주력으로 하는 기능에 따라서 다양한 형태로 디자인이 가능하다. 예를 들면 휴대폰을 세로로 주로 보는 기능을 많이 사용하는지 가로로 보는 기능을 주로 많이 사용하는지에 따라서 외형이 결정되며 그에 따른 GUI의 그래픽 크기요소가 결정된다.

휴대폰에서의 일반적인 공통 UI의 요소

공통적인 PUI 요소

- 디스플레이가 필수적이다.
  - 디자인에 따라서는 두 개 이상의 LCD 장치가 사용된다.
  - 디스플레이의 크기가 전체적인 휴대폰 크기에 절대적으로 영향을 준다.
- 키 배치가 사용의 편의성에 맞추어서 배열된다.
  - 메뉴 키와 방향키들이 위쪽에 배치
  - 숫자 키들은 아래쪽에 배치
  - 키의 개수는 전제적인 PUI 레이아웃에 영향을 준다.
- 기타 장치로 마이크, 스피커 등이 필수적으로 사용된다.
  - 마이크는 하단에 일반적으로 감추어져 있다.
  - 스피커는 상단에 위치한다.
- 핸드 프리 기능의 필수적 사용으로 이어폰이 사용된다.

공통적인 GUI 요소

- 일반적인 그래픽 레이아웃으로 매트릭스형과 리스트형이 있다.
  - 매트릭스형은 바둑판 모양으로 메뉴 아이콘이 나열된 형식이다.
  - 리스트형은 숫자와 함께 사용되며 순서대로 나열된 형식이다.
  - 일반적으로 두 방식 모두 사용된다.
  - 매트릭스형은 그림을 사용하므로 예술적인 요소가 가미된다.
  - 리스트형은 단순 텍스트 기반이 많고 단축 숫자 등을 사용하여 편의성을 도모한다.
- 그래픽 레이아웃에 사용되는 그림들의 크기는 LCD의 화소 개수와 관계된다.
  - LCD의 물리적 크기와 화소 개수와는 절대적인 관계는 없다.
  - 일반적으로 작은 크기의 LCD에 많은 화소가 배치되면 화질이 좋다.
  - 화소가 많아질수록 CPU 연산량은 증가한다.
  - 레이아웃에서 GUI 메뉴의 깊이가 작을수록 사용이 편리하다.

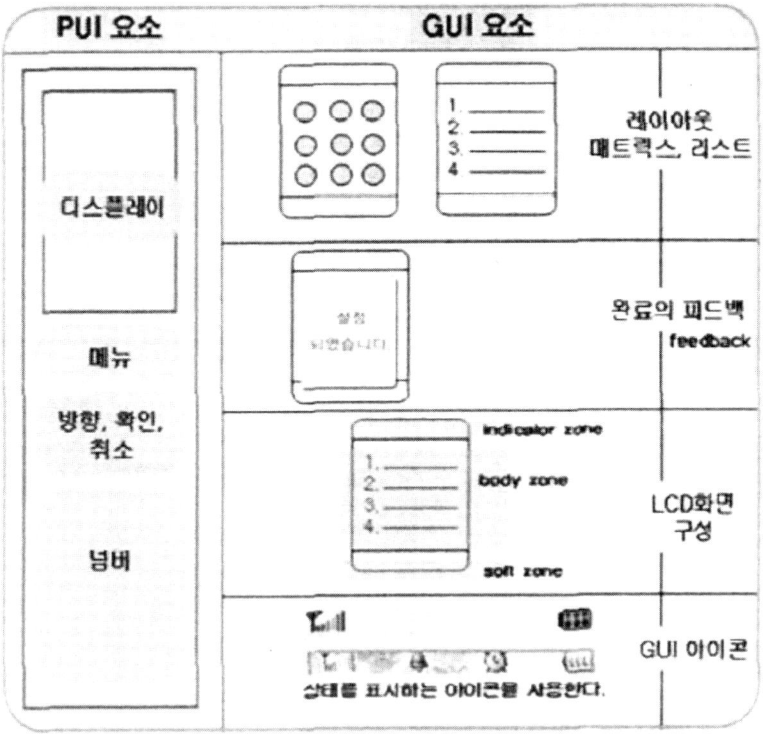

디자인할 UI에서 PUI를 먼저 고려한다. 즉 휴대폰의 외형을 고려하여 설계한다. 이때 필요한 기능을 고려하여 외형을 디자인한다. 외형을 디자인할 때 기본적으로 필요한 것은 위의 그림에도 보이듯이 디스플레이장치와 키 입력 장치이다. 특히 키 입력 장치는 각 키값에 대한 배치가 또한 중요하며 일반적으로 시중에 판매되는 키 배치는 메뉴가 위로 숫자가 아래로 되어 있다. 하지만 이것이 항상 원칙는 아니다. 더불어 각종 센서에 의한 입력이 가능한데 이에 대한 외형에서의 공간 배치 문제도 항상 같이 고민해야 한다. PUI가 정의되었다면 해당하는 PUI 입력에 대한 GUI를 어떻게 보여줄 것이냐가 설계의 중요 문제가 된다. 특히 사용자에게 보여주는 GUI그래픽은 삽입되는 그림, 글자 모양, 색깔, 배경 그림, 화면당 글자수 등등 다양한 요소에 의해서 다양한 디자인이 가능하다. 또한 전체적인 그래픽 분위기를 결정하고 이에 맞는 그림의 선택은 점차적으로 사용자들에게 중요해지고 있다.

기본적인 키 입력 시나리오 이해

- 유한상태기계(FSM) 또는 오토마타를 이용하여 시나리오를 작성한다.
  - 유한개의 상태를 정의하고 이를 바탕으로 상태도를 작성한다.
  - 키 입력에 따른 상태의 변화도를 작성한다.
- 각 상태에서는 해당하는 그래픽이 화면에 출력된다.
  - 상태마다 서로 다른 그래픽 화면을 준비한다.
- 휴대폰 UI에서의 상태도 예
  - 키 입력 시나리오

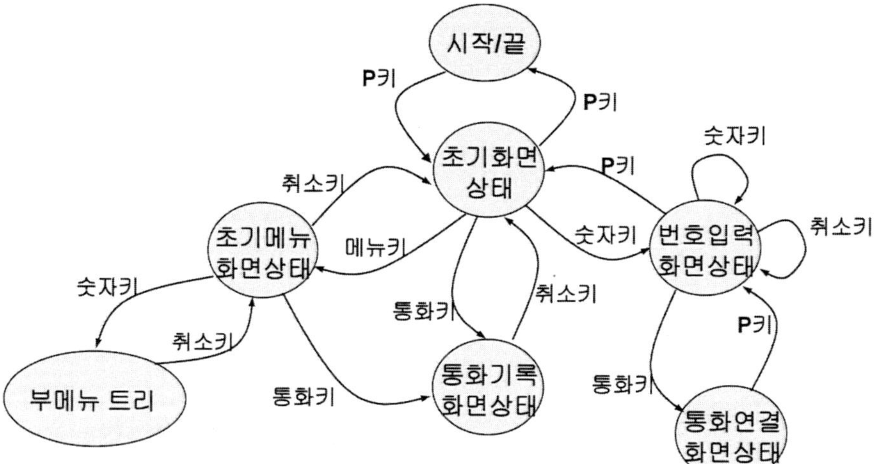

키 입력 시나리오는 PUI에서 가장 핵심이 되며 GUI와의 연결고리를 제공하는 중요한 부분이다. 이는 UI 프로그래밍에 있어서 가장 근간되는 구조를 이루며 이 구조 설계의 효율성 여부에 따라서 전체적인 사용자의 UI 사용에 대한 만족도가 결정된다. 상기 그림은 간단한 예를 보여주는 것이다. 상태도의 작성 및 해석에 있어서 가장 중요한 것은 상태에 대한 이해이다. 상기 그림에서는 상태가 모두 7가지이며 각각은 "시작/끝", "초기화면상태", "초기메뉴화면상태", "번호입력화면상태", "부메뉴트리", "통화기록화면상태", "통화연결화면상태" 등이다. 각각의 상태가 이해 · 정의되었다면 상태의 변화가 언제 발생하는지 확인한다. 상태의 전환은 주로 키 입력에 의하고 기타 센서에 의한 입력에 의해서도 가능하다. 모든 휴대폰은 처음 상태는 전원이 꺼진 상태이다. 이때 상태 변화를 야기하는 것이 전원키(P키)이다. P키를 누르면 휴대폰은 초기화면상태로 진입하고 대기한다. 여기서 다시 P키를 누르면 휴대폰은 꺼져서 시작/끝 상태로 넘어간다. 다른 상태의 변화 과정도 이와 유사하게 발생한다.

- 메뉴 상태로 넘어가면 메뉴 트리 설정을 한다.
  - 초기메뉴화면에서 숫자키에 의한 하위 메뉴항목으로 넘어간다.
  - 추가적인 하위 메뉴항목의 수가 메뉴 트리의 깊이 정보이다.
- 메뉴 트리의 예
  - 각각의 하위 메뉴 항에 대한 그래픽이 준비되어야 한다.

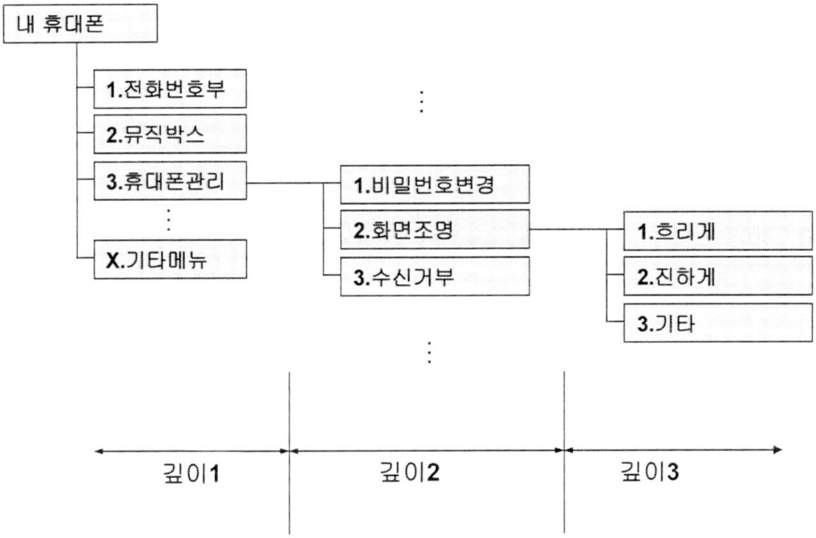

다양한 종류의 기능을 단순 나열에 의해서 메뉴를 구성하게 되면 상당히 많은 메뉴가 일렬로 나열하게 되고 이를 찾아가기 위해서 많은 키를 눌러야 하는 번거로움이 생긴다. 예를 들어서 기능이 100개라면 마지막 기능을 선택하기 위해서 화살표 키를 99번 눌러야 하는 최악의 상황이 벌어질 수 있다. 이런 문제를 해결하기 위해서 메뉴 아래 부 메뉴를 둠으로써 최소의 키 입력으로 해당하는 기능성을 찾아 갈 수 있다. 이때 얼마나 많은 부 메뉴를 하위에 두느냐에 따라서 메뉴 트리의 깊이가 정의되며 메뉴 트리가 깊어지면 많은 기능을 적은 수의 키 입력으로 찾아 갈 수 있지만 부 메뉴에서의 이동성이 애매해지고 구현하는 소프트웨어가 구조적으로 복잡해진다. 또한 부 메뉴를 한눈에 파악하지 못하는 단점이 있다. 하지만 기술이 발전할수록 다양한 기능성을 더더욱 요구하는 현재 상황으로는 메뉴를 트리 형식으로 구성할 수밖에 없는 상황이다.

- PUI-GUI 통합 상태도

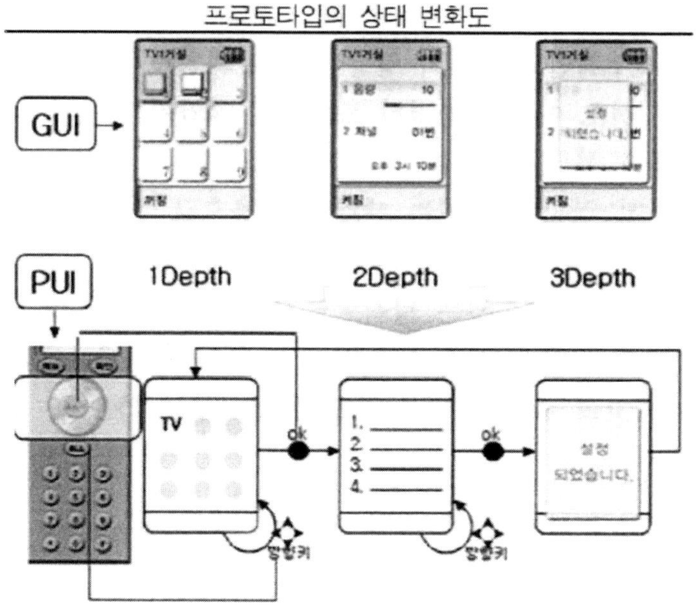

PUI-GUI 통합 상태도는 PUI의 입력 시나리오에 따른 GUI의 대응 화면을 동시에 나열한 것이다. 위의 그림과 같이 간략한 PUI 상태도를 활용할 수 있고 앞서 기술한 키 입력 시나리오의 상태도에서 출력을 정의함으로써 통합 상태도를 표현할 수 있다. 기본적으로 상태도에서의 각 상태 상황을 사용자에게 알려줘야 하는 그림이 필요하며 해당 그림은 사용자에게 상태에 대한 정보를 쉽게 알려줄 의무가 있다. 또한 상태의 전환이 발생할 때 전환과정에서 시간이 많이 소요되는 경우가 있다. 이런 상황에서는 사용자가 불안감을 느끼므로 상태 전환 중이라는 그래픽을 출력해주어 사용자의 편의를 도모해야 한다.

UI 디자인에서의 최종 결과물

- 그래픽 도구를 이용하여 PUI 레이아웃을 결정하고 그 결과를 제출한다.

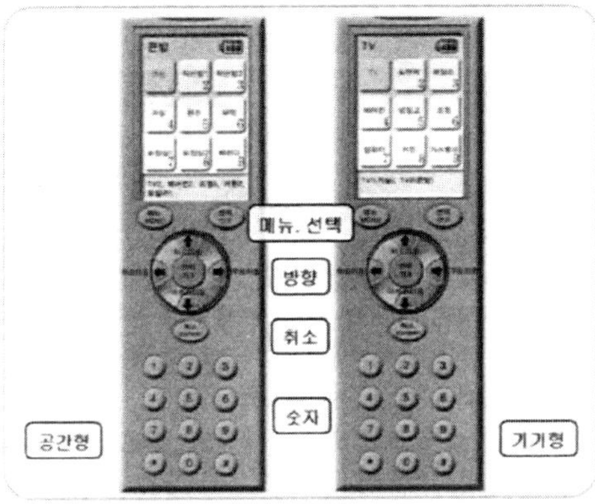

레이아웃의 예

- 결정된 PUI 레이아웃에서 키 입력 시나리오를 작성한다.
  - 키 입력 시나리오는 상태도를 작성하여 제출한다.
- 각 상태별 필요되는 메뉴트리를 작성하여 제출한다.
- 메뉴 트리에 포함될 GUI 그래픽을 이용하여 메뉴 트리도를 작성
  - 메뉴 트리에 사용될 모든 그래픽을 정리하여 제시한다.

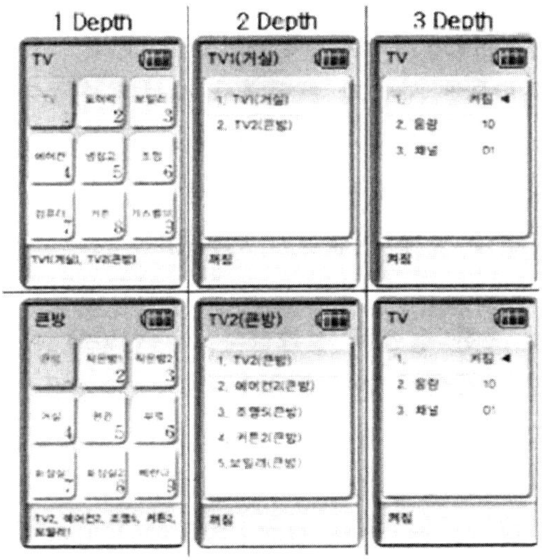

간단한 메뉴트리의 예

참고문헌

강미령, 유연식, "가정용 스틱형 통합리모콘의 UI디자인 연구" 디자인학연구 통권 제71호 vol. 20, no. 3, 2007년 4월

Appendix **B-1**

최종 프로젝트 제안서 예시

소비자 요구사항

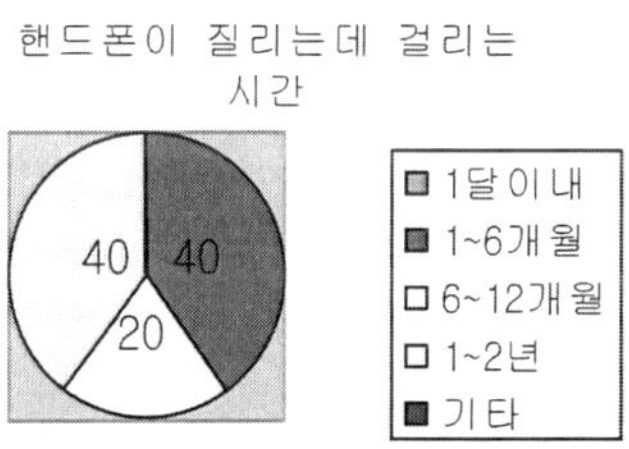

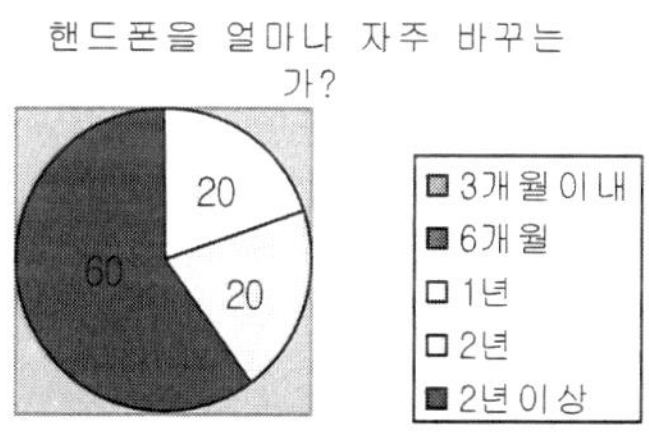

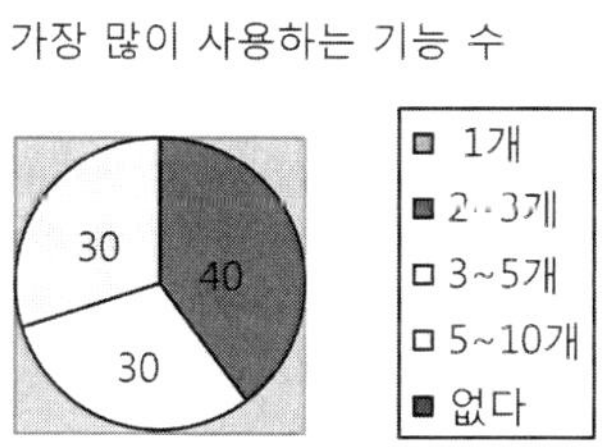

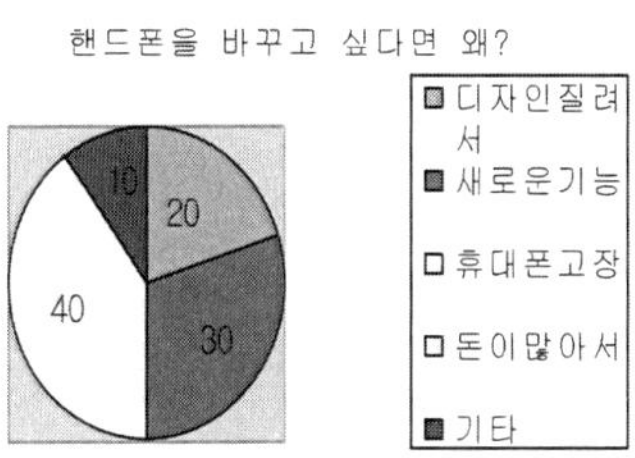

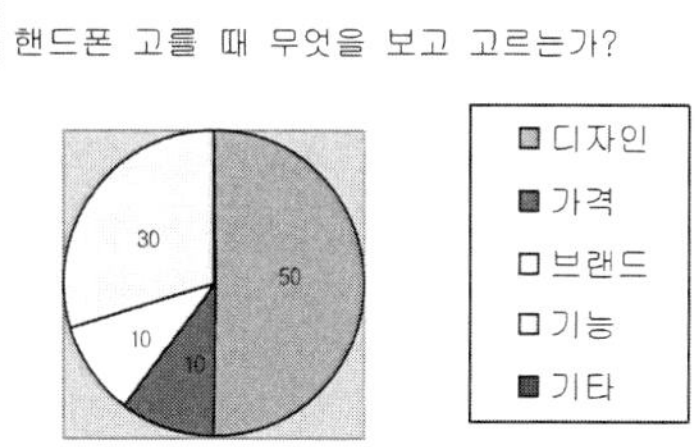

일정관리

활 동 명	시작 날짜	끝낸 날짜	걸린 시간	Nov. 2008						
				11/8	11/10	11/11	11/12	11/14	11/18	11/25
1: 정보 수집과 정리	11/8/2008	11/11/2008	18d							
1.1: 소비자의 요구사항 수집	11/8/2008	11/10/2008	3d							
1.1.1: 인터넷 검색	11/10/2008	11/10/2008	16d							
1.1.2: 설문지 작성	11/10/2008	11/10/2008	1d							
1.1.3: 팀 회의	11/10/2008	11/11/2008	2d							
1.2: 목적 트리	11/11/2008	11/11/2008	1d							
2: 기술요구사항	11/10/2008	11/12/2008	3d							
2.1: 표준안 검토	11/10/2008	11/12/2008	3d							
2.2: 기술적 요구사항 작성	11/10/2008	11/12/2008	3d							
2.3:Engineering-Marketing House of Quality	11/10/2008	11/12/2008	3d							
2.4: 기술요구사항의 벤치마킹	11/10/2008	11/12/2008	3d							
3: 디자인 설계	11/11/2008	11/25/2008	15d							
3.1: PUI 기능별 요소사항을 정의	11/12/2008	11/18/2008	7d							
3.2: Concept Table 작성과 디자인 향상	11/11/2008	11/14/2008	4d							
3.3: Concept Table 에 나열된 후보 기술에 따른 장단점 분석	11/12/2008	11/25/2008	14d							
3.4 GUI 최종 결과물	11/14/2008	11/18/2008	5d							
4: 통합 시나리오	11/14/2008	11/25/2008	12d							
4.1 키 입력 시나리오	11/14/2008	11/18/2008	5d							
4.2 PUI-GUI 통합 상태도	11/18/2008	11/25/2008	8d							
5: 기능명세서	11/18/2008	11/25/2008	8d							
6: 보고서 정리	11/8/2008	11/25/2008	18d							

컨셉 및 방향

다양한 외관

걸 표면이 모두 LCD로 구성
-원하는 색깔과 원하는 그림을 배치

내구성강화

외부충격에 약할 수 있음
-강화유리로 충격최소화

간편한

가볍고 얇아 휴대편리
메뉴 최소화
-필요성이 낮은 기능 제외

완성된 외관

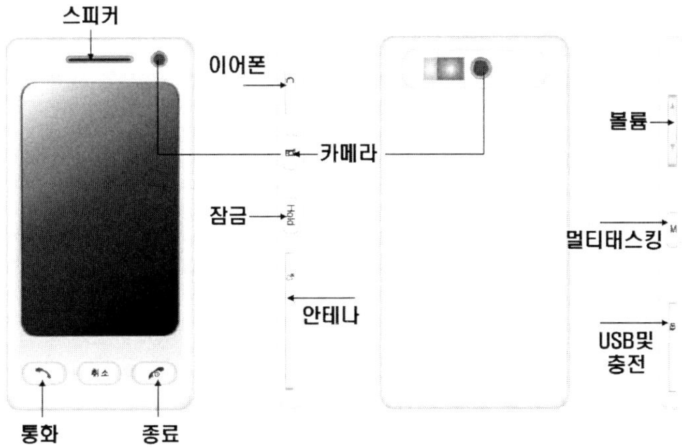
스피커
이어폰
카메라
잠금
안테나
통화
종료
볼륨
멀티태스킹
USB및 충전

상태도

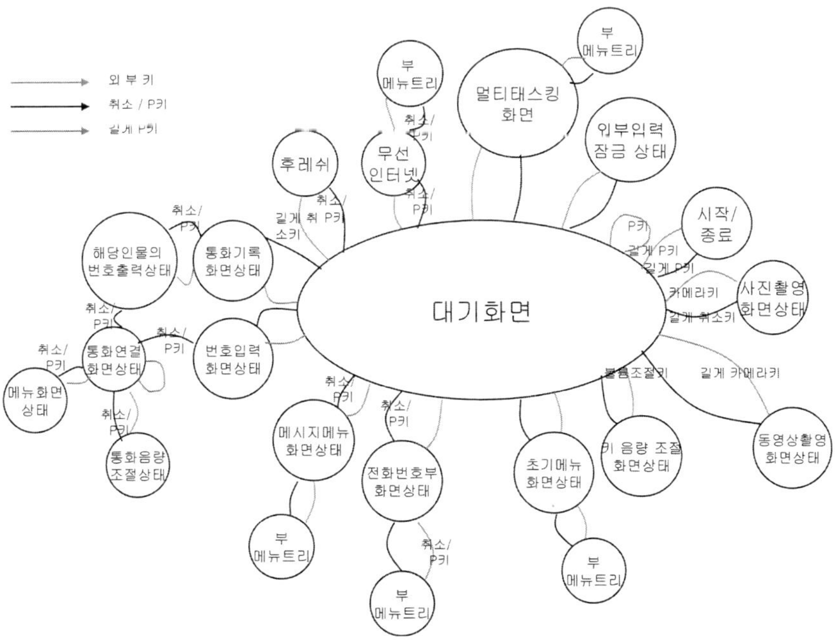
외부키
취소 / P키
대기화면
멀티태스킹 화면
부 메뉴트리
무선 인터넷
후레쉬
시작/ 종료
사진촬영 화면상태
동영상촬영 화면상태
통화기록 화면상태
해당인물의 번호출력상태
번호입력 화면상태
통화연결 화면상태
메뉴화면 상태
통화음량 조절상태
메시지메뉴 화면상태
전화번호부 화면상태
초기메뉴 화면상태
카메라키
길게 카메라키

메뉴트리

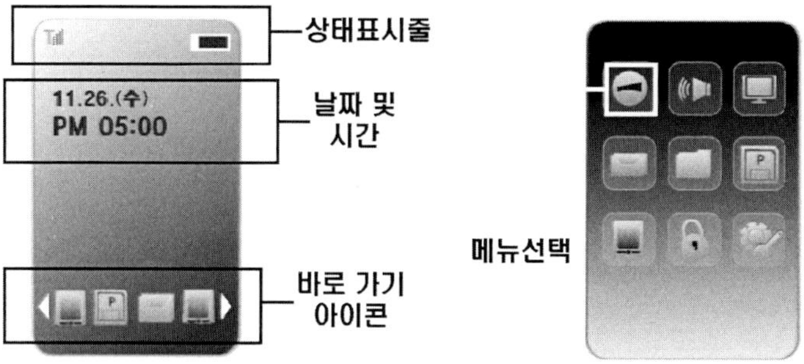
상태표시줄
11.26.(수)
PM 05:00
날짜 및
시간
바로 가기
아이콘
메뉴선택

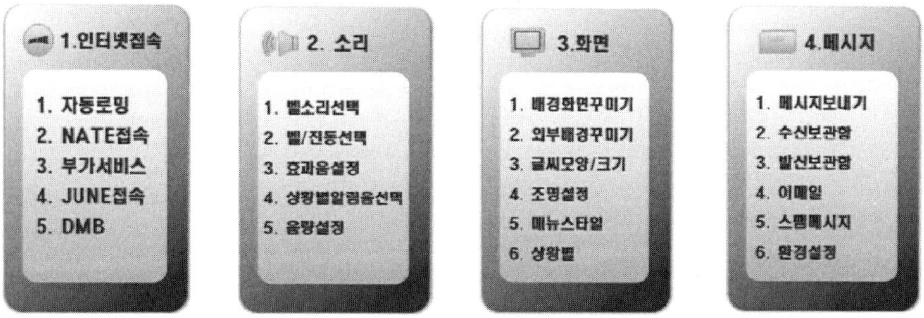
1.인터넷접속
1. 자동로밍
2. NATE접속
3. 부가서비스
4. JUNE접속
5. DMB
2. 소리
1. 벨소리선택
2. 벨/진동선택
3. 효과음설정
4. 상황별알림음선택
5. 음량설정
3.화면
1. 배경화면꾸미기
2. 외부배경꾸미기
3. 글씨모양/크기
4. 조명설정
5. 메뉴스타일
6. 상황별
4.메시지
1. 메시지보내기
2. 수신보관함
3. 발신보관함
4. 이메일
5. 스팸메시지
6. 환경설정

5.프로그램
1. 카메라
2. 녹음기
3. 적외선통신
4. 블루투스
5. 전자사전
6. 게임
6.컨텐츠보관함
1. 벨소리보관함
2. 사진/동영상앨범
3. 메시지첨부파일함
4. JUNE컨텐츠함
5. 뷰어파일
6. 영상앨범보관함
7. 메모리사용정보
7.다이어리
1. 일정
2. 모닝콜/알람
3. 메모
4. 스페셜데이
5. 계산기
6. 지하철노선도
7. 스탑워치
8.전화번호부
1. 전화번호찾기
2. 전화번호추가
3. 그룹관리
4. 전체보기
9.환경설정
1. 통화모드
2. 시스템
3. 휴대폰정보
4. 잠금기능

Appendix B-2

최종 프로젝트 최종 발표 예시

Contents

Object

- **Basic Ability + Program Adding Ability**
  - 기본 탑재 기능 + 추가기능
  - 휴대폰 완성에 기초함
  - 추가 기능 탑재의 첫 단계

- **Convenience**
  - 쉽고 편리하게 사용할 수 있게 함
  - 디자인, 기능 다운로드 등

Relative Importance of the Needs

대략적인 계획도(Objective Tree)

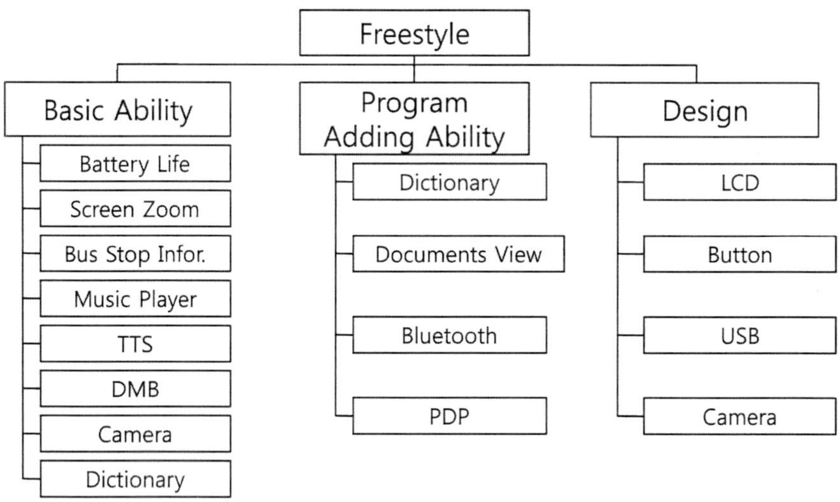

Relative Importance of the Needs

상대적 중요성

	Basic Ability	Program Adding Ability	Design	Weight
Basic Ability	1	1/2	1/2	0.2
Program Adding Ability	2	1	1	0.4
Design	2	1	1	0.4

Requirements Specification

Specification (Requirements Case Studies)

1. Marketing Requirements

- 버튼의 이용이 편리해야 한다.
- 액정이 크고 화질이 좋아야 한다.
- 내부, 외부적으로의 호환이 잘 되어야 한다.
- 휴대성이 용이해야 한다.
- 편리하게 사용할 수 있어야 한다.
- 배터리 수명이 길어야 한다.
- 눈에 띄는 디자인이어야 한다.
- 되도록 구매 가격이 낮아야 한다.

2. Engineering Requirements

- 편의성을 위해서 0.1초 내로 반응하고 크면서 구분된 25개 이상의 심플한 버튼이 있어야 한다.

- 2.6 × 320 Pixels Display를 탑재하여 시각적인 이용성을 향상시킨다.
- 1 m 이내에서 정보교환이 가능토록 적외선 통신을 마련하고, USB 3.0을 지원한다.
- 배터리 충전량은 850 mAh 이상으로 한다.
- 디자인은 심플하게 하되 소비자의 눈에 띄도록 하며, 그 크기는 105 mm × 53 mm × 15 mm가 넘지 않게 한다.
- 구매 가격이 40만원을 넘지 않도록 한다.

Requirements Specification

Correlation of Marketing-Engineering Requirements (Marketing-Marketing Engineering Tradeoff Matrix)

	Polarity	Keypad	2.6" QVGA LCD	Compatibility	Batter Life	Simple & Small Design	Cost
Polarity		+	+	+	+	+	-
Button	+	↑				↓	↑
LCD	-		↑ ↑			↓	↓ ↓
Communication	+	↑	↑	↑ ↑			↓
Portable	-	↓	↓	↑			↑
Convenience	+	↑	↑	↑		↑	↓
Battery Life	+				↑		↓
Design	+	↑				↑ ↑	↑
Cost	-	↑	↓ ↓	↓	↓	↑	↑ ↑

Correlation of Marketing–Engineering Requirements (Engineering Tradeoff Matrix)

Engineering Requirements	Polarity	Keypad Button	2.6" QVGA LCD	Compatibility	Battery Life	Simple & Small Design	Cost
Polarity		+	-	+	-	+	-
Keypad Button	+			↑↑		↓	↑
2.6" QVGA LCD	-			↑↑		↓	↓↓
Compatibility	+					↑↑	↓
Battery Life	-						↓
Simple & Small Design	+						↑
Cost	-						

Correlation of Marketing–Engineering Requirements (Marketing–Engineering House of Qualit)

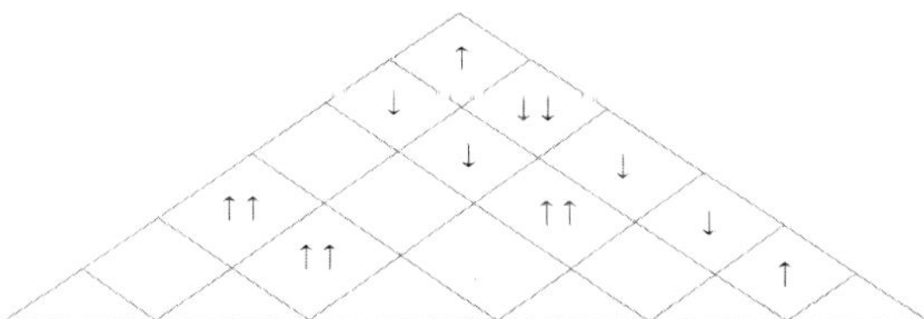

Marketing Requirements \ Engineering Requirements	Polarity	Keypad Button	2.6" QVGA LCD	Compatibility	Battery Life	Simple & Small Design	Cost
Polarity		+	+	+	+	+	−
Button	−	↑				↓	↑
High Pixels & Big LCD Size	−		↑↑			↓	↓↓
Communication	+	↑	↑	↑↑			↓
Portable	−	↓	↓	↑			↑
Convenience	+	↑	↑	↑		↑	↓
Battery Life	+				↑		↓
Design	+	↑				↑↑	↑
Cost	−	↑	↓↓	↓	↓	↑	↑↑
Targets for Engineering Requirements		≤ 0.1sec, ≥ 25 Buttons	2.6" QVGA 240×320	≤ 1m	≥ 850mAh	105mm × 53mm × 15mm	< 400 Thousands Won

Design

PUI Layout

- 98 mm (L) × 50 mm (W) × 12 mm (H)
- 96 g
- 전체적 조화와 무난함에 주안점

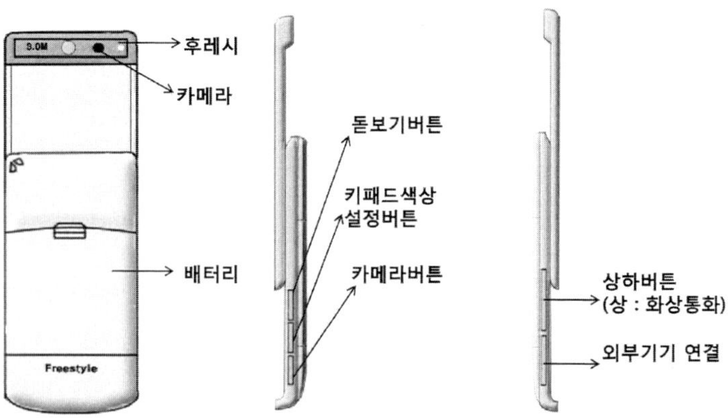

PUI 상태도

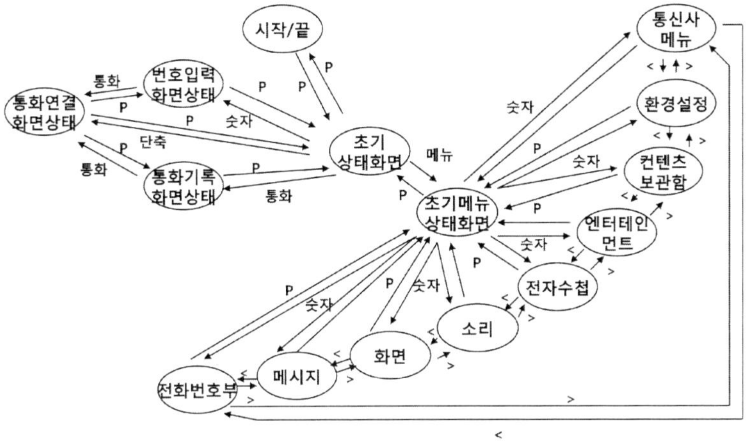

Menu Tree

Normal Menu Tree

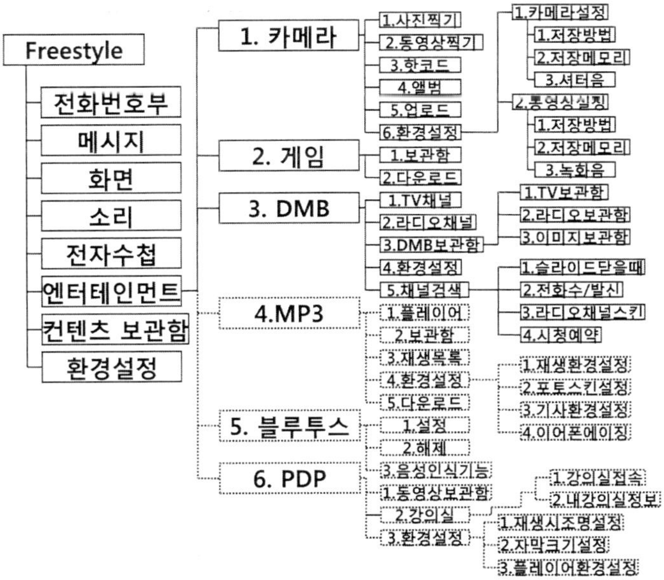

GUI-PUI Menu Tree

찾아보기

한글

ㄱ

ㄴ

ㄷ

ㅁ

ㅂ

ㅅ

ㅊ

ㅋ

ㅌ

ㅍ

ㅎ

영문

W

기타